现代物理基础丛书 80

非平衡态热力学

翟玉春 编著

科 学 出 版 社
北 京

内 容 简 介

本书系统地阐述了非平衡态热力学的基础理论和基本知识，介绍了非平衡态热力学的一些应用。和此前的非平衡态热力学书籍相比，增加了远离平衡体系的非线性热力学的内容，构成了完整的非平衡态热力学理论体系。内容包括，线性热力学理论概要、守恒方程、熵平衡方程、唯象方程、恒定状态、非线性热力学、远离平衡体系的性质、不连续体系的非平衡态热力学、热传导与扩散、化学反应的耦合、化学反应的非平衡态热力学、一些应用实例、化学反应和扩散共存体系的非平衡态热力学，以及附录：场论和张量分析。

本书可作为读者学习非平衡态热力学理论的入门书，供物理、化学、冶金、材料、化工、地质等专业的本科生、研究生、教师和科技人员学习和参考。

图书在版编目(CIP)数据

非平衡态热力学/翟玉春编著. —北京：科学出版社，2017.4
(现代物理基础丛书 80)
ISBN 978-7-03-051392-2
Ⅰ. ①非… Ⅱ. ①翟… Ⅲ. ①不可逆过程热力学 Ⅳ. ①O414.14
中国版本图书馆 CIP 数据核字 (2016) 第 315028 号

责任编辑：鲁永芳 刘凤娟／责任校对：邹慧卿
责任印制：吴兆东／封面设计：陈 敬

科学出版社 出版
北京东黄城根北街 16 号
邮政编码：100717
http://www.sciencep.com
北京虎彩文化传播有限公司印刷
科学出版社发行 各地新华书店经销
*
2017 年 4 月第 一 版 开本：720 × 1000 B5
2024 年 4 月第六次印刷 印张：15 1/4
字数：293 000
定价：88.00 元

前　言

自 1981 年以来，作者在东北大学和中南大学为研究生讲授非平衡态热力学（不可逆过程热力学），期间开展了一些研究工作。本书的前 9 章就是在 1990 年以前给研究生讲课的讲稿的内容。

本书前 7 章是非平衡态热力学的基本理论，后 4 章是非平衡态热力学理论的应用。其中第 6 章中远离平衡体系的唯象方程、远离平衡态的非线性热力学；体系定态稳定性判据的应用；第 7 章中远离平衡体系的唯象方程；第 8 章中远离平衡体系的热传导，远离平衡状态的扩散；第 9 章中化学反应热力学的耦合，化学反应速率的耦合，在多个子体系中各自进行一个化学反应，在多个子体系中各自进行多个化学反应；第 10 章，第 11 章等内容是作者的一些研究工作及指导研究生做的一些研究工作。

在本书完成之际，感谢我国著名的冶金学家赵天从教授、傅崇说教授和冀春霖教授，在 30 多年前他们就动员、鼓励我写非平衡态热力学方面的书。感谢东北大学出版社原社长李玉兴教授、国家自然科学基金委员会工程一处原处长张玉清教授，他们鼓励、支持我写这本书。

感谢国家自然科学基金委员会资助我承担了“均相、非均相冶金体系的非平衡态热力学”的研究课题，使我得以比较系统地开展了非平衡态热力学及其在冶金中的应用方面的研究。感谢科学出版社，使本书得以出版。感谢本书的编辑裴威、鲁永芳、刘凤娟，为完成本书花费了大量的心血和精力，做了准确的文字修改和精美的润色。感谢所有支持和帮助我完成本书的人，包括我的博士研究生和硕士研究生谢宏伟、王锦霞、申晓毅、王佳东、宋颖韬、李明春、沈洪涛、司伟、王帅、黄红波、刘彩玲等。作者感谢所有支持和帮助我完成本书的人。尤其是我的妻子李桂兰女士对我的全力支持，使我能够完成本书。

作者感谢东北大学、东北大学秦皇岛分校为我提供了良好的写作条件！

还要感谢那些被我引用的论文、专著和教材的作者！

限于作者水平，书中有许多不当之处，望读者不吝赐教。

作　者

2015 年 8 月 6 日于沈阳

目　录

绪　论

热力学的发展经历了三个阶段，也可以说热力学可以划分为三个主要领域，每个领域和一个发展阶段相对应。

热力学发展的第一阶段是平衡态热力学，即经典热力学，其主要内容是热力学三定律。热力学第一定律研究在各种物理和化学变化中的能量变化；热力学第二定律研究在一定条件下某过程能否自发进行，如果能自发进行，那么可以进行到什么程度（即过程的方向和限度问题）；热力学第三定律研究绝对熵及其计算。经典热力学主要研究平衡体系的性质以及体系从一个平衡态向另一个平衡态过渡的问题。而对于非平衡体系，则是通过将其与平衡体系相比较来说明其是否达成平衡，距平衡多远。据此来判断该体系某一过程能否发生，发生的结果怎样，即所谓过程的方向和限度问题。其判据为：

孤立体系（即 $\mathrm{d}U = 0, \mathrm{d}V = 0$）：

$$(\Delta S_{\text{体系}})_{u,v} > 0 \quad (\text{自发})$$

$$(\Delta S_{\text{体系}})_{u,v} = 0 \quad (\text{平衡})$$

非孤立体系：

$$\Delta S_{\text{体系}} + \Delta S_{\text{环境}} > 0 \quad (\text{自发})$$

$$\Delta S_{\text{体系}} + \Delta S_{\text{环境}} = 0 \quad (\text{平衡})$$

在恒温、恒容条件下：

$$(\Delta F)_{T,V} < 0 \quad (\text{自发})$$

$$(\Delta F)_{T,V} = 0 \quad (\text{平衡})$$

在恒温、恒压条件下：

$$(\Delta G)_{T,P} < 0 \quad (\text{自发})$$

$$(\Delta G)_{T,P} = 0 \quad (\text{平衡})$$

经典热力学不追究过程变化的途径和机制，不包含时间变量，不能回答变化的速度。因此，经典热力学也称为热静力学。

热力学发展的第二阶段是研究近平衡体系的性质以及在近平衡体系发生不可逆过程力学量之间的关系。

近平衡体系的性质是其熵增率具有与一定边界条件相适应的极小值，即最小熵增率原理，表示为

$$\frac{\mathrm{d}P}{\mathrm{d}t} \leqslant 0$$

等号对应于定态，即与一定的约束相适应的最小熵增率状态；小于号对应于偏离定态。上式表明，近平衡体系随着时间的发展总是朝着熵增率 $\frac{\mathrm{d}P}{\mathrm{d}t}$ 减小的方向进行，直至达到定态。此时，熵增率不再随时间变化，$\frac{\mathrm{d}P}{\mathrm{d}t}=0$。定态是稳定的，这是平衡移动的理查德（Le Chatelier）原理在非平衡体系的推广。热力学平衡态可以看作是一种特殊的定态，即无约束的零级定态。近平衡体系随着时间的发展将趋于定态，即使有扰动也是如此。如果没有约束（无边界条件限制），体系将自发地达到热力学平衡状态，即熵最大的状态。这说明近平衡体系不会自发地形成时空有序结构，并且即使一个开始具有有序结构的体系，随着时间的推移和不可逆过程的进行，有序结构也会被破坏，体系最终要发展到一个无序的定态。换句话说，在近平衡体系，自发过程总是破坏有序，增加无序。

当体系发生不可逆过程时，一定有表征此过程的宏观力学量的变化。近平衡体系发生不可逆过程，变化的力学量间呈线性关系，并且相同阶次的张量（标量为零阶张量，矢量为一阶张量，通常张量为二阶张量）间还会发生交叉作用 —— 耦合，此即居里（Curie）定理。力学量间的关系可以表示为

$$J_i=\sum_{k=1}^{n} L_{ik}X_k$$

此即近平衡体系力学分量间的线性唯象方程。其中 J_i 和 X_k 的张量阶次必须相同。由于近平衡体系发生不可逆过程中力学量间呈线性关系，所以研究近平衡体系的热力学被称为线性非平衡态热力学或线性热力学。

热力学发展的第三阶段是研究远离平衡体系的性质以及远离平衡体系发生不可逆过程中力学量间的关系。远离平衡体系发生不可逆过程，其力学量间已经不服从线性规律。线性唯象方程已不再适用，最小熵增率原理也不再适用。但是，可以将 $\frac{\mathrm{d}P}{\mathrm{d}t}$ 分成两部分，即

$$\frac{\mathrm{d}P}{\mathrm{d}t}=\frac{\mathrm{d}_X P}{\mathrm{d}t}+\frac{\mathrm{d}_J P}{\mathrm{d}t}$$

式中，$\frac{\mathrm{d}_X P}{\mathrm{d}t}$ 和 $\frac{\mathrm{d}_J P}{\mathrm{d}t}$ 分别表示力和通量的时间变化对熵增率变化的贡献，并有

$$\frac{\mathrm{d}_X P}{\mathrm{d}t}=\int_v \left(\sum_{i=1}^{n} J_i \frac{\mathrm{d}X_i}{\mathrm{d}t}\right)\mathrm{d}v \leqslant 0$$

式中后一个等号对应定态。上式称为一般发展判据，可看成是最小熵增率原理的推广。当线性条件满足时，可由此式推得最小熵增率原理。

为了讨论远离平衡体系的性质，考虑一个存在着化学反应和质量传输的体系，其质量守恒方程可以写作

$$\frac{\partial \rho_i}{\partial t} = f(\{\rho_j\}) + D_i \nabla^2 \rho_i \quad (i, j = 1, 2, \cdots, n)$$

式中，ρ 表示密度；D 为扩散系数。上式右边第一项为化学反应项，第二项为扩散项。可以认为非线性效应是由化学反应引起的，所以仅将 $f(\{\rho_j\})$ 看成非线性函数。上式称为反应–扩散方程。为了讨论体系的稳定性，选熵的二次变分 $(\delta^2 S)$ 作为对应于该方程的李雅普诺夫 (Lyapunov) 函数。由于

$$\delta^2 S \leqslant 0$$

所以

$$\frac{\mathrm{d}}{\mathrm{d}t}\left[\frac{1}{2}(\delta^2 S)\right] > 0 \quad (\text{体系稳定})$$

$$\frac{\mathrm{d}}{\mathrm{d}t}\left[\frac{1}{2}(\delta^2 S)\right] < 0 \quad (\text{体系不稳定})$$

$$\frac{\mathrm{d}}{\mathrm{d}t}\left[\frac{1}{2}(\delta^2 S)\right] = 0 \quad (\text{临界状态})$$

又由于

$$\frac{\mathrm{d}}{\mathrm{d}t}\left[\frac{1}{2}(\delta^2 S)\right] = \frac{1}{T}\int_v \Big(\sum_{k=1}^{n} \delta J_k \delta X_k\Big)\mathrm{d}v = \delta_x p$$

其中，δJ_k 称为超流；δX_k 称为超力；$\delta_x p$ 称为超熵增率。这样，体系的稳定性就可以用超熵增率来决定：

$$\delta_x p > 0 \quad (\text{体系稳定})$$

$$\delta_x p < 0 \quad (\text{体系不稳定})$$

$$\delta_x p = 0 \quad (\text{临界状态})$$

非线性方程解的稳定性可以用微分方程理论中的分支现象来描述。当一个体系由于某个参量 λ(λ 可以是体系边界的某个物理量的梯度，化学反应的反应能力等) 的增长而被驱动离开平衡，在近平衡状态体系是稳定的，状态曲线称为热力学分支。但是，随着 λ 的继续增长并超过某一临界值 λ_c 后，体系就变得不稳定了。此时，一个小的扰动就可以使体系离开热力学分支进入新的稳定态。此时，体系呈现出新的有序结构，普里高津 (Prigogine) 称之为耗散结构。耗散结构的形成说明远离平衡体系的非线性过程是有序的起源。

体系的熵变可看成

$$dS = d_eS + d_iS$$

其中，d_eS 是体系和环境之间进行物质和能量的交换所产生的熵变，其值可正、可负或零；d_iS 是体系内部发生不可逆过程所产生的熵变，其值可正或零。由上式可知，只要给体系以足够的负熵，就可使

$$dS < 0$$

由经典热力学可知，平衡态体系熵最大，平衡态体系最混乱，即最无序。如果体系的熵不断减少，就可以使体系从无序向有序，从有序程度低向有序程度高发展。

玻尔兹曼 (Boltzmann) 方程

$$S = k_B \ln w$$

式中，w 为体系的微观状态数，即热力学几率；k_B 为玻尔兹曼常量。体系在热力学平衡态 S 最大，w 最大，最无序，即高熵对应无序；反之，体系处在非平衡态 S 小，w 小，有序，即低熵对应有序。

当体系达到有序后，只要维持

$$dS = 0$$

或

$$d_iS = -d_eS$$

就可以使体系的有序保持不变，即体系达成定态，这是远离平衡体系形成有序结构的定态。如果保持体系的熵继续减少，即

$$dS < 0$$

体系将向更高有序发展。

现在的非平衡态热力学理论指出了远离平衡的体系产生有序结构 —— 耗散结构的可能性，但还没有给出描述远离平衡体系形成有序结构的普适方程。

普里高津等设计了一个三分子化学反应模型 —— 布鲁塞尔器 (Brusselater)，并讨论了该体系的反应–扩散方程 (非线性微分方程组)，指出了三分子反应体系产生耗散结构的可能性，并用计算机模拟得出周期函数形式的解析解，具有空间和时间的周期性。

科学家已发现许多远离平衡的体系产生耗散结构的实例。例如，物理领域的激光；化学领域的化学钟–自催化化学反应体系物质浓度分布随时间周期变化的化学振荡；宏观流体中的贝纳德图形等。

远离平衡的体系发生不可逆过程时，力学量间呈怎样的关系，即唯象方程应该取什么样的形式以及怎样用唯象方程处理问题，这也应该是远离平衡体系的热力学理论需要解决的问题。关于这方面的研究还很欠缺。传热、传质等传输过程在许多情况下可以看成是在近平衡体系中发生的，可以采用线性唯象方程处理。然而，化学反应大多是在远离平衡体系中发生的，化学反应速率和亲和力之间不服从线性关系，不能用线性热力学理论处理。在有些情况下，传输过程也是非线性的。因此，需要建立远离平衡体系的不可逆过程的力学量间关系的非线性理论。

同一个体系对于在其中发生的某一些不可逆过程而言是线性的，而对于同时在其中发生的另一些不可逆过程而言却可能是非线性的。例如，在一个体系中发生的传热、传质过程是线性的，而同时在该体系中发生的化学反应却可以是非线性的。因而，所谓近平衡体系或远离平衡体系是对于在体系中所发生的具体不可逆过程而言的。一个体系对于在其中发生的某一不可逆过程是线性的，则对于该过程而言，该体系是近平衡体系，或者说该体系对于此不可逆过程处于近平衡区或线性区；如果该体系对于在其中发生的另一不可逆过程是非线性的，则对于该不可逆过程而言，该体系则是远离平衡的体系，或称为该体系处于远离平衡区或非线性区。

非平衡、非线性现象是自然界中广泛存在的最普遍的现象。平衡和线性只是其特例。20 世纪后半叶以来，对非平衡、非线性现象的研究取得了很多重大的成果。诸如普里高津的耗散结构、哈根 (Haken) 的协同论、托姆 (Thom) 的突变论、艾令 (Eyring) 的超循环论、曼德尔布鲁特 (Mandelbrot) 的分形几何等。到 20 世纪对线性现象的研究已经相当完备，而对非平衡非线性现象的研究才开始，21 世纪对非平衡、非线性现象的研究必将成为主流。

传统的化学热力学和化学动力学也没有考虑各化学反应间的耦合，而这种耦合在很多情况下是不能忽视的，会产生很多意想不到的结果。化学反应大多是非线性的。宏观化学动力学采用化学反应速率和各反应物的浓度的 n 次幂的乘积成正比的质量作用定律来描述，而质量作用定律只适用于基元反应。对于非基元反应，化学反应速率方程中浓度方次的物理意义并不明确。通常，实际过程的化学反应机理并不清楚，所写出的化学反应方程式表示的是反应物和产物之间的量的关系。反应物是始态，产物是末态，所以，通常的化学反应方程式可以看成热力学方程式，因此应用不可逆过程热力学描述其反应速率正合适。传统化学动力学对每个具体反应需要具体处理，不能给出普适方程，而非平衡态热力学可以给出统一的描述。将化学反应动力学建立在坚实的基础上。非平衡态热力学沟通了化学动力学和化学热力学两个学科，并使之得到统一。

经典热力学对于一个过程只能指出其能否发生及其方向和限度，而不能给出其变化的速度。这是由于经典热力学没有引进时间变量。而非平衡态热力学引进了时间变量，给出了熵对时间的变化率，而熵的变化必然有其他热力学量的变化和相应的宏观力学量的变化。因此，可以由熵的变化率得到宏观力学量的变化率与热力学量变化的关系，即得到动力学方程。

例如，在恒温恒压条件下，一个化学反应的吉布斯自由能的变化必定有参加反应的物质的量的变化。非平衡态热力学给出了物质的量的变化率与吉布斯自由能的变化两者与熵增率即熵随时间变化的关系，所以也就给出了物质的量的变化率与吉布斯自由能变化的关系，即化学反应的动力学方程。

非平衡态热力学理论在自然科学的许多领域都得到了应用。在化学领域也有用武之地，经典热力学对于化学的发展做出了巨大贡献，非平衡态热力学在化学中的应用也将进一步推动化学学科的发展。

本书主要内容是非平衡态热力学的基本理论以及作者将其应用于均相和非均相化学反应体系。其中第 4 章的传输原理 —— 非平衡态流体热力学，是作者将考虑了耦合效应的唯象方程代入各平衡方程中，给出了考虑了耦合效应的质量守恒、动量守恒、能量守恒方程；第 6 章 6.1 节、6.2 节、6.4 节、第 7 章、第 8 章等章节中的远离平衡体系的内容主要是作者将近平衡态热力学发展为远离平衡态热力学的工作。第 9~11 章主要是作者的工作。为了便于读者学习和理解非平衡态热力学的理论，在内容安排上做了一些调整。例如，第 1 章是非平衡态线性热力学理论概述，使读者对非平衡态热力学有一个全面的了解，使后面的学习能在了解全局的基础上进行，而不至于一下子就进入具体问题，“只见树木不见森林”。第 6 章，先建立不考虑黏滞现象的熵增率和唯象方程，再建立考虑黏滞现象的熵增率和唯象方程。这样就可以使读者学习时由易到难，由简单到复杂，循序渐进，便于理解。其他章节也有类似的情况。

第 1 章　非平衡态线性热力学理论概述

1.1　非平衡态线性热力学理论的建立

1.1.1　不可逆过程理论——唯象定律

在不可逆过程热力学理论出现之前，已经有了关于某些具体的不可逆过程的理论，主要包括以下定律。

傅里叶 (Fourier) 定律：

$$\boldsymbol{J}_{\mathrm{q}} = -\lambda \nabla T$$

式中，$\boldsymbol{J}_{\mathrm{q}}$ 为热流，即单位时间通过垂直于传热方向的单位面积的热量；∇T 为温度梯度；λ 为热导率。

菲克 (Fick) 定律：

$$\boldsymbol{J}_{\mathrm{w}} = -D \nabla w$$

式中，$\boldsymbol{J}_{\mathrm{w}}$ 为物质流，即单位时间通过垂直于传质方向的单位面积的质量；∇w 为质量分数梯度；D 为扩散系数。

欧姆 (Ohm) 定律：

$$\boldsymbol{J}_{\mathrm{e}} = \mathit{\Lambda} \boldsymbol{E} = \mathit{\Lambda} \nabla \varphi$$

式中，$\boldsymbol{J}_{\mathrm{e}}$ 为电流，即单位时间通过垂直于电流方向的单位面积的电量；$\mathit{\Lambda}$ 为电导率；$\boldsymbol{E}$ 为电场强度；$\nabla \varphi$ 为电势梯度。

牛顿 (Newton) 黏滞定律：

$$\boldsymbol{J}_{\mathrm{f}} = \eta \frac{\mathrm{d}\boldsymbol{v}}{\mathrm{d}z}$$

式中，$\boldsymbol{J}_{\mathrm{f}}$ 为切应力，即在速度变化方向上单位面积的内摩擦力；η 为动力黏度 (或切变黏度)；$\dfrac{\mathrm{d}\boldsymbol{v}}{\mathrm{d}z}$ 为液体的流动速度在 z 方向的变化率。

化学反应定律：

$$J_{\mathrm{c}} = lA$$

式中，J_{c} 为化学反应速率，即单位时间、单位体积 (多相反应为单位界面面积) 反应物组元 i 消耗的质量除以 ν_i(ν_i 除以组元 i 的相对分子质量 M_i 后正比于化学反应方程式的计量系数) 或产物组元 k 产生的质量除以 ν_k(ν_k 除以组元 k 的相对分子质量 M_k 后正比于化学反应方程式的计量系数)；反应物的 ν_i 取负号，产物的 ν_k

取正号；A 为化学亲和力，等于化学反应吉布斯自由能变化，即 ΔG；l 为化学反应的速率常数。

上述定律是人们通过实验建立起来的描述具体不可逆现象的定律，所以称之为唯象定律。唯象定律并不是描述不可逆过程的一般理论。

此外，人们还知道了一些干涉现象：热传导和电传导的相互干涉，帕耳帖 (Peltier) 效应——电势差引起温差和温差电动势；扩散和热传导的相互干涉，索瑞 (Soret) 效应——热扩散和杜伏 (Dufour) 效应——由浓度差引起温差。

为了描述这些干涉现象，在唯象定律公式中加入一些修正项。

例如，在菲克定律的基础上加上热扩散：

$$\boldsymbol{J}_{\mathrm{w}} = -D\nabla w - k\nabla T$$

式中，k 为热扩散系数。

在傅里叶定律的基础上加上杜伏效应：

$$\boldsymbol{J}_{\mathrm{q}} = -\lambda\nabla T - b\nabla w$$

式中，b 为浓度热导率。

作相似推广，还可以考虑其他效应。这样虽然可以解释一些现象，但理论根据并不充分。再者，对于一个具体体系而言，并不清楚应耦合哪些项。仔细考察前面给出的唯象方程，可以发现它们都是某种流和某种推动力之间关系的一次式，即线性方程。其中的共同规律以及是否可以将这些唯象定律建立在更一般的理论基础之上，值得深入探讨。

1.1.2　不可逆性判据

经典热力学是描述平衡态的热力学理论。对于非平衡态，它将其与平衡态相比较来判断体系是否达成平衡、距平衡多远、某一过程能否发生等问题。自发过程是不可逆的，并且自发过程是在非平衡体系中发生的，那么热静力学关于非平衡态的描述和不可逆过程的唯象定律之间是否有某些联系呢？为此，现考察热力学 (主要是热力学第二定律) 为不可逆过程的描述提供了哪些知识。

按照热力学，对于一宏观体系可以引入一个状态函数 S，称为体系的熵。当体系状态发生变化时，有

$$\mathrm{d}S = \mathrm{d}_e S + \mathrm{d}_i S \tag{1.1}$$

式中，$\mathrm{d}_e S$ 为外界供给体系的熵，或是体系和环境相互作用引起的体系熵变；$\mathrm{d}_i S$ 表示体系内部发生不可逆过程引起的熵变。且有

$$\mathrm{d}_e S > 0 \text{ 或 } \mathrm{d}_e S = 0 \text{ 或 } \mathrm{d}_e S < 0 \tag{1.2}$$

及

$$\mathrm{d}_i S \geqslant 0 \tag{1.3}$$

式 (1.3) 中大于号对应于不可逆过程，等号对应于体系内部无不可逆过程。对于孤立体系，由于

$$\mathrm{d}_e S = 0$$

所以

$$\mathrm{d}S = \mathrm{d}_i S \geqslant 0 \tag{1.4}$$

对于封闭体系，由于

$$\mathrm{d}_e S = \frac{\delta Q}{T}$$

式中，δQ 为体系与环境之间交换的热量，所以

$$\mathrm{d}S = \mathrm{d}_e S + \mathrm{d}_i S = \frac{\delta Q}{T} + \mathrm{d}_i S \geqslant \frac{\delta Q}{T} \tag{1.5}$$

对于敞开体系 $\mathrm{d}_e S$ 内还应包含体系与环境之间由于物质交换而产生的熵变，即

$$\mathrm{d}_e S = \frac{\delta Q}{T} + s\mathrm{d}W$$

式中，s 为单位质量物质的熵；W 为质量。所以

$$\mathrm{d}S = \mathrm{d}_e S + \mathrm{d}_i S = \frac{\delta Q}{T} + s\mathrm{d}W + \mathrm{d}_i S \geqslant \frac{\delta Q}{T} + s\mathrm{d}W \tag{1.6}$$

在研究体系内部发生的变化是否为可逆过程时，可将体系与环境之间的物质或能量交换看成可逆过程。这样，式 (1.4)~ 式 (1.6) 中等号对应于可逆过程、不等号对应于不可逆过程。各式取等号或不等号都由 $\mathrm{d}_i S$ 决定，因此，体系是否处于平衡状态，是否发生不可逆过程可以由 $\mathrm{d}_i S$ 描述。这对孤立体系、封闭体系、敞开体系都是适用的。当体系发生不可逆过程时，$\mathrm{d}_i S$ 在所有情况下都是正值，所以热力学第二定律可以表述为："体系内由于不可逆过程而生成的熵总是正值。"因此，$\mathrm{d}_i S$ 可以作为体系内部发生可逆或不可逆过程的判据。

当体系发生不可逆过程时，一定有表征此不可逆过程的宏观可观测量。例如，传热过程的热流、温度梯度；传质过程的物质流、浓度梯度等。和 $\mathrm{d}_i S$ 一样，它们都是表征不可逆过程的量，与 $\mathrm{d}_i S$ 应存在某种联系，现对此进行分析。

1.1.3 熵增率和线性方程

考虑体系内部由于发生不可逆过程而产生熵的速率，有

$$p = \frac{\mathrm{d}_i S}{\mathrm{d}t} = \int_V \sigma \mathrm{d}V = \int_V \frac{\mathrm{d}_i s}{\mathrm{d}t} \mathrm{d}V \tag{1.7}$$

其中，$\sigma = \dfrac{\mathrm{d}_i s}{\mathrm{d}t}$ 为熵增率，或熵源强度或熵产生，即单位时间单位体积内产生的熵；P 为总熵增率，即单位时间体系产生的总熵。

考虑一孤立体系，状态用参量 A_1，A_2，$\cdots$，A_n 来描述。以 A_1^0，A_2^0，$\cdots$，A_n^0 表示体系平衡时的参量值，其差为

$$a_i = A_i - A_i^0 \quad (i = 1, 2, \cdots, n)$$

因此，有

$$S = S(a_1, a_2, \cdots, a_n)$$

对平衡点作泰勒 (Taylor) 展开，得

$$S = S(0) + \sum_{i=1}^{n} \left(\frac{\partial S}{\partial a_i}\right)_0 a_i + \frac{1}{2!} \sum_{i=1}^{n} \sum_{k=1}^{n} \left(\frac{\partial^2 S}{\partial a_i \partial a_k}\right)_0 a_i a_k + \cdots \tag{1.8}$$

平衡时 $S(0)$ 取极值，所以

$$\frac{\partial S(0)}{\partial a_i} = 0$$

取二级近似，由式 (1.8) 得

$$\Delta S = S - S(0) = \frac{1}{2} \sum_{i=1}^{n} \sum_{k=1}^{n} \left(\frac{\partial^2 S}{\partial a_i \partial a_k}\right)_0 a_i a_k$$

令

$$g_{ik} = -\left(\frac{\partial^2 S}{\partial a_i \partial a_k}\right)_0$$

有

$$\Delta S = -\frac{1}{2} \sum_{i=1}^{n} \sum_{k=1}^{n} g_{ik} a_i a_k \tag{1.9}$$

对式 (1.9) 求导，有

$$\begin{aligned}\frac{\mathrm{d}\Delta S}{\mathrm{d}t} &= \frac{\mathrm{d}[S - S(0)]}{\mathrm{d}t} = \frac{\mathrm{d}_i S}{\mathrm{d}t} \\ &= -\frac{1}{2} \sum_{i=1}^{n} \sum_{k=1}^{n} g_{ik} \left(\frac{\mathrm{d}a_i}{\mathrm{d}t} a_k + \frac{\mathrm{d}a_k}{\mathrm{d}t} a_i\right)\end{aligned}$$

令

$$\dot{a}_i = \frac{\mathrm{d}a_i}{\mathrm{d}t}, \quad \dot{a}_k = \frac{\mathrm{d}a_k}{\mathrm{d}t}$$

有

$$\frac{\mathrm{d}_i S}{\mathrm{d}t} = -\sum_{i=1}^{n} \sum_{k=1}^{n} g_{ik} a_k \dot{a}_i$$

$$= -\sum_{i=1}^{n} \dot{a}_i \sum_{k=1}^{n} g_{ik} a_k \tag{1.10}$$

令

$$J_i = \dot{a}_i \quad (i = 1, 2, \cdots, n) \tag{1.11}$$

称之为热力学通量或流。

令

$$X_i = -\sum_{k=1}^{n} g_{ik} a_k \quad (i = 1, 2, \cdots, n) \tag{1.12}$$

称之为热力学力，简称为力。

由式 (1.10) 给出熵增率为 “力” 和 “流” 的乘积：

$$\frac{\mathrm{d}_i S}{\mathrm{d}t} = \sum_{i=1}^{n} J_i X_i \tag{1.13}$$

这对非孤立体系也是成立的。

在不可逆过程中，“通量” 都是由 “力” 引起的。假设 “力” 和 “通量” 之间存在函数关系，即认为某种 “通量” 是由某些 “力” 引起的，即有

$$J_i = J_i(X_1, X_2, \cdots, X_n) \quad (i = 1, 2, \cdots, n) \tag{1.14}$$

并作泰勒展开

$$J_i = J_i(0) + \sum_{k=1}^{n} \left(\frac{\partial J_i}{\partial X_k}\right)_0 X_k + \frac{1}{2!} \sum_{k=1}^{n} \sum_{l=1}^{n} \left(\frac{\partial^2 J_i}{\partial X_k \partial X_l}\right)_0 X_k X_l + \cdots \tag{1.15}$$

此展开是相对平衡态进行的。对于近平衡态，可以认为 “力” 是足够弱的，则二次项及以后的部分可忽略。而平衡态

$$J_i(0) = 0$$

令

$$L_{ik} = \left(\frac{\partial J_i}{\partial X_k}\right)_0$$

称为唯象系数，则有

$$J_i = \sum_{k=1}^{n} L_{ik} X_k \quad (i = 1, 2, \cdots, n) \tag{1.16}$$

式 (1.16) 是 “通量” 和 “力” 之间的线性关系方程，即唯象方程。

不可逆过程发生时的热流、物质流等都是 “通量”，温度梯度、浓度梯度等都是 “力”。这样，从熵增率入手得到了与实验定律相一致的唯象方程。

1.2　昂萨格定理及其证明

1.2.1　昂萨格定理

将式 (1.15) 写成矩阵形式

$$\begin{pmatrix} J_1 \\ J_2 \\ \vdots \\ J_n \end{pmatrix} = \begin{pmatrix} L_{11} & L_{12} & \cdots & L_{1n} \\ L_{21} & L_{22} & \cdots & L_{2n} \\ \vdots & \vdots & & \vdots \\ L_{n1} & L_{n2} & \cdots & L_{nn} \end{pmatrix} \begin{pmatrix} X_1 \\ X_2 \\ \vdots \\ X_n \end{pmatrix} \tag{1.17}$$

式中，L_{ii} 为独立现象的唯象系数；L_{ik} 为交叉干涉现象的唯象系数；$i,k=1,2,\cdots,n$。

昂萨格 (Onsager) 指出，只要对 “通量”J_i 和 “力”X_k 作适当选择，唯象系数矩阵就是对称的，即

$$L_{ik} = L_{ki} \quad (i,k=1,2,\cdots,n) \tag{1.18}$$

此即昂萨格定理，也称为昂萨格倒易关系。

昂萨格定理是不可逆过程热力学的基础，属于宏观性质。然而，它的起源却是微观的，即基本力学方程中时间的可逆性。昂萨格借助一个热静力学平衡体系的涨落的统计力学，把宏观性和微观性联系起来。证明昂萨格定理要用到涨落理论，下面先对其进行介绍。

1.2.2　涨落理论

考虑一孤立体系，已达成热力学平衡，存在着涨落。以状态参量偏离平衡值 a_1，a_2，$\cdots$，a_n 作为状态参数，n 可以为无穷大。有

$$\Delta S = -\frac{1}{2}\sum_{i=1}^{n}\sum_{k=1}^{n} g_{ik}a_i a_k$$

$$X_i = \frac{\partial(\Delta S)}{\partial a_i} = -\sum_{k=1}^{n} g_{ik}a_k \quad (i=1,2,\cdots,n)$$

$$a_i = -\sum_{k=1}^{n} g_{ik}^{-1}X_k \quad (i=1,2,\cdots,n) \tag{1.19}$$

式中，g_{ik}^{-1} 为 g_{ik} 的倒易矩阵的矩阵元。

根据爱因斯坦 (Einstein) 涨落理论，具有状态变数值在 $a_i \sim a_i + \mathrm{d}a_i (i=1,2,\cdots,n)$ 状态的概率 $\mathcal{W}$ 和玻尔兹曼指数式成正比，即

$$\mathcal{W}\mathrm{d}a_1\mathrm{d}a_2\cdots\mathrm{d}a_n = \frac{\exp(\Delta S/k)\mathrm{d}a_1\mathrm{d}a_2\cdots\mathrm{d}a_n}{\int L \int \exp(\Delta S/k)\mathrm{d}a_1\mathrm{d}a_2\cdots\mathrm{d}a_n} \tag{1.20}$$

其中，k 为玻尔兹曼常量，分母起归一化的作用。

因此，平均值

$$\overline{a_i X_j} = \int \cdots \int a_i X_j \mathcal{W} \mathrm{d}a_1 \mathrm{d}a_2 \cdots \mathrm{d}a_n \tag{1.21}$$

由玻尔兹曼公式

$$S = k \ln \mathcal{W}$$

得

$$\Delta S = k \ln \mathcal{W} - k \ln \mathcal{W}_0 \tag{1.22}$$

式中，$\mathcal{W}_0$ 为平衡态的概率，其值最大。

将式 (1.22) 代入

$$X_j = \frac{\partial (\Delta S)}{\partial a_j}$$

有

$$X_j = k \frac{1}{\mathcal{W}} \frac{\partial \mathcal{W}}{\partial a_j} \tag{1.23}$$

所以

$$\overline{a_i X_j} = k \int \cdots \int \mathrm{d}a_1 \mathrm{d}a_2 \cdots \mathrm{d}a_{j-1} \mathrm{d}a_{j+1} \cdots \mathrm{d}a_n \int a_i \frac{\partial \mathcal{W}}{\partial a_j} \mathrm{d}a_j \tag{1.24}$$

对 a_j 部分积分，得

$$\int_{-\infty}^{+\infty} a_i \frac{\partial \mathcal{W}}{\partial a_j} \mathrm{d}a_j = a_i \, \mathcal{W}|_{-\infty}^{+\infty} - \int_{-\infty}^{+\infty} \mathcal{W} \frac{\partial a_i}{\partial a_j} \mathrm{d}a_j$$

对于 $a_j = \pm\infty$ 的情况，$\mathcal{W}$ 是零；a_i，a_j 是独立变量，有

$$\frac{\partial a_i}{\partial a_j} = \delta_{ij} \begin{cases} = 1, & i = j \\ = 0, & i \neq j \end{cases}$$

其中 δ_{ij} 为克隆尼克 (Kronecker) 符号。

所以

$$\int a_i \frac{\partial \mathcal{W}}{\partial a_j} \mathrm{d}a_j = -\int \mathcal{W} \delta_{ij} \mathrm{d}a_j \tag{1.25}$$

有

$$\overline{a_i X_j} = -k \int \cdots \int \mathrm{d}a_1 \mathrm{d}a_2 \cdots \mathrm{d}a_{j-1} \mathrm{d}a_{j+1} \cdots \mathrm{d}a_n \int \mathcal{W} \delta_{ij} \mathrm{d}a_j \tag{1.26}$$

利用归一化条件，得

$$\overline{a_i X_j} = -k \delta_{ij} \tag{1.27}$$

按各态历经假说，$\overline{a_i X_j}$ 这个平均可以理解为遍历各体系的微正则系综的平均或单一体系的时间平均。

利用式 (1.12)、式 (1.19) 和式 (1.27) 还可以求得其他一些平均值。例如，

$$\begin{aligned}\overline{X_iX_j} &= -\sum_{k=1}^{n} g_{ik}\overline{a_kX_j}\\ &= -\sum_{k=1}^{n} g_{ik}(-k\delta_{kj})\\ &= kg_{ij} \quad (i,j=1,2,\cdots,n)\end{aligned} \tag{1.28}$$

$$\begin{aligned}\overline{a_ia_j} &= -\sum_{k=1}^{n} g_{ik}^{-1}\overline{X_ka_j}\\ &= -\sum_{k=1}^{n} g_{ik}^{-1}(-k\delta_{kj})\\ &= g_{ij}^{-1}k \quad (i,j=1,2,\cdots,n)\end{aligned} \tag{1.29}$$

1.2.3　昂萨格倒易关系

微观可逆性主要表现为个别粒子的一切力学运动方程对于时间变换 $t\to -t$ 的不变性。宏观不可逆性与微观可逆性的协调问题是统计力学中的重要问题。

考虑在 t 时刻的涨落 a_i 与 τ 时间后的涨落 a_j，并构成二者的乘积。充分长的时间后此乘积的平均值为

$$\overline{a_i(t)a_j(t+\tau)} = \lim_{t\to\infty}\frac{1}{t}\int_0^t a_i(t)a_j(t+\tau)\mathrm{d}t \tag{1.30}$$

按各态历经假说，式 (1.30) 的时间平均与借助于概率函数 $\mathcal{W}$ 取的平均是等效的。

$a_i(t)a_j(t+\tau)$ 的平均值 $\overline{a_i(t)a_j(t+\tau)}$ 与式 (1.30) 的差别仅在于两个涨落的时间顺序不同，即在于替换 $t\to -t$，所以可用

$$\overline{a_i(t)a_j(t+\tau)} = \overline{a_j(t)a_i(t+\tau)} \tag{1.31}$$

表示微观可逆性。

从式 (1.31) 两边减去同样的量 $\overline{a_i(t)a_j(t)}$ 并除以 τ，得

$$\overline{a_i(t)\frac{a_j(t+\tau)-a_j(t)}{\tau}} = \overline{a_j(t)\frac{a_i(t+\tau)-a_i(t)}{\tau}}$$

当 $\tau\to 0$ 时，得

$$\overline{a_i(t)\dot{a}_j(t)} = \overline{a_j(t)\dot{a}_i(t)} \tag{1.32}$$

严格来说 $\dot{a}_j(t)$ 和 $\dot{a}_i(t)$ 只是增量比，因此 τ 必须总是超过分子的特征时间 τ_0(τ_0 为两次分子碰撞间隔时间或流体建立一个稳流所需要的时间)，所以必须在此意义上理解 a_i，a_j 对时间的导数。

一般地，

$$\tau_0 \leqslant \tau_0 \leqslant \tau_r$$

式中，τ_r 为涨落的衰减时间，在此时间中与平衡态的偏离显著减少。

$\dot{a}_i$，$\dot{a}_j$ 也称为涨落的衰减。昂萨格假说：涨落的衰减 $\dot{a}_i$，$\dot{a}_j$ 遵从宏观线性定律，并写作

$$\left.\begin{aligned} J_i = \dot{a}_i = \sum_{k=1}^{n} L_{ik} X_k \quad (i = 1, 2, \cdots, n) \\ J_j = \dot{a}_j = \sum_{k=1}^{n} L_{jk} X_k \quad (j = 1, 2, \cdots, n) \end{aligned}\right\} \tag{1.33}$$

将式 (1.33) 代入式 (1.32) 中，得左边

$$\begin{aligned} \overline{a_i(t)\dot{a}_j(t)} &= \overline{a_i(t) \sum_{k=1}^{n} L_{jk} X_k} \\ &= \sum_{k=1}^{n} L_{jk} \overline{a_i X_k} \\ &= \sum_{k=1}^{n} L_{jk}(-k\delta_{ik}) \\ &= -kL_{ji} \end{aligned} \tag{1.34}$$

右边

$$\begin{aligned} \overline{a_j(t)\dot{a}_i(t)} &= \overline{a_j(t) \sum_{k=1}^{n} L_{ik} X_k} \\ &= \sum_{k=1}^{n} L_{ik} \overline{a_j X_k} \\ &= \sum_{k=1}^{n} L_{ik}(-k\delta_{jk}) \\ &= -kL_{ij} \end{aligned} \tag{1.35}$$

所以

$$L_{ji} = L_{ij} \quad (i, j = 1, 2, \cdots, n) \tag{1.36}$$

此即昂萨格倒易关系。

以上证明仅针对围绕热运动平衡的小的自发涨落，但可以认为对于平衡有宏观偏差的体系 (如存在温度梯度的体系) 以上证明也有效，只需要“通量”和“力”间呈线性关系。

当有外磁场存在时，由于

$$F = e(\boldsymbol{v} \times \boldsymbol{B}) \tag{1.37}$$

式中，e，$\boldsymbol{v}$，$\boldsymbol{B}$ 分别为粒子电荷、速度及外磁场强度；$\boldsymbol{F}$ 为洛伦兹 (Lorentz) 力。

当粒子的速度反向时，必须使磁场反向，才能获得相同的力 $\boldsymbol{F}$，以使所有粒子沿着先前的轨道运动。此时，昂萨格关系变为

$$L_{ji}(\boldsymbol{B}) = L_{ij}(-\boldsymbol{B}) \quad (i, j = 1, 2, \cdots, n) \tag{1.38}$$

1.3　非平衡态热力学的基本假设

1.3.1　局部平衡假设

局部平衡假设：当不可逆过程进行时，整个体系是非平衡的，而每个子体系却是平衡的，可以用经典热力学的方法来描述。

局部平衡假设的基本思想是，体系整体是非平衡的，但可以将其看成由无限多的局部平衡的子体系构成。虽然这些子体系非常小，但所含粒子数仍足够多，以至于可以看成一个宏观体系。由于各子体系内是平衡的，因此可以用经典热力学函数、公式描述。这时，各子体系间未达成平衡，且各子体系的平衡情况各不相同。

局部平衡假设使经典热力学公式得以应用，其中最重要的是吉布斯 (Gibbs) 方程

$$T\mathrm{d}S = \mathrm{d}U + p\mathrm{d}V - \sum_{i=1}^{n} \mu_i \mathrm{d}W_i \tag{1.39}$$

式中，μ_i 为单位质量组元 i 的化学势。

将 $W_i = w_i W$，$U = uW$，$V = vW$，$S = sW$ 代入式 (1.39)，可得

$$T\mathrm{d}s = \mathrm{d}u + p\mathrm{d}v - \sum_{i=1}^{n} \mu_i \mathrm{d}w_i \tag{1.40}$$

式中，s，u，v 分别为单位质量组元 i 的熵、内能和体积；p 为压强；T 为温度；W 为质量；$\mathcal{W}_i$ 为组元 i 的质量分数。

从宏观尺度看，此局部平衡假设的正确性只能通过由其导出的结论判断，对某些特殊的微观模型可加以证明。

虽然局部平衡假设是有使用条件的，但非平衡统计力学的理论分析表明，为保证局域平衡假设成立，要求在分子的平均自由程 l 的范围内，热力学量的变化远小于该量在该范围内的平均值。另外，为满足局部平衡假设的条件，要求每个体积元内任何涨落的衰减速度比体系中发生的宏观变化速度快得多，以保证每个小体积

元内分子的统计分布函数接近平衡状态的分布函数。对于化学反应过程，如果其活化能不是很低，那么相对于弹性碰撞事件，导致化学反应的有效碰撞事件很稀少。因此，可以把化学反应过程看成一系列不连续的有效碰撞事件，而在每两个相邻的有效碰撞事件之间的时间间隔内，所发生的大量弹性碰撞事件使得每个小体积元内的分子充分混乱而失去记忆。在这种情况下，在每一瞬间每个小体积元内分子的统计状态接近玻尔兹曼–麦克斯韦 (Maxwell) 平衡分布。从而，可以将平衡态热力学中的一系列热力学关系推广到非平衡体系。因为大部分化学反应都需要一定的活化能，所以可以认为局部平衡假设适用于相当多的实际化学反应过程。

1.3.2 熵增率不为负数

由

$$\frac{\mathrm{d}_i S}{\mathrm{d}t} = \int_v \sigma \mathrm{d}V \geqslant 0 \tag{1.41}$$

可见

$$\sigma \geqslant 0 \tag{1.42}$$

在气体分子运动论中，将式 (1.42) 称为玻尔兹曼 H 定理。

1.3.3 “通量” 和 “力” 之间呈线性关系

通量” 和 “力” 之间呈线性关系，即

$$J_i = \sum_{k=1}^{n} L_{ik} X_k \quad (i = 1, 2, \cdots, n)$$

是以唯象定律为基础的，是概括各实验定律的结果。这仅当 “力” 是足够弱的情况成立，即适用于近平衡体系。

以上三条假设与昂萨格定理构成了线性不可逆过程热力学的基础，前两条假设也适用于非平衡非线性体系。

第2章 守 恒 方 程

非平衡态热力学的任务之一是对不可逆过程作定量热力学描述，给出非平衡体系发生不可逆过程时物理量之间的关系。在局部平衡假设的前提下，不可逆过程热力学仍以热力学第一定律、第二定律为基础，但要用一个关于熵的等式来代替热力学第二定律的熵的不等式。对于非平衡态体系，状态变量随时间改变，在空间上也是不均匀的，即状态变量不仅依赖于时间，还依赖于空间坐标。为了讨论这种体系，需要建立守恒方程、熵增率方程和唯象方程等，其出发点是守恒方程。

2.1 质量守恒方程

2.1.1 化学反应的质量守恒

1. *有单一化学反应的多元系*

假设有一个包含 n 个组元的体系，在其中发生单一的化学反应。在时间 $\mathrm{d}t$ 内，体积为 V 的体系组元 i 的质量由于化学反应所引起的改变为

$$\mathrm{d}_i W_i = \nu_i j_\mathrm{c} \mathrm{d}t \quad (i = 1, 2, \cdots, m, m \leqslant n) \tag{2.1}$$

并有

$$J_\mathrm{c} = Vj = \frac{1}{\nu_i} \frac{\mathrm{d}_i W_i}{\mathrm{d}t} \tag{2.2}$$

式中，$\mathrm{d}_i W_i$ 为由于化学反应引起的体积 V 内组元 i 的质量改变；m 为参加化学反应的组元个数；W_i 为体积 V 内组元 i 的质量；ν_i 除以组元 i 的相对分子质量 M_i 正比于化学反应方程式中组元 i 的计量系数，反应物的 ν_i 取负号，产物的 ν_i 取正号；j_c 为单位时间体积 V 内由化学反应引起组元 i 的质量改变除以 ν_i，j 为单位时间单位体积内化学反应引起的组元 i 的质量改变除以 ν_i，j_c 和 j 称为化学反应速率，用化学反应方程式中的任何组元表示的 j_c 或 j 都相等。

有

$$\tilde{\nu}_i = \alpha \frac{\nu_i}{M_i} \tag{2.3}$$

$$\alpha = -\sum_{i=1}^{q} \tilde{\nu}_i M_i = \sum_{i=q+1}^{m} \tilde{\nu}_i M_i \tag{2.4}$$

式中，$\tilde{\nu}_i$ 为组元 i 的化学反应计量系数，反应物的 $\tilde{\nu}_i$ 取负号，产物的 $\tilde{\nu}_i$ 取正号；α 为比例常数；M_i 为组元 i 的相对分子质量；$i=1,2,\cdots,q$，为反应物组元，$i=q+1,q+2,\cdots,q+n$，为产物组元。

为简便，将系数 ν_i 归一化，有

$$\left.\begin{aligned}\sum_{i=1}^{q}\nu_i&=-1\\ \sum_{i=q+1}^{m}\nu_i&=1\end{aligned}\right\} \tag{2.5}$$

因此

$$\sum_{i=1}^{m}\nu_i=\sum_{i=1}^{m}\frac{\tilde{\nu}_i M_i}{\alpha}=0 \tag{2.6}$$

对式 (2.1) 求和，得

$$\mathrm{d}W_{\mathrm{t}}=\sum_{i=1}^{m}\mathrm{d}_i W_i=\sum_{i=1}^{m}\nu_i j_{\mathrm{c}}\mathrm{d}t=\sum_{i=1}^{m}\nu_i V j\mathrm{d}t=0 \tag{2.7}$$

式中，从 1～m 求和限于对于参加化学反应的组元求和，而不是对体系中的所有组元求和。式 (2.6)、式 (2.7) 为有单一化学反应的 n 元系的质量守恒方程。

2. 有多个化学反应的多元系

在 n 元系中，若有 r 个独立的化学反应同时发生，则在时间 $\mathrm{d}t$ 内，体积为 V 的体系组元 i 的质量由于化学反应引起的变化为

$$\mathrm{d}_i W_i=\sum_{j=1}^{r}\mathrm{d}_i W_{ij}=\sum_{j=1}^{r}\nu_{ij}j_{cj}\mathrm{d}t=\sum_{j=1}^{r}\nu_{ij}Vj_j\mathrm{d}t \tag{2.8}$$

式中

$$\mathrm{d}_i W_{ij}=\nu_{ij}j_{cj}\quad\mathrm{d}t=\nu_{ij}Vj_j\mathrm{d}t$$

并有

$$j_{cj}=Vj_j=\frac{1}{\nu_{ij}}\frac{\mathrm{d}_i W_{ij}}{\mathrm{d}t}$$

式中，$\mathrm{d}_i W_i$ 为体积 V 内 r 个化学反应引起的组元 i 的质量改变；$\mathrm{d}_i W_{ij}$ 为第 j 个化学反应引起的组元 i 的质量改变；ν_{ij} 除以组元 i 的相对分子质量 M_i，正比于第 j 个化学反应的方程式中组元 i 的计量系数，反应物的 ν_{ij} 取负号，产物的 ν_{ij} 取正号；j_{cj} 为单位时间体积 V 内由第 j 个化学反应引起的组元 i 的质量改变除以 ν_{ij}；j_j 为单位体积内第 j 个化学反应引起的组元 i 的质量改变除以 ν_{ij}，称为第

j 个化学反应的速率。用同一个化学反应方程式中的任何组元表示的 j_{cj} 或 j_j 都相等。

有

$$\tilde{\nu}_{ij} = \alpha_j \frac{\nu_{ij}}{M_i} \tag{2.9}$$

$$\alpha_j = -\sum_{i=1}^{q} \tilde{\nu}_{ij} M_i = \sum_{i=q+1}^{m} \tilde{\nu}_{ij} M_i \tag{2.10}$$

式中，$\tilde{\nu}_{ij}$ 为第 j 个化学反应的方程式中组元 i 计量系数，反应物的 $\tilde{\nu}_{ij}$ 取负号，产物的 $\tilde{\nu}_{ij}$ 取正号；α_j 为相应于第 j 个化学反应的比例常数。

同样有

$$\left.\begin{aligned} \sum_{i=1}^{q} \nu_{ij} &= -1 \\ \sum_{i=q+1}^{m} \nu_{ij} &= 1 \end{aligned}\right\} \tag{2.11}$$

$$\sum_{i=1}^{m} \nu_{ij} = \sum_{i=1}^{m} \frac{\tilde{\nu}_{ij} M_i}{\alpha} = 0 \tag{2.12}$$

及

$$\mathrm{d}W_{tj} = \sum_{i=1}^{m} \mathrm{d}_i W_{ij} = \sum_{i=1}^{m} \nu_{ij} j_{cj} \mathrm{d}t = \sum_{i=1}^{m} \nu_{ij} V j_j \mathrm{d}t = 0 \quad (j = 1, 2, \cdots, r) \tag{2.13}$$

式 (2.12) 和式 (2.13) 是第 j 个化学反应的质量守恒方程。

将式 (2.11)、式 (2.12) 对 j 求和，得

$$\left.\begin{aligned} \sum_{j=1}^{r} \sum_{i=1}^{q} \nu_{ij} &= -r \\ \sum_{j=1}^{r} \sum_{i=q+1}^{m} \nu_{ij} &= r \end{aligned}\right\} \tag{2.14}$$

$$\sum_{j=1}^{r} \sum_{i=1}^{m} \nu_{ij} = \sum_{j=1}^{r} \sum_{i=1}^{m} \frac{\tilde{\nu}_{ij} M_i}{\alpha} = 0 \tag{2.15}$$

对式 (2.8) 求和，得

$$\mathrm{d}W_{\mathrm{t}} = \sum_{i=1}^{r} \mathrm{d}_i W_i = \sum_{j=1}^{r} \sum_{i=1}^{m} \mathrm{d}_i W_{ij} = \sum_{j=1}^{r} \sum_{i=1}^{m} \nu_{ij} j_{cj} \mathrm{d}t$$

$$=\sum_{j=1}^{r}\sum_{i=1}^{m}\nu_{ij}Vj_j\mathrm{d}t=0 \quad (i=1,2,\cdots,n) \tag{2.16}$$

式 (2.15) 和式 (2.16) 是有多个化学反应的多元系的总质量守恒方程。

2.1.2 既有化学反应又有传质过程的质量守恒方程

在体系的某一体积元内，组元 i 的质量改变除由化学反应引起外，还可以通过和相邻体积元的物质交换进行。因此，一般应有

$$\mathrm{d}W_i=\mathrm{d}_eW_i+\mathrm{d}_iW_i$$

式中，d_eW_i 为由于物质交换在某体积元内引起的组元 i 的质量改变量。

体系中有 n 个组元，其间发生 r 个化学反应。如果以 ρ_i 表示组元 i 的密度，则在指定的体积 V 内组元 i 的质量变化率为

$$\frac{\mathrm{d}}{\mathrm{d}t}\int_V\rho_i\mathrm{d}V=\int_V\frac{\partial\rho_i}{\partial t}\mathrm{d}V \tag{2.17}$$

体积 V 为敞开体系，则体积 V 内组元 i 的质量变化率为通过其表面 Ω 流入体积 V 内的组元 i 的质量流 (单位时间内的流入量) 与在体积 V 内发生化学反应所产生的组元 i 的质量之和，即

$$\int_V\frac{\partial\rho_i}{\partial t}\mathrm{d}V=-\int_\Omega\rho_i\boldsymbol{v}_i\cdot\mathrm{d}\boldsymbol{\Omega}+\sum_{j=1}^{r}\int_V\nu_{ij}j_j\mathrm{d}V \tag{2.18}$$

式中，$\mathrm{d}\boldsymbol{\Omega}$ 是大小为 $\mathrm{d}\Omega$、方向与体积 V 表面垂直 (法线方向) 的面积矢量，以指向体积 V 外的方向为正；$\boldsymbol{v}_i$ 为组元 i 的流速。各式中 ρ_i、$\boldsymbol{v}_i$ 和 J_j 都是时间与空间坐标的函数。

将高斯 (Gauss) 定律应用于式 (2.18) 右边的第一个面积分项，考虑到其对任意体积 V 均成立，有

$$\int_\Omega\rho_i\boldsymbol{v}_i\cdot\mathrm{d}\boldsymbol{\Omega}=\int_V\nabla\cdot\rho_i\boldsymbol{v}_i\mathrm{d}V \tag{2.19}$$

将式 (2.19) 代入式 (2.18)，得

$$\begin{aligned}\int_V\frac{\partial\rho_i}{\partial t}\mathrm{d}V&=-\int_V\nabla\cdot\rho_iv_i\mathrm{d}\boldsymbol{V}+\sum_{j=1}^{r}\int_V\nu_{ij}j_j\mathrm{d}V\\&=\int_V\Big[-\nabla\cdot\rho_i\boldsymbol{v}_i+\sum_{j=1}^{r}\int_V\nu_{ij}j_j\Big]\mathrm{d}V\end{aligned}$$

所以

$$\frac{\partial\rho_i}{\partial t}=-\nabla\cdot\rho_i\boldsymbol{v}_i+\sum_{j=1}^{r}\nu_{ij}j_j \quad (i=1,2,\cdots,n) \tag{2.20}$$

此即组元 i 的质量守恒方程。

将式 (2.20) 对所有的组元求和，有

$$\text{左边} = \sum_{i=1}^{n} \frac{\partial \rho_i}{\partial t} = \frac{\partial}{\partial t}\sum_{i=1}^{n} \rho_i = \frac{\partial \rho}{\partial t}$$

式中，ρ 为总密度。

$$\begin{aligned}
\text{右边} &= -\sum_{i=1}^{n} \nabla \cdot \rho_i \boldsymbol{v}_i + \sum_{i=1}^{n}\sum_{j=1}^{r} \nu_{ij} j_j \\
&= -\nabla \cdot \sum_{i=1}^{n} \rho_i \boldsymbol{v}_i + \sum_{j=1}^{r}\left(\sum_{i=1}^{n} \nu_{ij}\right) j_j \\
&= -\nabla \cdot \rho \sum_{i=1}^{n} \frac{\rho_i \boldsymbol{v}_i}{\rho} \\
&= -\nabla \cdot \rho \boldsymbol{v}
\end{aligned}$$

式中，$\boldsymbol{v} = \sum_{i=1}^{n} \frac{\rho_i \boldsymbol{v}_i}{\rho}$ 为质心速度。由以上结果可得

$$\frac{\partial \rho}{\partial t} = -\nabla \cdot \rho \boldsymbol{v} \tag{2.21}$$

此即总的质量守恒方程。

2.1.3 质心速度为 v 的质量守恒 (观察者在质心坐标上)

考虑质心对时间的全导数，这时坐标 (位置) 也随时间变化，是时间的函数，即

$$x = x(t),\quad y = y(t),\quad z = z(t)$$

引入算符

$$\begin{aligned}
\frac{\mathrm{d}}{\mathrm{d}t} &= \frac{\partial}{\partial t} + \frac{\partial x}{\partial t}\frac{\partial}{\partial x} + \frac{\partial y}{\partial t}\frac{\partial}{\partial y} + \frac{\partial z}{\partial t}\frac{\partial}{\partial z} \\
&= \frac{\partial}{\partial t} + \boldsymbol{v} \cdot \left(i\frac{\partial}{\partial x} + j\frac{\partial}{\partial y} + k\frac{\partial}{\partial z}\right) \\
&= \frac{\partial}{\partial t} + \boldsymbol{v} \cdot \nabla
\end{aligned} \tag{2.22}$$

组元 i 相对于质心运动的“扩散流”为

$$\boldsymbol{J}_i = \rho_i(\boldsymbol{v}_i - \boldsymbol{v}) \tag{2.23}$$

将式 (2.22) 作用于 ρ_i，得

$$\begin{aligned}\frac{\mathrm{d}\rho_i}{\mathrm{d}t} &= \frac{\partial \rho_i}{\partial t} + \boldsymbol{v}\cdot\nabla\rho_i \\ &= -\rho_i\nabla\cdot\boldsymbol{v} - \nabla\cdot\boldsymbol{J}_i + \sum_{j=1}^{r}\nu_{ij}j_j \quad (i=1,2,\cdots,n)\end{aligned} \tag{2.24}$$

将式 (2.22) 作用于 ρ，并利用式 (2.21)，得

$$\frac{\mathrm{d}\rho}{\mathrm{d}t} = \frac{\partial\rho}{\partial t} + \boldsymbol{v}\cdot\nabla\rho = -\rho\nabla\cdot\boldsymbol{v} \tag{2.25}$$

这也是总的质量守恒方程。

引入体积度

$$v = \frac{1}{\rho} \tag{2.26}$$

则式 (2.25) 可写作

$$\rho\frac{\mathrm{d}v}{\mathrm{d}t} = \nabla\cdot\boldsymbol{v} \tag{2.27}$$

将式 (2.23) 对 i 求和，得

$$\begin{aligned}\sum_{i=1}^{n}\boldsymbol{J}_i &= \sum_{i=1}^{n}\rho_i(\boldsymbol{v}_i - \boldsymbol{v}) \\ &= \sum_{i=1}^{n}\rho_i\boldsymbol{v}_i - \sum_{i=1}^{n}\rho_i\boldsymbol{v} \\ &= 0\end{aligned} \tag{2.28}$$

这表明 n 个扩散流中只有 $n-1$ 个是独立的。

2.1.4 以质量分数表示的质量守恒方程

令组元 i 的质量分数为

$$w_i = \frac{W_i}{\sum\limits_{i=1}^{n}W_i}\frac{W_i}{W_t} = \frac{\rho_i}{\rho} \tag{2.29}$$

则

$$\sum_{i=1}^{n}w_i = 1 \tag{2.30}$$

将式 (2.29) 对时间求导，得

$$\rho\frac{\mathrm{d}w_i}{\mathrm{d}t} = \frac{\mathrm{d}\rho_i}{\mathrm{d}t} - \frac{\rho_i}{\rho}\frac{\mathrm{d}\rho}{\mathrm{d}t} \tag{2.31}$$

将式 (2.24)，式 (2.25) 代入式 (2.31)，得

$$\rho \frac{\mathrm{d}w_i}{\mathrm{d}t} = -\nabla \cdot \boldsymbol{J}_i + \sum_{j=1}^{r} \nu_{ij} j_j \quad (i = 1, 2, \cdots, n) \tag{2.32}$$

以及

$$\frac{\mathrm{d}w_i}{\mathrm{d}t} = -v\nabla \cdot J_i + v\sum_{j=1}^{r} \nu_{ij} j_j \quad (i = 1, 2, \cdots, n) \tag{2.33}$$

将式 (2.32) 对 i 求和，有

$$\text{左边} = \rho \frac{\mathrm{d}}{\mathrm{d}t} \sum_{i=1}^{n} w_i = 0$$

$$\text{右边} = -\nabla \cdot \sum_{i=1}^{n} J_i + \sum_{j=1}^{r} j_j \sum_{i=1}^{n} \nu_{ij} = 0$$

可见，式 (2.32) 的 n 个方程也仅有 $n-1$ 个是独立的。所以描述体系内质量密度变化的第 n 个独立方程应是式 (2.27)，即

$$\rho \frac{\mathrm{d}v}{\mathrm{d}t} = \nabla \cdot \boldsymbol{v}$$

2.1.5　局部量对时间的全微商

设 a 为任一局部量，将算符式 (2.22) 作用于局部量 a，得

$$\frac{\mathrm{d}a}{\mathrm{d}t} = \frac{\partial a}{\partial} + \boldsymbol{v} \cdot \nabla a \tag{2.34}$$

乘以 ρ，得

$$\begin{aligned} \rho \frac{\mathrm{d}a}{\mathrm{d}t} &= \rho \frac{\partial a}{\partial t} + \rho \boldsymbol{v} \cdot \nabla a \\ &= \frac{\partial \rho a}{\partial t} + \nabla \cdot a\rho \boldsymbol{v} \end{aligned} \tag{2.35}$$

这是对任何局部量都适用的守恒方程。

2.2　运 动 方 程

2.2.1　运动方程

在连续介质中，任一体积元所受的力可以分为两类：一类是体积元表面所受到的应力。它是由体系内粒子之间的短程相互作用引起的。一般说来，应力是一种张量，这里不考虑黏滞现象，则简化为压强 p。另一类是由外场，如重力场、电磁场

等引起的作用力以及体系内的长程相互作用产生的力，以 f_i 表示体积元内第 i 个质点所受的这类力。这样，单位体积的介质所受的合力为

$$\boldsymbol{F} = -\nabla p + \sum_{i=1}^{n} \rho_i \boldsymbol{f}_i \tag{2.36}$$

由牛顿第二定律

$$\boldsymbol{F} = \rho \frac{\mathrm{d}\boldsymbol{v}}{\mathrm{d}t} \tag{2.37}$$

得

$$\rho \frac{\mathrm{d}\boldsymbol{v}}{\mathrm{d}t} = -\nabla p + \sum_{i=1}^{n} \rho_i \boldsymbol{f}_i \tag{2.38}$$

利用式 (2.35)，可得另一种形式的方程。以 $\boldsymbol{v}$ 代替式 (2.35) 中的 a，得

$$\rho \frac{\mathrm{d}\boldsymbol{v}}{\mathrm{d}t} = \frac{\partial \rho \boldsymbol{v}}{\partial t} + \nabla \cdot \rho \boldsymbol{v}\boldsymbol{v} \tag{2.39}$$

式中，$\boldsymbol{v}\boldsymbol{v}$ 是有序 (并矢的) 乘积，是一个二级张量。

将式 (2.39) 代入式 (2.38)，得

$$\frac{\partial \rho \boldsymbol{v}}{\partial t} = -\nabla \cdot \rho \boldsymbol{v}\boldsymbol{v} - \nabla p + \sum_{i=1}^{n} \rho_i \boldsymbol{f}_i \tag{2.40}$$

此方程也称为动量平衡方程。

2.2.2 质心运动的动能平衡方程

从运动方程 (2.38) 可导出质心运动的动能平衡方程。用 $\boldsymbol{v}$ 点乘运动方程 (2.40) 的各项，得

$$\rho \frac{\mathrm{d}}{\mathrm{d}t}\left(\frac{1}{2}\boldsymbol{v}^2\right) = -\nabla \cdot \rho \boldsymbol{v} + p\nabla \cdot \boldsymbol{v} + \sum_{i=1}^{n} \rho_i \boldsymbol{f}_i \cdot \boldsymbol{v} \tag{2.41}$$

以 $\dfrac{1}{2}\boldsymbol{v}^2$ 代替式 (2.35) 中的 a，得

$$\rho \frac{\mathrm{d}}{\mathrm{d}t}\left(\frac{1}{2}\boldsymbol{v}^2\right) = \frac{\partial}{\partial t}\left(\frac{1}{2}\rho \boldsymbol{v}^2\right) + \nabla \cdot \left(\frac{1}{2}\rho \boldsymbol{v}^2 \boldsymbol{v}\right) \tag{2.42}$$

将式 (2.42) 代入式 (2.41)，得

$$\frac{\partial}{\partial t}\left(\frac{1}{2}\rho \boldsymbol{v}^2\right) = -\nabla \cdot \left(\frac{1}{2}\rho \boldsymbol{v}^2 \boldsymbol{v}\right) - \nabla \cdot p\boldsymbol{v} + p\nabla \cdot \boldsymbol{v} + \sum_{i=1}^{n} \rho_i \boldsymbol{f}_i \cdot \boldsymbol{v} \tag{2.43}$$

2.3 势能平衡方程

对于某种矢量场可定义势能密度

$$\rho\varphi = \sum_{i=1}^{n} \rho_i \varphi_i \tag{2.44}$$

式中，φ_i 为单位质量组元 i 的势能；φ 为体系中单位质量物质的势能。

将其对时间取偏导数，得

$$\frac{\partial \rho\varphi}{\partial t} = \sum_{i=1}^{n} \left(\rho_i \frac{\partial \varphi_i}{\partial t} + \varphi_i \frac{\partial \rho_i}{\partial t} \right) \tag{2.45}$$

若势函数与时间无关 —— 对于一个恒定势场就是这样，则有

$$\frac{\partial \varphi_i}{\partial t} = 0 \tag{2.46}$$

而由质量守恒方程 (2.20) 可得

$$\varphi_i \frac{\partial \rho_i}{\partial t} = -\nabla \cdot \varphi_i \rho_i \boldsymbol{v}_i + \rho_i \boldsymbol{v}_i \cdot \nabla \varphi_i + \varphi_i \sum_{j=1}^{r} \nu_{ij} j_j \tag{2.47}$$

若考虑的力仅为保守力 (以后总是如此)，则

$$\nabla \varphi_i = -\boldsymbol{f}_i \tag{2.48}$$

而由式 (2.23) 得

$$\rho_i \boldsymbol{v}_i = \boldsymbol{J}_i + \rho_i \boldsymbol{v} \tag{2.49}$$

将式 (2.48) 和式 (2.49) 代入式 (2.47)，然后将所得结果及式 (2.46) 代入式 (2.45)，整理后得

$$\frac{\partial \rho\varphi}{\partial t} = -\nabla \cdot \left(\sum_{i=1}^{n} \varphi_i \boldsymbol{J}_i + \rho\varphi \boldsymbol{v} \right) - \sum_{i=1}^{n} \boldsymbol{J}_i \cdot \boldsymbol{f}_i - \sum_{i=1}^{n} \rho_i \boldsymbol{f}_i \cdot \boldsymbol{v} + \sum_{j=1}^{r} J_i \sum_{i=1}^{n} \phi_i \nu_{ij} \tag{2.50}$$

如果在化学反应中势能是守恒的，则最后一项为零，即

$$\sum_{i=1}^{n} \varphi_i \nu_{ij} = 0 \quad (j = 1, 2, \cdots, r) \tag{2.51}$$

当粒子所具有的使其与力场发生相互作用的特性守恒时，这一情况成立。例如，重力场内的质量、电场内的电荷等。这样式 (2.50) 简化为

$$\frac{\partial \rho\varphi}{\partial t} = -\nabla \cdot \left(\sum_{i=1}^{n} \varphi_i \boldsymbol{J}_i + \rho\varphi \boldsymbol{v} \right) - \sum_{i=1}^{n} \boldsymbol{J}_i \cdot \boldsymbol{f}_i - \sum_{i=1}^{n} \rho_i \boldsymbol{f}_i \cdot \boldsymbol{v} \tag{2.52}$$

将动能和势能变化率方程 (2.43) 和 (2.52) 相加，得

$$\frac{\partial}{\partial t}\rho\left(\frac{1}{2}\boldsymbol{v}^2+\varphi\right)=-\nabla\cdot\left[\rho\left(\frac{1}{2}\boldsymbol{v}^2+\varphi\right)\boldsymbol{v}+p\boldsymbol{v}+\sum_{i=1}^{n}\varphi_i\boldsymbol{J}_i\right]+p\nabla\cdot\boldsymbol{v}-\sum_{i=1}^{n}\boldsymbol{J}_i\cdot\boldsymbol{f}_i \tag{2.53}$$

式 (2.53) 表明动能与势能之和并不守恒，因右方含有能源项 $p\nabla\cdot\boldsymbol{v}$ 和 $\sum\limits_{i=1}^{n}\boldsymbol{J}_i\cdot\boldsymbol{f}_i$，这是外场作用的结果。

2.4 能量守恒方程

2.4.1 总能量守恒方程

根据能量守恒原理，在体系中任一体积 V 内所包含的总能量变化只能由通过该体积的边界面 Ω 的能量流入或流出引起，所以

$$\frac{\mathrm{d}}{\mathrm{d}t}\int_V\rho\varepsilon\mathrm{d}V=\int_V\frac{\partial\rho\varepsilon}{\partial t}\mathrm{d}V=-\int_\Omega\boldsymbol{J}_\varepsilon\cdot\mathrm{d}\Omega \tag{2.54}$$

式中，ε 为单位质量物质所含能量，包括体系中各种形式的能量；$\boldsymbol{J}_\varepsilon$ 为单位时间内通过单位表面积的能量通量，包括所有形式的能量通量，所以也称为总能流通量。

利用高斯定理

$$\int_\Omega\boldsymbol{J}_\varepsilon\cdot\mathrm{d}\boldsymbol{\Omega}=\int_V\nabla\cdot\boldsymbol{J}_\varepsilon\mathrm{d}V$$

式 (2.54) 可写成

$$\int_V\frac{\partial\rho\varepsilon}{\partial t}\mathrm{d}V=-\int_V\nabla\cdot\boldsymbol{J}_\varepsilon\mathrm{d}V \tag{2.55}$$

所以

$$\frac{\partial\rho\varepsilon}{\partial t}=-\nabla\cdot\boldsymbol{J}_\varepsilon \tag{2.56}$$

其中

$$\varepsilon=\frac{1}{2}\boldsymbol{v}^2+\varphi+u \tag{2.57}$$

即总比能量 ε 包含比动能 $\frac{1}{2}\boldsymbol{v}^2$、比势能 φ 与比内能 u。而

$$\boldsymbol{J}_\varepsilon=\rho\varepsilon\boldsymbol{v}+p\boldsymbol{v}+\sum_{i=1}^{n}\varphi_i\boldsymbol{J}_i+\boldsymbol{J}_q \tag{2.58}$$

即总能流通量包含对流项 $\rho\varepsilon\boldsymbol{v}$，作用于体系的机械功所引起的能流通量 $p\boldsymbol{v}$，各组元在力场中扩散所引起的势能通量 $\sum\limits_{i=1}^{n}\varphi_i\boldsymbol{J}_i$ 以及热流 $\boldsymbol{J}_q$。式 (2.58) 也可作为热流 $\boldsymbol{J}_q$ 的定义。

2.4.2　内能平衡方程

从总能量中减去动能和势能，再对时间取偏微商，即得内能对时间的变化率，为此将式 (2.56) 减去式 (2.53)，得

$$\frac{\partial \rho u}{\partial t} = -\nabla \cdot (\rho u \boldsymbol{v} + \boldsymbol{J}_q) - p\nabla \cdot \boldsymbol{v} + \sum_{i=1}^{n} \boldsymbol{J}_i \cdot \boldsymbol{f}_i \tag{2.59}$$

可见，内能 u 并不守恒，这是因为方程中有能源项 $-p\nabla \cdot \boldsymbol{v} + \sum\limits_{i=1}^{n} \boldsymbol{J}_i \cdot \boldsymbol{f}_i$，它恰好和动能与势能之和的能源项具有相反的符号。

内能平衡方程还可以写成另外一种形式。以 u 代替式 (2.35) 中的 a，得

$$\rho \frac{\mathrm{d}u}{\mathrm{d}t} = \frac{\partial \rho u}{\partial t} + \nabla \cdot u\rho \boldsymbol{v} \tag{2.60}$$

将式 (2.59) 代入式 (2.60)，得

$$\rho \frac{\mathrm{d}u}{\mathrm{d}t} = -\nabla \cdot \boldsymbol{J}_q - p\nabla \cdot \boldsymbol{v} + \sum_{i=1}^{n} \boldsymbol{J}_i \cdot \boldsymbol{f}_i \tag{2.61}$$

而由

$$\begin{aligned} \int_V \rho \frac{\mathrm{d}q}{\mathrm{d}t} \mathrm{d}V &= -\int_\Omega \boldsymbol{J}_q \cdot \mathrm{d}\boldsymbol{\Omega} \\ &= \int_V \nabla \cdot \boldsymbol{J}_q \mathrm{d}V \end{aligned} \tag{2.62}$$

得

$$\rho \frac{\mathrm{d}q}{\mathrm{d}t} = -\nabla \cdot \boldsymbol{J}_q \tag{2.63}$$

式中，q 为体积元内单位质量物质失去或吸收的热量。

将式 (2.63) 代入式 (2.61)，并除以 ρ，得

$$\frac{\mathrm{d}u}{\mathrm{d}t} = \frac{\mathrm{d}q}{\mathrm{d}t} - \rho^{-1} p\nabla \cdot \boldsymbol{v} + \rho^{-1} \sum_{i=1}^{n} \boldsymbol{J}_i \cdot \boldsymbol{f}_i \tag{2.64}$$

利用式 (2.26) 及式 (2.27) 还可将式 (2.64) 化成

$$\frac{\mathrm{d}u}{\mathrm{d}t} = \frac{\mathrm{d}q}{\mathrm{d}t} - p\frac{\mathrm{d}v}{\mathrm{d}t} + v\sum_{i=1}^{n} \boldsymbol{J}_i \cdot \boldsymbol{f}_i \tag{2.65}$$

这是考虑了时间的热力学第一定律的方程，即能量守恒方程。

第 3 章　熵定律与熵平衡

3.1　热力学第二定律

3.1.1　热力学第二定律的局部表示

对于连续体系，熵可写成

$$S = \int_V \rho s \mathrm{d}V \tag{3.1}$$

式中，S 为体积 V 内的总熵；s 为单位质量物质所具有的熵。

并且

$$\mathrm{d}S = \mathrm{d}_e S + \mathrm{d}_i S \tag{3.2}$$

$$\frac{\mathrm{d}_e S}{\mathrm{d}t} = -\int_\Omega \boldsymbol{J}_{S,t} \cdot \mathrm{d}\boldsymbol{\Omega} \tag{3.3}$$

$$\frac{\mathrm{d}_i S}{\mathrm{d}t} = \int_V \sigma \mathrm{d}V \tag{3.4}$$

式中，$\boldsymbol{J}_{S,t}$ 为单位时间内流过单位面积的总熵流。

将式 (3.1) 和式 (3.2) 分别对时间求导，得

$$\begin{aligned}\frac{\mathrm{d}S}{\mathrm{d}t} &= \frac{\mathrm{d}}{\mathrm{d}t}\int_V \rho s \mathrm{d}V \\ &= \int_V \frac{\partial(\rho s)}{\partial t}\mathrm{d}V\end{aligned} \tag{3.5}$$

和

$$\frac{\mathrm{d}S}{\mathrm{d}t} = \frac{\mathrm{d}_e S}{\mathrm{d}t} + \frac{\mathrm{d}_i S}{\mathrm{d}t} \tag{3.6}$$

将式 (3.3)~ 式 (3.5) 代入式 (3.6)，得

$$\begin{aligned}\int_V \frac{\partial(\rho s)}{\partial t}\mathrm{d}V &= -\int_\Omega \boldsymbol{J}_{S,t} \cdot \mathrm{d}\boldsymbol{\Omega} + \int_V \sigma \mathrm{d}V \\ &= -\int_\Omega \nabla \cdot \boldsymbol{J}_{S,t} \mathrm{d}V + \int_V \sigma \mathrm{d}V \\ &= \int_V (-\nabla \cdot \boldsymbol{J}_{S,t} + \sigma)\mathrm{d}V\end{aligned} \tag{3.7}$$

第二步由面积分变成体积分利用了高斯定理。显然，式 (3.7) 对任一体积均成立，所以

$$\frac{\partial(\rho s)}{\partial t} = -\nabla \cdot \boldsymbol{J}_{S,t} + \sigma \tag{3.8}$$

而由式 (1.42)，有

$$\sigma \geqslant 0 \tag{3.9}$$

式 (3.8)、式 (3.9) 称为热力学第二定律的局部表示式，分别对应于整体表示式

$$\mathrm{d}S = \mathrm{d}_e S + \mathrm{d}_i S$$

和

$$\mathrm{d}_i S \geqslant 0$$

而式 (3.8) 也称为熵密度平衡方程。

3.1.2　单位质量的熵对时间的全微商

利用式 (2.34) 可将方程 (3.8) 写成另一种形式。以 s 代替式 (2.34) 中的 a，得

$$\rho \frac{\mathrm{d}s}{\mathrm{d}t} = \frac{\partial(\rho s)}{\partial t} + \nabla \cdot \rho s \boldsymbol{v} \tag{3.10}$$

将式 (3.8) 代入式 (3.10)，得

$$\rho \frac{\mathrm{d}s}{\mathrm{d}t} = -\nabla \cdot \boldsymbol{J}_S + \sigma \tag{3.11}$$

其中

$$\boldsymbol{J}_S = \boldsymbol{J}_{S,t} - \rho s \boldsymbol{v} \tag{3.12}$$

而 $\rho s \boldsymbol{v}$ 表示对流部分。

在导出式 (3.8)、式 (3.9) 时，实际上已假定了式 (3.2) 对体系 “无限小” 部分也成立。这种 “无限小” 是物理 “无限小”，即宏观上无限小，微观上足够大，仍含有大量粒子。

3.2　熵平衡方程

3.2.1　吉布斯方程

由热力学知道，当体系处于平衡态时，单位质量的熵是一定数目的热力学参量的函数。这些参量可选作单位质量的内能 u、体积度 v 和质量分数 w_i，即

$$s = s(u, v, w_i) \tag{3.13}$$

这样，根据局部平衡假设，就有局部的吉布斯 (Gibbs) 方程

$$T\mathrm{d}s = \mathrm{d}u + p\mathrm{d}v - \sum_{i=1}^{n} \mu_i \mathrm{d}w_i \tag{3.14}$$

式中，p 为压强；μ_i 为分比吉布斯自由能 (偏克自由能)。

进而假定局部吉布斯方程对于随其质心运动的质量元也成立，即

$$T\frac{\mathrm{d}s}{\mathrm{d}t}=\frac{\mathrm{d}u}{\mathrm{d}t}+p\frac{\mathrm{d}v}{\mathrm{d}t}-\sum_{i=1}^{n}\mu_i\frac{\mathrm{d}w_i}{\mathrm{d}t} \tag{3.15}$$

式 (3.15) 的正确性需通过由此导出的结论判断。对于特殊的微观模型，可证明当体系偏离平衡的程度“不太显著”时是正确的，进而可导出式 (3.15) 在偏离平衡多远时仍能适用的判据。可以指出，对于输运现象式 (3.15) 的应用是合理的。

3.2.2 熵平衡方程

为了得到熵平衡方程的明显表达式，将内能平衡方程 (2.64) 和以质量分数表示的质量平衡方程 (2.32) 代入吉布斯方程 (3.15)，得

$$T\frac{\mathrm{d}s}{\mathrm{d}t}=\frac{\mathrm{d}q}{\mathrm{d}t}+v\sum_{i=1}^{n}\boldsymbol{J}_i\cdot\boldsymbol{f}_i-\sum_{i=1}^{n}\mu_i\Big(-v\nabla\cdot\boldsymbol{J}_i+v\sum_{j=1}^{r}\nu_{ij}j_j\Big) \tag{3.16}$$

将式 (3.16) 各项乘以 $\rho\frac{1}{T}$，再将式 (2.62) 代入，并定义

$$\sum_{i=1}^{n}\nu_{ij}\mu_i=\Delta g_j=A_j\quad(j=1,2,\cdots,r) \tag{3.17}$$

得

$$\rho\frac{\mathrm{d}s}{\mathrm{d}t}=-\nabla\cdot\left(\frac{\boldsymbol{J}_q-\sum\limits_{i=1}^{n}\mu_i\boldsymbol{J}_i}{T}\right)-\frac{1}{T^2}\boldsymbol{J}_q\cdot\nabla T-\frac{1}{T}\sum_{i=1}^{n}J_i\cdot\Big(T\nabla\frac{\mu_i}{T}-\boldsymbol{f}_i\Big)$$
$$-\frac{1}{T}\sum_{j=1}^{r}j_jA_j \tag{3.18}$$

此即熵平衡方程的明显表达式。将式 (3.18) 与式 (3.11) 比较，对应项应该相等，则有

$$\nabla\cdot\boldsymbol{J}_S=\nabla\cdot\left(\frac{\boldsymbol{J}_q-\sum\limits_{i=1}^{n}\mu_i\boldsymbol{J}_i}{T}\right)$$

即

$$\boldsymbol{J}_S=\frac{1}{T}\left(\boldsymbol{J}_q-\sum_{i=1}^{n}\mu_i\boldsymbol{J}_i\right) \tag{3.19}$$

及

$$\sigma = -\frac{1}{T^2}\boldsymbol{J}_q \cdot \nabla T - \frac{1}{T}\sum_{i=1}^{n}\boldsymbol{J}_i \cdot \left(T\nabla\frac{\mu_i}{T} - \boldsymbol{f}_i\right) - \frac{1}{T}\sum_{j=1}^{r} j_j A_j \geqslant 0 \tag{3.20}$$

将式 (3.18) 右边分成通量的散度和源项似乎具有任意性。然而，这两项必须满足一定的要求，这些要求使得这种划分成为唯一确定的。例如，当体系内部满足热力学平衡条件时，熵增率 σ 必须为零；另外，式 (3.20) 通过伽利略 (Galileo) 变换应该保持不变，这是由于可逆与不可逆的性质必须在这种变换下保持不变。可以看出式 (3.20) 自然地满足这些要求。

将式 (3.18) 对封闭体系作体积积分，得

$$\begin{aligned}
\text{右边} &= \int_V \rho\frac{\mathrm{d}s}{\mathrm{d}t}\mathrm{d}V \\
&= \int_V \left[\frac{\mathrm{d}(\rho s)}{\mathrm{d}t} - s\frac{\mathrm{d}\rho}{\mathrm{d}t}\right]\mathrm{d}V \\
&= \frac{\mathrm{d}}{\mathrm{d}t}\int_V \rho s\mathrm{d}V - s\frac{\mathrm{d}}{\mathrm{d}t}\int_V \rho\mathrm{d}V
\end{aligned}$$

令 $M = \int_V \rho\mathrm{d}V$，有

$$\text{左边} = \frac{\mathrm{d}}{\mathrm{d}t}(sW) - s\frac{\mathrm{d}W}{\mathrm{d}t} = \frac{\mathrm{d}S}{\mathrm{d}t}$$

对于封闭体系有

$$\frac{\mathrm{d}W}{\mathrm{d}t} = 0$$

并且

$$\begin{aligned}
\text{右边} &= \int_V -\nabla \cdot \left(\frac{\boldsymbol{J}_q - \sum_{i=1}^{n}\mu_i\boldsymbol{J}_i}{T}\right)\mathrm{d}V + \int_V \sigma\mathrm{d}V \\
&= -\int_\Omega \left(\frac{\boldsymbol{J}_q - \sum_{i=1}^{n}\mu_i\boldsymbol{J}_i}{T}\right) \cdot \mathrm{d}\boldsymbol{\Omega} + \int_V \sigma\mathrm{d}V \\
&= -\int_\Omega \frac{\boldsymbol{J}_q}{T} \cdot \mathrm{d}\boldsymbol{\Omega} + \int_V \sigma\mathrm{d}V
\end{aligned}$$

后一步利用了封闭体系穿过界面的物质流为零的条件，即

$$\boldsymbol{J}_i = 0$$

由于 $\sigma \geqslant 0$，所以

$$\int_V \sigma \mathrm{d}V \geqslant 0$$

总结上面的结果，得

$$\frac{\mathrm{d}S}{\mathrm{d}t} = -\int_\Omega \frac{\boldsymbol{J}_q}{T}\cdot \mathrm{d}\boldsymbol{\Omega} + \int_V \sigma \mathrm{d}V \geqslant -\int_\Omega \frac{\boldsymbol{J}_q}{T}\cdot \mathrm{d}\boldsymbol{\Omega} \tag{3.21}$$

式 (3.21) 与卡诺 (Carnot)–克劳修斯 (Clausius) 定理

$$\mathrm{d}S \geqslant \frac{\mathrm{d}Q}{T} \tag{3.22}$$

等价。

考察熵流表示式 (3.19) 可见，熵流由两部分组成，一项是温比热流 $\frac{\boldsymbol{J}_q}{T}$，另一项则与物质的扩散流 $\boldsymbol{J}_i$ 有关。熵增率 σ 的表示式 (3.20) 则表明熵增率是由三部分贡献的。第一项由热传导引起，第二项起因于扩散，第三项由化学反应引起。σ 的表示式由两个因子的乘积之和组成，即所谓的双线性形式结构。一个因子是热力学通量，即热流 $\boldsymbol{J}_q$、扩散流 $\boldsymbol{J}_i$ 和化学反应速率 $\boldsymbol{J}_j$；另一个因子是热力学力，即温度梯度 ∇T、化学势梯度 $\nabla\frac{\mu_i}{T}$、外力 $\boldsymbol{f}_i$ 和化学亲和力 A_j 等。外力可以是某个势的梯度，化学亲和力是热力学状态变量的差，也相当于梯度。

3.3 熵产生的其他表达式

3.3.1 不同热流定义下的熵产生

为了应用方便，熵产生表达式 (3.20) 还可以写成其他形式。由于

$$\begin{aligned} T\nabla\frac{\mu_i}{T} &= T\left[\frac{1}{T^2}(T\nabla\mu_i - \mu_i\nabla T)\right] \\ &= \nabla\mu_i - \frac{\mu_i}{T}\nabla T \end{aligned} \tag{3.23}$$

而

$$\begin{aligned} \nabla\mu_i &= (\nabla\mu_i)_T + \left(\frac{\partial\mu_i}{\partial T}\right)_p \nabla T \\ &= (\nabla\mu_i)_T + s_i\nabla T \end{aligned} \tag{3.24}$$

将式 (3.24) 代入式 (3.23)，得

$$T\nabla\frac{\mu_i}{T} = (\nabla\mu_i)_T - \frac{h_i}{T}\nabla T \tag{3.25}$$

式中，下角标 T 表示温度恒定的条件；h_i 为组元 i 的分比焓 —— 单位质量的焓。

将式 (3.25) 代入式 (3.20)，得

$$\sigma = -\frac{1}{T^2}\left(\boldsymbol{J}_q - \sum_{i=1}^{n} h_i \boldsymbol{J}_i\right) \cdot \nabla T - \frac{1}{T}\sum_{i=1}^{n} \boldsymbol{J}_i \cdot [(\nabla \mu_i)_T - \boldsymbol{f}_i] - \frac{1}{T}\sum_{j=1}^{r} j_j A_j \tag{3.26}$$

定义

$$\boldsymbol{J}'_q = \boldsymbol{J}_q - \sum_{i=1}^{n} h_i \boldsymbol{J}_i \tag{3.27}$$

则

$$\sigma = -\frac{1}{T^2}\boldsymbol{J}'_q \cdot \nabla T - \frac{1}{T}\sum_{i=1}^{n} \boldsymbol{J}_i \cdot [(\nabla \mu_i)_T - \boldsymbol{f}_i] - \frac{1}{T}\sum_{j=1}^{r} j_j A_j \tag{3.28}$$

改写后的 σ 表达式 (3.28) 中，与扩散流 $\boldsymbol{J}_i$ 相共轭的热力学力并不包含 ∇T 项，而与 ∇T 相共轭的热力学通量 $\boldsymbol{J}'_q$ 包含了由物质流引起的热传递，也表示一种不可逆热流。事实上，在扩散混合物中，热流可用不同的方式定义，但物理结果不会因热流的不同定义而改变。

3.3.2 含有熵流项的熵产生

将式 (3.23) 代入式 (3.20) 中，得

$$\sigma = -\frac{1}{T^2}\left(\boldsymbol{J}_q - \sum_{i=1}^{n} \mu_i \boldsymbol{J}_i\right) \cdot \nabla T - \frac{1}{T}\sum_{i=1}^{n} \boldsymbol{J}_i \cdot (\nabla \mu_i - \boldsymbol{f}_i) - \frac{1}{T}\sum_{j=1}^{r} j_j A_j \tag{3.29}$$

再利用式 (3.19)，得

$$\sigma = -\frac{1}{T}\boldsymbol{J}_S \cdot \nabla T - \frac{1}{T}\sum_{i=1}^{n} \boldsymbol{J}_i \cdot (\nabla \mu_i - \boldsymbol{f}_i) - \frac{1}{T}\sum_{j=1}^{r} j_j A_j \tag{3.30}$$

如果外力 $\boldsymbol{f}_i$ 是某个势 φ_i 的梯度，即

$$\boldsymbol{f}_i = -\nabla \varphi_i \tag{3.31}$$

则熵增率可进一步写成

$$\sigma = -\frac{1}{T}\boldsymbol{J}_S \cdot \nabla T - \frac{1}{T}\sum_{i=1}^{n} \boldsymbol{J}_i \cdot (\nabla \mu_i + \nabla \varphi_i) - \frac{1}{T}\sum_{j=1}^{r} j_j A_j \tag{3.32}$$

如果 φ_i 是静电势，有

$$\varphi_i = z_i \varphi \tag{3.33}$$

式中，z_i 为组元 i 单位质量电荷；φ 为静电势。

则

$$\sigma = -\frac{1}{T}\boldsymbol{J}_S \cdot \nabla T - \frac{1}{T}\sum_{i=1}^{n}\boldsymbol{J}_i \cdot \nabla \bar{\mu}_i - \frac{1}{T}\sum_{j=1}^{r} j_j A_j \tag{3.34}$$

其中

$$^{\mathrm{e}}\mu_i = \mu_i + \varphi_i = \mu_i + z_i\varphi \tag{3.35}$$

为电化学势。

如果化学反应是在带电组分之间进行的，则需用电化学亲和势

$$^{\mathrm{e}}A_j = \sum_{i=1}^{n}\nu_{ij}{}^{\mathrm{e}}\mu_i = \sum_{i=1}^{n}\nu_{ij}(\mu_i + z_i\varphi) \tag{3.36}$$

这样，式 (3.34) 写为

$$\sigma = -\frac{1}{T}\boldsymbol{J}_S \cdot \nabla T - \frac{1}{T}\sum_{i=1}^{n}\boldsymbol{J}_i \cdot \nabla^{\mathrm{e}}\mu_i - \frac{1}{T}\sum_{j=1}^{r} j_j^{\mathrm{e}} A_j \tag{3.37}$$

3.4 动能的扩散

3.4.1 新内能定义下的熵平衡方程

根据式 (2.56)，内能定义式为

$$u = \varepsilon - \frac{1}{2}\boldsymbol{v}^2 - \varphi \tag{3.38}$$

其中

$$\varphi = \frac{1}{\rho}\sum_{i=1}^{n}\rho_i\varphi_i = \sum_{i=1}^{n} w_i\varphi_i \tag{3.39}$$

式 (3.38) 意味着内能 u 还包含组元相对于质心运动的宏观动能。下面定义单位质量的另一种内能 u^*，有

$$\begin{aligned} u^* &= u - \sum_{i=1}^{n}\frac{1}{2}w_i(\boldsymbol{v}_i - \boldsymbol{v})^2 \\ &= \varepsilon - \sum_{i=1}^{n} w_i\varphi_i - \sum_{i=1}^{n}\frac{1}{2}w_i\boldsymbol{v}_i^2 \end{aligned} \tag{3.40}$$

这样，局部吉布斯方程为

$$T\mathrm{d}s = \mathrm{d}u^* + p\mathrm{d}v - \sum_{i=1}^{n} u_i^*\mathrm{d}w_i \tag{3.41}$$

其中

$$\mu^* = \mu - \sum_{i=1}^{n}\frac{1}{2}w_i(\boldsymbol{v}_i - \boldsymbol{v})^2$$

$$
\begin{aligned}
&= \sum_{i=1}^{n} w_i \mu_i^* \\
&= \mu^* - Ts + pv
\end{aligned} \tag{3.42}
$$

为了与局部平衡的假设一致，可以认为式 (3.41) 对时间微商后仍然成立，则

$$
T\frac{\mathrm{d}s}{\mathrm{d}t} = \frac{\mathrm{d}u^*}{\mathrm{d}t} + p\frac{\mathrm{d}v}{\mathrm{d}t} - \sum_{i=1}^{n} \mu_i^* \frac{\mathrm{d}w_i}{\mathrm{d}t} \tag{3.43}
$$

将式 (3.39) 代入式 (3.42)，得

$$
T\frac{\mathrm{d}s}{\mathrm{d}t} = \frac{\mathrm{d}u}{\mathrm{d}t} - v\sum_{i=1}^{n} \boldsymbol{J}_i \cdot \frac{\mathrm{d}}{\mathrm{d}t}(\boldsymbol{v}_i - \boldsymbol{v}) - \sum_{i=1}^{n} \mu_i \frac{\mathrm{d}w_i}{\mathrm{d}t} + p\frac{\mathrm{d}v}{\mathrm{d}t} \tag{3.44}
$$

其中

$$
u_i = u_i^* + \frac{1}{2}(\boldsymbol{v}_i - \boldsymbol{v})^2 \tag{3.45}
$$

$$
\mu = \sum_{i=1}^{n} w_i \mu_i = u - Ts + \rho v \tag{3.46}
$$

当 $\frac{\mathrm{d}}{\mathrm{d}t}(\boldsymbol{v}_i - \boldsymbol{v}) = 0$ 时，即各组元相对于质心运动的速度对时间的全导数可忽略时，式 (3.43) 与式 (3.15) 完全相同。一般情况下是允许这种忽略的。

3.4.2　熵平衡方程的具体表达式

从式 (3.44) 出发，仿照前面的做法可得到熵平衡方程的具体表达式，有

$$
T\frac{\mathrm{d}s}{\mathrm{d}t} = \frac{\mathrm{d}q}{\mathrm{d}t} + v\sum_{i=1}^{n} \boldsymbol{J}_i \cdot \boldsymbol{f}_i - v\sum_{i=1}^{n} J_i \cdot \frac{\mathrm{d}}{\mathrm{d}t}(\boldsymbol{v}_i - \boldsymbol{v}) - \sum_{i=1}^{n} \mu_i v\left(-\nabla \cdot \boldsymbol{J}_i + \sum_{j=1}^{r} \nu_{ij} j_j\right) \tag{3.47}
$$

各项乘 $\frac{\rho}{T}$，得

$$
\begin{aligned}
\rho\frac{\mathrm{d}s}{\mathrm{d}t} = &-\nabla \cdot \left(\frac{\boldsymbol{J}_q - \sum_{i=1}^{n} \mu_i \boldsymbol{J}_i}{T}\right) - \frac{1}{T^2}\boldsymbol{J}_q \cdot \nabla T - \frac{1}{T}\sum_{i=1}^{n} \boldsymbol{J}_i \cdot \left[T\nabla\frac{\mu_i}{T} - \boldsymbol{f}_i + \frac{\mathrm{d}}{\mathrm{d}t}(\boldsymbol{v}_i - \boldsymbol{v})\right] \\
&- \frac{1}{T}\sum_{j=1}^{r} j_j A_j
\end{aligned} \tag{3.48}
$$

将式 (3.48) 与式 (3.18) 比较，它只是在物质流的热力学力中包含"惯性项"即 $\frac{\mathrm{d}}{\mathrm{d}t}(\boldsymbol{v}_i - \boldsymbol{v})$。

第 4 章　唯象方程和唯象系数

4.1　唯 象 方 程

4.1.1　居里定理

第 1 章中已经谈到体系中各不可逆过程之间存在干涉即耦合，这是在某些实验的基础上作的假设。在应用此假设列唯象方程时，首先遇到的问题就是不同力和不同流的耦合是否有条件限制？居里 (Curie) 定理回答了这个问题。事实上不同力和不同流的空间特性可能完全不同。例如，在熵增率表示式中，有些力和流是标量，有些则是矢量。按照居里对称性原理，在一个各向同性 (即当体系处于平衡状态时，在各方向上具有相同的性质) 的介质中，宏观原因总比它所产生的效应具有较少的对称元素。对于非平衡态热力学而言，热力学力是过程的宏观原因，热力学通量是此宏观原因产生的效应。因此，热力学力不能比与之耦合的热力学通量具有更多的对称元素，即力不能比与之耦合的通量具有更高的对称性。耦合是相互的，对称性低的力也不能与对称性高的流耦合，所以并不是所有的不可逆过程之间都能发生耦合。普里高津提出：在各向同性介质中，不同对称性的流和力之间不能进行耦合。对称性可以考虑为流和力的张量阶次。标量是零阶张量，矢量是一阶张量，一般的张量是二阶的，还有更高阶次的张量。换言之，在各向同性介质中，具有不同张量阶次的流和力不能进行耦合。这就是所谓的居里定理。例如，化学反应的力是标量，而热流和物质流是矢量，在各向同性介质中它们不能进行耦合；温度梯度和浓度梯度等矢量力不能与化学反应速率等标量流耦合。

需要指出的是，上述结论仅适用于各向同性介质的情况。在非各向同性介质中，唯象定律允许具有不同对称性的力和流进行耦合。

4.1.2　唯象方程的表达式

由式 (3.20)、式 (3.28) 和式 (3.30) 可见，熵增率为多个通量和力的乘积之和。根据通量是力的函数，且两者呈线性关系的假设，对于各向同性的体系，考虑了居里定理后，按照熵增率表示式 (3.20)，唯象方程可写为

$$\boldsymbol{J}_q = -L_{qq}\frac{\nabla T}{T^2} - \sum_{i=1}^{n} L_{qi}\frac{1}{T}\left(T\nabla\frac{\mu_i}{T} - \boldsymbol{f}_i\right) \tag{4.1}$$

$$\boldsymbol{J}_i = -L_{iq}\frac{\nabla T}{T^2} - \sum_{k=1}^{n} L_{ik}\frac{1}{T}\left(T\nabla\frac{\mu_k}{T} - \boldsymbol{f}_k\right) \quad (i=1,2,\cdots,n) \tag{4.2}$$

$$j_j = -\sum_{h=1}^{r} l_{jh}\frac{A_h}{T} \quad (j=1,2,\cdots,r) \tag{4.3}$$

式 (4.1) 和式 (4.2) 描述了热传导、扩散及其间耦合现象。唯象系数 L_{qq}，L_{iq}，L_{qi} 和 $L_{ik}(i=1, 2, \cdots, n)$ 是标量，这是体系各向同性的结果。式 (4.3) 描述了 r 个化学反应及其可能有的耦合现象。系数 $l_{jh}(j，h=1，2，\cdots，r)$ 是标量。

在各向同性体系中唯象系数间的昂萨格关系为

$$L_{iq} = L_{qi} \quad (i=1,2,\cdots,n) \tag{4.4}$$

$$L_{ik} = L_{ki} \quad (i,k=1,2,\cdots,n) \tag{4.5}$$

$$l_{jh} = l_{hj} \quad (j,h=1,2,\cdots,r) \tag{4.6}$$

依熵增率表示式 (3.28)，唯象方程可写为

$$\boldsymbol{J}'_q = -L_{qq}\frac{\nabla T}{T^2} - \sum_{i=1}^{n} L_{qi}\frac{1}{T}[(\nabla\mu_i)_T - \boldsymbol{f}_i] \tag{4.7}$$

$$\boldsymbol{J}_i = -L_{iq}\frac{\nabla T}{T^2} - \sum_{k=1}^{n} L_{ik}\frac{1}{T}[(\nabla\mu_k)_T - \boldsymbol{f}_k] \quad (i=1,2,\cdots,n) \tag{4.8}$$

$$J_j = -\sum_{h=1}^{r} l_{jh}\frac{A_h}{T} \quad (j=1,2,\cdots,r) \tag{4.9}$$

各方程描述的物理现象、化学现象同前。昂萨格关系为

$$L_{qi} = L_{iq} \quad (i=1,2,\cdots,n) \tag{4.10}$$

$$L_{ik} = L_{ki} \quad (i,k=1,2,\cdots,n) \tag{4.11}$$

$$l_{jh} = l_{hj} \quad (j,h=1,2,\cdots,r) \tag{4.12}$$

依熵增率表示式 (3.32)，唯象方程可写为

$$\boldsymbol{J}_S = -L_{ss}\frac{\nabla T}{T} - \sum_{i=1}^{n} L_{si}\frac{1}{T}(\nabla\mu_i - \boldsymbol{f}_i) \tag{4.13}$$

$$\boldsymbol{J}_i = -L_{is}\frac{\nabla T}{T} - \sum_{k=1}^{n} L_{ik}\frac{1}{T}(\nabla\mu_k - \boldsymbol{f}_k)] \quad (i=1,2,\cdots,n) \tag{4.14}$$

$$J_j = -\sum_{h=1}^{r} l_{jh} \frac{A_h}{T} \quad (j = 1, 2, \cdots, n) \tag{4.15}$$

式 (4.13) 和式 (4.14) 描述了熵流、扩散以及其间耦合现象。其他同前，昂萨格关系为

$$L_{si} = L_{is} \quad (i = 1, 2, \cdots, n) \tag{4.16}$$

$$L_{ik} = L_{ki} \quad (i, k = 1, 2, \cdots, n) \tag{4.17}$$

$$l_{jh} = l_{hj} \quad (j, h = 1, 2, \cdots, r) \tag{4.18}$$

由上可见，对于熵增率的不同表示式，唯象方程有所不同，但不会影响所讨论问题的物理结果。在具体应用中，合适的选择可以简化处理过程。

4.1.3 独立的唯象系数

由

$$\sum_{i=1}^{n} \boldsymbol{J}_i = 0$$

可得

$$\boldsymbol{J}_n = -\sum_{i=1}^{n-1} \boldsymbol{J}_i \tag{4.19}$$

将式 (4.7) 代入式 (3.28)，得

$$\sigma = -\frac{1}{T^2}\boldsymbol{J}'_q \cdot \nabla T - \frac{1}{T}\sum_{i=1}^{n-1} \boldsymbol{J}_i \cdot \{[\nabla(\mu_i - \mu_n)]_T - \boldsymbol{f}_i + \boldsymbol{f}_n\} - \frac{1}{T}\sum_{j=1}^{r} J_j A_j \tag{4.20}$$

对于各向同性的体系，考虑了居里定理后，唯象方程为

$$\boldsymbol{J}'_q = -L_{qq}(\nabla T)/T^2 - \sum_{i=1}^{n-1} L_{qi}\{[\nabla(\mu_i - \mu_n)]_T - \boldsymbol{f}_i + \boldsymbol{f}_n\}/T \tag{4.21}$$

$$\boldsymbol{J}_i = -L_{iq}(\nabla T)/T^2 - \sum_{k=1}^{n-1} L_{ik}\{[\nabla(\mu_k - \mu_n)]_T - \boldsymbol{f}_k + \boldsymbol{f}_n\}/T \quad (i = 1, 2, \cdots, n-1) \tag{4.22}$$

$$J_j = -\sum_{h=1}^{r} l_{jh} A_h / T \quad (j = 1, 2, \cdots, r) \tag{4.23}$$

昂萨格关系为

$$L_{qi} = L_{iq} \quad (i = 1, 2, \cdots, n-1) \tag{4.24}$$

$$L_{ik} = L_{ki} \quad (i, k = 1, 2, \cdots, n-1) \tag{4.25}$$

$$l_{jh} = l_{hj} \quad (j, h = 1, 2, \cdots, r) \tag{4.26}$$

以上各式将各自独立的不可逆过程联系起来。不可逆过程热力学的内容之一就是研究由这些关系得出的物理结果。

这样热传导和扩散的唯象系数比原来少了 $(n+1)^2 - n^2 = 2n+1$ 个，说明原来的 $(n+1)^2$ 个唯象系数不完全是独立的，存在着 $2n+1$ 个关系式，而剩下的 n^2 个唯象系数还存在 $\frac{1}{2}n(n-1)$ 个昂萨格关系。因此，热传导和扩散的唯象系数只有 $\frac{1}{2}n(n+1)$ 个是独立的。

例如，当 $n+1=3$ 时，则有 3 个独立的唯象系数。如果温度恒定，没有热扩散，只有两个组分的扩散，即 $n+1=2$，则体系仅有 1 个独立的唯象系数。两组分体系的扩散唯象方程为

$$\boldsymbol{J}_1 = -L_{11}(\nabla\mu_1 - \boldsymbol{f}_1)/T - L_{12}(\nabla\mu_2 - \boldsymbol{f}_2)/T \tag{4.27}$$

$$\boldsymbol{J}_2 = -L_{21}(\nabla\mu_1 - \boldsymbol{f}_1)/T - L_{22}(\nabla\mu_2 - \boldsymbol{f}_2)/T \tag{4.28}$$

其中

$$L_{11} + L_{12} = 0, \quad L_{21} + L_{22} = 0$$

$$L_{11} + L_{21} = 0, \quad L_{12} + L_{22} = 0$$

$$\begin{aligned} \boldsymbol{J}_1 = -\boldsymbol{J}_2 &= -L_{11}[\nabla(\mu_1 - \mu_2) - \boldsymbol{f}_1 + \boldsymbol{f}_2]/T \\ &= L_{12}[\nabla(\mu_1 - \mu_2) - \boldsymbol{f}_1 + \boldsymbol{f}_2]/T \end{aligned} \tag{4.29}$$

由式 (4.29) 可见，二组分扩散不存在昂萨格关系，这是由于二组分互扩散是一种单独的现象，没有交叉效应存在。

4.2 对唯象系数的限制

4.2.1 热力学第二定律对唯象系数的限制

将式 (4.21)~ 式 (4.23) 代入式 (4.20) 中，得

$$\begin{aligned} \sigma = {} & L_{qq}\frac{1}{T^4}(\nabla T)^2 + \sum_{i=1}^{n-1} L_{qi}\frac{1}{T^3}\{[\nabla(\mu_i - \mu_n)]_T - \boldsymbol{f}_i - \boldsymbol{f}_n\} \cdot \nabla T \\ & + \sum_{i=1}^{n-1} L_{iq}\frac{1}{T^3}\nabla T \cdot \{[\nabla(\mu_i - \mu_n)]_T - \boldsymbol{f}_i - \boldsymbol{f}_n\} \\ & + \sum_{i=1}^{n-1}\sum_{k=1}^{n-1} L_{ik}\frac{1}{T^2}\{[\nabla(\mu_i - \mu_n)]_T - \boldsymbol{f}_i - \boldsymbol{f}_n\} \end{aligned}$$

$$\cdot\{[\nabla(\mu_k-\mu_n)]_T-\boldsymbol{f}_k-\boldsymbol{f}_n\}+\sum_{j=1}^{r}\sum_{h=1}^{r}l_{jh}\frac{1}{T^2}A_jA_h \tag{4.30}$$

根据热力学第二定律，体系中的熵增率总是正的，即式 (4.30) 永远不小于零。因此，不管各热力学力取何值，式 (4.30) 必须是正的，只有当体系处于平衡态时，各热力学力均为零，式 (4.30) 才等于零。

由昂萨格定理可知，式 (4.30) 的系数组成的矩阵是实数对称矩阵。式 (4.30) 是一个二次式，代数上称这种系数构成实数对称矩阵的二次式为实对称的二次式，这个二次式恒大于零，称其为正定的。一个实对称二次式为正定的充要条件是其系数矩阵正定，即要求系数矩阵

$$\begin{vmatrix} \begin{matrix} L_{qq} & L_{q1} & \cdots & L_{q,n-1} \\ L_{1q} & L_{11} & \cdots & L_{1,n-1} \\ \vdots & \vdots & & \vdots \\ L_{n-1,q} & L_{n-1,1} & \cdots & L_{n-1,n-1} \end{matrix} & 0 \\ 0 & \begin{matrix} l_{11} & l_{12} & \cdots & l_{1r} \\ l_{21} & l_{22} & \cdots & l_{2r} \\ \vdots & \vdots & & \vdots \\ l_{r1} & l_{r2} & \cdots & l_{rr} \end{matrix} \end{vmatrix} \tag{4.31}$$

的各阶顺序主子式都大于零，即

$$\Delta_1= L_{qq}> 0$$

$$\Delta_2 = \begin{vmatrix} L_{qq} & L_{q1} \\ L_{1q} & L_{11} \end{vmatrix} > 0$$

$$\Delta_i = \begin{vmatrix} L_{qq} & L_{q1} & \cdots & L_{q,i-1} \\ L_{1q} & L_{11} & \cdots & L_{1,i-1} \\ \vdots & \vdots & & \vdots \\ L_{i-1,q} & L_{i-1,1} & \cdots & L_{i-1,i-1} \end{vmatrix} > 0 \quad (i \leqslant n)$$

$$\Delta_j = \begin{vmatrix} L_{qq} & L_{q1} & \cdots & L_{q,n-1} & 0 & \cdots & 0 \\ L_{1q} & L_{11} & \cdots & L_{1,n-1} & 0 & \cdots & 0 \\ \vdots & \vdots & & \vdots & \vdots & & \vdots \\ L_{n-1,q} & L_{n-1,1} & \cdots & L_{n-1,n-1} & 0 & \cdots & 0 \\ 0 & 0 & \cdots & 0 & l_{11} & \cdots & l_{1k} \\ 0 & 0 & & 0 & l_{21} & & l_{2k} \\ \vdots & \vdots & & \vdots & \vdots & & \vdots \\ 0 & 0 & & 0 & l_{k1} & \cdots & l_{kk} \end{vmatrix} > 0 \quad (j > n)$$

这意味着二次式系数矩阵的所有主对角元 L_{ii} 和非对角元 $L_{ii'}$ 必须满足

$$
\begin{aligned}
&L_{ii} \geqslant 0 \\
&L_{ii'}+L_{i'i} \leqslant 4L_{ii}L_{i'i'}
\end{aligned}
\tag{4.32}
$$

这与实验事实一致。例如，热导率、传质系数总是正的，热扩散系数可正可负。

4.2.2 居里定理对唯象系数的限制

系数矩阵 (4.31) 是对角方块化的，这表明正定二次式 (4.30) 可以分成两个正定的二次式，即熵增率表示式的各种贡献可分为两个部分，而每个部分都是正定的。这是由在各向同性介质中具有不同张量性质的通量与热力学力不互相干涉所致。

$$
\begin{aligned}
\sigma_1 &= -\frac{1}{T^2}\boldsymbol{J}'_q\cdot\nabla T-\frac{1}{T}\sum_{i=1}^{n-1}\boldsymbol{J}_i\cdot\{[\nabla(\mu_i-\mu_n)]_T-\boldsymbol{f}_i+\boldsymbol{f}_n\} \\
&= L_{qq}\frac{1}{T^4}(\nabla T)^2+\sum_{i=1}^{n-1}L_{qi}\frac{1}{T^3}\{[\nabla(\mu_i-\mu_n)]_T-\boldsymbol{f}_i-\boldsymbol{f}_n\}\cdot\nabla T \\
&\quad+\sum_{i=1}^{n-1}L_{iq}\frac{1}{T^3}\nabla T\cdot\{[\nabla(\mu_i-\mu_n)]_T-\boldsymbol{f}_i-\boldsymbol{f}_n\} \\
&\quad+\sum_{i=1}^{n-1}\sum_{j=1}^{n-1}L_{ij}\frac{1}{T^2}\{[\nabla(\mu_j-\mu_n)]_T-\boldsymbol{f}_j-\boldsymbol{f}_n\}\cdot\{[\nabla(\mu_i-\mu_n)]_T-\boldsymbol{f}_i-\boldsymbol{f}_n\}\geqslant 0
\end{aligned}
\tag{4.33}
$$

$$
\begin{aligned}
\sigma_2 &= -\frac{1}{T}\sum_{j=1}^{r}J_jA_j \\
&= \sum_{j=1}^{r}\sum_{m=1}^{r}l_{jm}\frac{1}{T^2}A_mA_j\geqslant 0
\end{aligned}
\tag{4.34}
$$

系数矩阵分别为

$$
\begin{vmatrix}
L_{qq} & L_{q1} & \cdots & L_{q,n-1} \\
L_{1q} & L_{11} & \cdots & L_{1,n-1} \\
\vdots & \vdots & & \vdots \\
L_{n-1,q} & L_{n-1,1} & \cdots & L_{n-1,n-1}
\end{vmatrix}
\tag{4.35}
$$

及

$$
\begin{vmatrix}
l_{11} & l_{12} & \cdots & l_{1r} \\
l_{21} & l_{22} & \cdots & l_{2r} \\
\vdots & \vdots & & \vdots \\
l_{r1} & l_{r2} & \cdots & l_{rr}
\end{vmatrix}
\tag{4.36}
$$

且各阶顺序主子式都大于零，即

$$\Delta_1 = L_{qq} > 0$$

$$\Delta_2 = \begin{vmatrix} L_{qq} & L_{q1} \\ L_{1q} & L_{11} \end{vmatrix} > 0$$

$$\cdots\cdots$$

$$\Delta_i = \begin{vmatrix} L_{qq} & L_{q1} & \cdots & L_{q,i-1} \\ L_{1q} & L_{11} & \cdots & L_{1,i-1} \\ \vdots & \vdots & & \vdots \\ L_{i-1,q} & L_{i-1,1} & \cdots & L_{i-1,i-1} \end{vmatrix} > 0$$

$$\cdots\cdots$$

$$\Delta_n = \begin{vmatrix} L_{qq} & L_{q1} & \cdots & L_{q,n-1} \\ L_{1q} & L_{11} & \cdots & L_{1,n-1} \\ \vdots & \vdots & & \vdots \\ L_{n-1,q} & L_{n-1,1} & \cdots & L_{n-1,n-1} \end{vmatrix} > 0$$

及

$$\Delta_{1'} = l_{11} > 0$$

$$\Delta_{2'} = \begin{vmatrix} l_{11} & l_{12} \\ l_{21} & l_{22} \end{vmatrix} > 0$$

$$\cdots\cdots$$

$$\Delta_{i'} = \begin{vmatrix} l_{11} & l_{12} & \cdots & l_{1i} \\ l_{21} & l_{22} & \cdots & l_{2i} \\ \vdots & \vdots & & \vdots \\ l_{i1} & l_{i2} & \cdots & l_{ii} \end{vmatrix} > 0$$

$$\cdots\cdots$$

$$\Delta_r = \begin{vmatrix} l_{11} & l_{12} & \cdots & l_{1r} \\ l_{21} & l_{22} & \cdots & l_{2r} \\ \vdots & \vdots & & \vdots \\ l_{r1} & l_{r2} & \cdots & l_{rr} \end{vmatrix} > 0$$

即

$$L_{qq} > 0, L_{11} > 0, \cdots, L_{n-1,n-1} > 0$$

$$(L_{kk'} + L_{k'k})^2 \leqslant 4L_{kk}L_{k'k'} \tag{4.37}$$

及

$$l_{11}>0,l_{22}>0,\cdots,l_{rr}>0$$
$$(l_{hh'}+l_{h'h})^2\leqslant 4L_{hh}L_{h'h'} \tag{4.38}$$

4.3 考虑黏滞现象的熵增率和唯象方程

4.3.1 考虑黏滞现象的熵增率

至此，一直没有考虑黏滞现象。要考虑黏滞现象，则必须在力方程 (2.36) 中以压强张量 $\boldsymbol{P}$ 代替压强 p，则式 (2.36) 成为

$$\boldsymbol{F}=-\nabla\cdot\boldsymbol{P}+\sum_{i=1}^{n}\rho_i\boldsymbol{f}_i \tag{4.39}$$

式 (2.38) 成为

$$\rho\frac{\mathrm{d}\boldsymbol{v}}{\mathrm{d}t}=-\nabla\cdot\boldsymbol{P}+\sum_{i=1}^{n}\rho_i\boldsymbol{f}_i \tag{4.40}$$

利用式 (2.35)，式 (4.40) 可写成

$$\frac{\partial\rho\boldsymbol{v}}{\partial t}=-\nabla\cdot(\rho\boldsymbol{v}\boldsymbol{v}+\boldsymbol{P})+\sum_{i=1}^{n}\rho_i\boldsymbol{f}_i \tag{4.41}$$

式 (2.43) 成为

$$\frac{\partial}{\partial t}\left(\frac{1}{2}\rho\boldsymbol{v}^2\right)=-\nabla\cdot\left(\frac{1}{2}\rho\boldsymbol{v}^2\boldsymbol{v}+\boldsymbol{P}\cdot\boldsymbol{v}\right)+\boldsymbol{P}:\nabla\boldsymbol{v}+\sum_{i=1}^{n}\rho_i\boldsymbol{f}_i\cdot\boldsymbol{v} \tag{4.42}$$

式 (2.58) 成为

$$\boldsymbol{J}_\varepsilon=\rho\varepsilon\boldsymbol{v}+\boldsymbol{P}\cdot\boldsymbol{v}+\sum_{i=1}^{n}\varphi_i\boldsymbol{J}_i+\boldsymbol{J}_q \tag{4.43}$$

内能平衡方程 (2.59) 成为

$$\frac{\partial(\rho u)}{\partial t}=-\nabla\cdot(\rho u\boldsymbol{v}+\boldsymbol{J}_q)-\boldsymbol{P}:\nabla\boldsymbol{v}+\sum_{i=1}^{n}\boldsymbol{J}_i\cdot\boldsymbol{f}_i \tag{4.44}$$

将式 (2.60)

$$\rho\frac{\partial u}{\partial t}=\frac{\partial(\rho u)}{\partial t}+\nabla\cdot u\rho\boldsymbol{v}$$

代入式 (4.44)，得

$$\rho\frac{du}{\mathrm{d}t}=-\nabla\cdot\boldsymbol{J}_q-\boldsymbol{P}:\nabla\boldsymbol{v}+\sum_{i=1}^{n}\boldsymbol{J}_i\cdot\boldsymbol{f}_i \tag{4.45}$$

将总压强张量 $\boldsymbol{P}$ 写成

$$\boldsymbol{P}= p\boldsymbol{U}+\boldsymbol{\Pi} \tag{4.46}$$

式中，$\boldsymbol{\Pi}$ 是矩阵元为 $\delta_{\alpha\beta}$ 的单位矩阵；$\delta_{\alpha\beta}$ 为克隆尼克符号。

这样，内能平衡方程 (4.45) 就成为

$$\begin{aligned}\rho\frac{\mathrm{d}u}{\mathrm{d}t} &= -\nabla\cdot\boldsymbol{J}_q - p\nabla\cdot\boldsymbol{v} - \boldsymbol{\Pi}:\nabla\boldsymbol{v} + \sum_{i=1}^{n}\boldsymbol{J}_i\cdot\boldsymbol{f}_i \\ &= \rho\frac{\mathrm{d}q}{\mathrm{d}t} - p\nabla\cdot\boldsymbol{v} - \boldsymbol{\Pi}:\nabla\boldsymbol{v} + \sum_{i=1}^{n}\boldsymbol{J}_i\cdot\boldsymbol{f}_i\end{aligned} \tag{4.47}$$

其中

$$\begin{aligned}\nabla\cdot\boldsymbol{v} &= \boldsymbol{U}:\nabla\boldsymbol{v} \\ &= \sum_{\alpha=1}^{3}\sum_{\beta=1}^{3}\delta_{\alpha\beta}\frac{\partial v_\alpha}{\partial x_\beta} \\ &= \sum_{\alpha=1}^{3}\frac{\partial v_\alpha}{\partial x_\alpha}\end{aligned} \tag{4.48}$$

代入式 (4.47) 并除以 ρ，再利用 $v=\rho^{-1}$，得

$$\frac{\mathrm{d}u}{\mathrm{d}t} = \frac{\mathrm{d}q}{\mathrm{d}t} - p\frac{\mathrm{d}v}{\mathrm{d}t} - v\boldsymbol{U}:\nabla\boldsymbol{v} + \boldsymbol{v}\sum_{i=1}^{n}\boldsymbol{J}_i\cdot\boldsymbol{f}_i \tag{4.49}$$

式 (4.49) 相应于式 (2.64)。

将式 (4.49)，式 (2.33) 和式 (2.63) 代入式 (3.15)，得熵平衡方程

$$\begin{aligned}\rho\frac{\mathrm{d}s}{\mathrm{d}t} = &-\nabla\cdot\left[\frac{1}{T}\left(\boldsymbol{J}_q-\sum_{i=1}^{n}\mu_i\boldsymbol{J}_i\right)\right]-\frac{1}{T^2}\boldsymbol{J}_q\cdot\nabla T-\frac{1}{T}\sum_{i=1}^{n}\boldsymbol{J}_i\cdot\left(T\nabla\frac{\mu_i}{T}-\boldsymbol{f}_i\right) \\ &-\frac{1}{T}\boldsymbol{U}:\nabla\boldsymbol{v}-\frac{1}{T}\sum_{j=1}^{r}J_jA_j\end{aligned} \tag{4.50}$$

和熵增率公式

$$\sigma = -\frac{1}{T^2}\boldsymbol{J}_q\cdot\nabla T-\frac{1}{T}\sum_{i=1}^{n}\boldsymbol{J}_i\cdot\left(T\nabla\frac{\mu_i}{T}-\boldsymbol{f}_i\right)-\frac{1}{T}\boldsymbol{U}:\nabla\boldsymbol{v}-\frac{1}{T}\sum_{j=1}^{r}j_jA_j \tag{4.51}$$

将张量 $\boldsymbol{U}$ 和 $\nabla\boldsymbol{v}$ 分别分解为

$$\boldsymbol{\Pi} = U\boldsymbol{U} + \mathring{\boldsymbol{\Pi}} \tag{4.52}$$

和

$$\nabla \boldsymbol{v} = \frac{1}{3}(\nabla \cdot \boldsymbol{v})\boldsymbol{U} + \overset{\circ}{\nabla} \boldsymbol{v} \tag{4.53}$$

其中 π 由

$$\varPi = \frac{1}{3}\boldsymbol{\varPi} : \boldsymbol{U} = \frac{1}{3}\sum_{\alpha=1}^{3} \varPi_{\alpha\alpha} \tag{4.54}$$

确定，这是黏滞压强张量迹的 1/3，$\nabla \cdot \boldsymbol{v}$ 是 $\nabla \boldsymbol{v}$ 的迹，因此

$$\begin{aligned}\boldsymbol{\varPi} : \nabla \boldsymbol{v} &= (\varPi \boldsymbol{U} + \overset{\circ}{\boldsymbol{\varPi}}) : \left[\frac{1}{3}(\nabla \cdot \boldsymbol{v})\boldsymbol{U} + \overset{\circ}{\nabla} \boldsymbol{v}\right] \\ &= \varPi \boldsymbol{U} : \frac{1}{3}(\nabla \cdot \boldsymbol{v})\boldsymbol{U} + \varPi \boldsymbol{U} : \overset{\circ}{\nabla} \boldsymbol{v} + \overset{\circ}{\boldsymbol{\varPi}} : \frac{1}{3}(\nabla \cdot \boldsymbol{v})\boldsymbol{U} + \overset{\circ}{\boldsymbol{\varPi}} : \overset{\circ}{\nabla} \boldsymbol{v}\end{aligned} \tag{4.55}$$

由于

$$\varPi \boldsymbol{U} : \overset{\circ}{\nabla} \boldsymbol{v} = 0 \tag{4.56}$$

和

$$\overset{\circ}{\boldsymbol{\varPi}} : \frac{1}{3}(\nabla \cdot \boldsymbol{v})\boldsymbol{U} = 0 \tag{4.57}$$

因此

$$\boldsymbol{\varPi} : \nabla \boldsymbol{v} = \varPi \nabla \cdot \boldsymbol{v} + \overset{\circ}{\boldsymbol{\varPi}} : \overset{\circ}{\nabla} \boldsymbol{v} \tag{4.58}$$

将张量 $\overset{\circ}{\nabla} \boldsymbol{v}$ 分解为对称部分与反对称部分，有

$$\overset{\circ}{\nabla} \boldsymbol{v} = (\overset{\circ}{\nabla} \boldsymbol{v})^{\mathrm{s}} + (\overset{\circ}{\nabla} \boldsymbol{v})^{\mathrm{a}} \tag{4.59}$$

代入式 (4.58)，得

$$\boldsymbol{\varPi} : \nabla \boldsymbol{v} = \varPi \nabla \cdot \boldsymbol{v} + \overset{\circ}{\boldsymbol{\varPi}} : (\overset{\circ}{\nabla} \boldsymbol{v})^{\mathrm{s}} + \overset{\circ}{\boldsymbol{\varPi}} : (\overset{\circ}{\nabla} \boldsymbol{v})^{\mathrm{a}} \tag{4.60}$$

由于

$$\overset{\circ}{\boldsymbol{\varPi}} : (\overset{\circ}{\nabla} \boldsymbol{v})^{\mathrm{a}} = 0 \tag{4.61}$$

所以

$$\boldsymbol{\varPi} : \nabla \boldsymbol{v} = \varPi \nabla \cdot \boldsymbol{v} + \boldsymbol{\varPi} : (\overset{\circ}{\nabla} \boldsymbol{v})^{\mathrm{s}} \tag{4.62}$$

将式 (4.62) 代入式 (4.51)，得

$$\sigma = -\frac{1}{T^2}\boldsymbol{J}_q \cdot \nabla T - \frac{1}{T}\sum_{i=1}^{n} \boldsymbol{J}_i \cdot \left(T\nabla \frac{\mu_i}{T} - \boldsymbol{f}_i\right) - \frac{1}{T}\overset{\circ}{\boldsymbol{\varPi}} : (\overset{\circ}{\nabla} \boldsymbol{v})^{\mathrm{s}} - \frac{1}{T}\varPi \nabla \cdot \boldsymbol{v} - \frac{1}{T}\sum_{j=1}^{r} J_j A_j \tag{4.63}$$

4.3.2 考虑黏滞现象的唯象方程

相应于具有黏滞性体系的熵增率式 (4.63) 的唯象方程为

$$\boldsymbol{J}_q = -L_{qq}\frac{\nabla T}{T^2} - \sum_{i=1}^{n} L_{qi}\frac{1}{T}\left(T\nabla\frac{\mu_i}{T} - \boldsymbol{f}_i\right) \tag{4.64}$$

$$\boldsymbol{J}_i = -L_{iq}\frac{\nabla T}{T^2} - \sum_{k=1}^{n} L_{ik}\frac{1}{T}\left(T\nabla\frac{\mu_k}{T} - \boldsymbol{f}_k\right) \quad (i = 1, 2, \cdots, n) \tag{4.65}$$

$$\mathring{\boldsymbol{\Pi}} = -\frac{L}{T}(\mathring{\nabla}\boldsymbol{v})^{\mathrm{s}} \tag{4.66}$$

$$\Pi = -l_{vv}(\nabla\cdot\boldsymbol{v})/T - \sum_{j=1}^{r} l_{vj}A_j/T \tag{4.67}$$

$$\boldsymbol{j}_j = -l_{jv}(\nabla\cdot\boldsymbol{v})/T - \sum_{h=1}^{r} l_{jh}A_h/T \quad (j = 1, 2, \cdots, r) \tag{4.68}$$

式 (4.66) 也可写成分量形式

$$\begin{aligned}\mathring{\boldsymbol{\Pi}}_{\alpha\beta} &= -\frac{L}{T}(\mathring{\nabla}\boldsymbol{v})^{\mathrm{s}}_{\alpha\beta} \\ &= -\frac{L}{2T}\left(\frac{\partial v_\beta}{\partial x_\alpha} + \frac{\partial v_\alpha}{\partial x_\beta} - \frac{2}{3}\delta_{\alpha\beta}\sum_{r=1}^{3}\frac{\partial v_r}{\partial x_r}\right) \quad (\alpha, \beta = 1, 2, 3)\end{aligned} \tag{4.69}$$

昂萨格关系为

$$L_{qi} = L_{iq} \quad (i = 1, 2, \cdots, n) \tag{4.70}$$

$$L_{ik} = L_{ki} \quad (i, k = 1, 2, \cdots, n) \tag{4.71}$$

$$l_{vj} = -l_{jv} \quad (j = 1, 2, \cdots, r) \tag{4.72}$$

$$l_{jh} = l_{hj} \quad (j, h = 1, 2, \cdots, r) \tag{4.73}$$

与式 (4.1) 和式 (4.2) 描述的内容相同，式 (4.64) 和式 (4.65) 也描述热传导、扩散及其耦合现象。式 (4.66) 描述压强张量 $\mathring{\boldsymbol{\Pi}}$ 与对称张量 $(\mathring{\nabla}\boldsymbol{v})^{\mathrm{s}}$ 之间的关系，而式 (4.69) 则给出两者分量之间的关系。对于各向同性体系，只有对应的张量分量 α，β 才通过同样的系数 L 彼此线性相关。式 (4.67) 和式 (4.68) 描述了体积黏滞性和化学反应及其耦合现象，它们都是标量。

在各向同性介质中，由于具有不同张量性质的通量与力不耦合，所以熵增率表达式 (4.63) 可以分为相应于零阶、一阶、二阶张量表示的三个部分，而且每一部分都是正定的。

$$\sigma_0 = -\frac{1}{T}\pi\nabla\cdot\boldsymbol{v} - \frac{1}{T}\sum_{j=1}^{r} J_jA_j \geqslant 0 \tag{4.74}$$

$$\sigma_1 = -\frac{1}{T^2}\boldsymbol{J}_q\cdot\nabla T - \frac{1}{T}\sum_{i=1}^{n}\boldsymbol{J}_i\cdot\left(T\nabla\frac{\mu_i}{T} - \boldsymbol{f}_i\right) \geqslant 0 \tag{4.75}$$

$$\sigma_2 = -\frac{1}{T}\mathring{\boldsymbol{\Pi}} : (\mathring{\nabla}\boldsymbol{v})^{\mathrm{s}} \geqslant 0 \tag{4.76}$$

在各向异性的晶体中，没有黏滞流动，若其间无化学反应发生，则唯象方程为

$$\boldsymbol{J}_q = -\boldsymbol{L}_{qq}\cdot(\nabla T)/T^2 - \sum_{i=1}^{n}\boldsymbol{L}_{qi}\cdot\frac{1}{T}\left(T\nabla\frac{\mu_i}{T} - \boldsymbol{f}_i\right) \tag{4.77}$$

$$\boldsymbol{J}_i = -\boldsymbol{L}_{iq}\cdot(\nabla T)/T^2 - \sum_{k=1}^{n}\boldsymbol{L}_{ik}\cdot\frac{1}{T}\left(T\nabla\frac{\mu_k}{T} - \boldsymbol{f}_k\right)\quad (i = 1, 2, \cdots, n) \tag{4.78}$$

式中，唯象系数 $\boldsymbol{L}_{qq}$，$\boldsymbol{L}_{qi}$ 和 $\boldsymbol{L}_{ij}$ 为张量。在各向同性体系中，式 (4.77) 和式 (4.78) 中的所有张量都转化为标量与单位张量的乘积，在立方对称性的晶体中也是如此。

4.3.3　其他形式的熵增率和唯象方程

对力和流作不同的选择，熵增率和唯象方程还可以写成其他形式。

将式 (3.25) 代入式 (4.51)，得

$$\sigma = -\frac{1}{T^2}\boldsymbol{J}'_q\cdot\nabla T - \frac{1}{T}\sum_{i=1}^{n}\boldsymbol{J}_i\cdot[(\nabla\mu_i)_T - \boldsymbol{f}_i] - \frac{1}{T}\boldsymbol{\Pi}:\nabla\boldsymbol{v} - \frac{1}{T}\sum_{j=1}^{r}j_jA_j \tag{4.79}$$

其中

$$\boldsymbol{J}'_q = \boldsymbol{J}_q - \sum_{i=1}^{n}h_i\boldsymbol{J}_i$$

将式 (3.23) 代入式 (4.51)，得

$$\sigma = -\frac{1}{T}\boldsymbol{J}_S\cdot\nabla T - \frac{1}{T}\sum_{i=1}^{n}\boldsymbol{J}_i\cdot(\nabla\mu_i - \boldsymbol{f}_i) - \frac{1}{T}\boldsymbol{\Pi}:\nabla\boldsymbol{v} - \frac{1}{T}\sum_{j=1}^{r}j_jA_j \tag{4.80}$$

其中

$$\boldsymbol{J}_S = \frac{1}{T}\left(\sum\boldsymbol{J}_q - \sum_{i=1}^{n}\mu_i\boldsymbol{J}_i\right)$$

利用

$$\sum_{i=1}^{n}\boldsymbol{J}_i = 0$$

由式 (4.79)，得

$$\sigma = -\frac{1}{T^2}\boldsymbol{J}'_q\cdot\nabla T - \frac{1}{T}\sum_{i=1}^{n-1}\boldsymbol{J}_i\cdot\{[\nabla(\mu_i - \mu_n)]_T - \boldsymbol{f}_i + \boldsymbol{f}_n\} - \frac{1}{T}\mathring{\boldsymbol{\Pi}}:(\mathring{\nabla}\boldsymbol{v})^{\mathrm{s}}$$

$$-\frac{1}{T}\pi\nabla\cdot\boldsymbol{v}-\frac{1}{T}\sum_{j=1}^{r}J_jA_j \tag{4.81}$$

唯象方程为

$$\boldsymbol{J}_q'=-L_{qq}\frac{\nabla T}{T^2}-\sum_{i=1}^{n-1}L_{qi}\frac{1}{T}\{[\nabla(\mu_i-\mu_n)]_T-\boldsymbol{f}_i+\boldsymbol{f}_n\} \tag{4.82}$$

$$\boldsymbol{J}_i=-L_{iq}\frac{\nabla T}{T^2}-\sum_{k=1}^{n-1}L_{ik}\frac{1}{T}\{[\nabla(\mu_k-\mu_n)]_T-\boldsymbol{f}_k+\boldsymbol{f}_n\}\quad(i=1,2,\cdots,n) \tag{4.83}$$

$$\mathring{\Pi}=-\frac{L}{T}(\mathring{\nabla}\boldsymbol{v})^{\mathrm{s}} \tag{4.84}$$

$$\Pi=-l_{vv}\frac{1}{T}\nabla\cdot\boldsymbol{v}-\frac{1}{T}\sum_{j=1}^{r}l_{vj}A_j \tag{4.85}$$

$$j_j=-l_{jv}\frac{1}{T}\nabla\cdot\boldsymbol{v}-\frac{1}{T}\sum_{h=1}^{r}l_{jh}A_h\quad(j=1,2,\cdots,r) \tag{4.86}$$

昂萨格关系为

$$L_{qi}=L_{iq}\quad(i=1,2,\cdots,n-1) \tag{4.87}$$

$$L_{ik}=L_{ki}\quad(i,k=1,2,\cdots,n-1) \tag{4.88}$$

$$l_{vj}=-l_{jv}\quad(j=1,2,\cdots,r) \tag{4.89}$$

$$l_{jh}=l_{hj}\quad(j,h=1,2,\cdots,r) \tag{4.90}$$

4.4 传输原理 —— 非平衡态流体热力学

非平衡态热力学理论把传热、传质、传动和化学反应统一考虑，建立了非平衡体系不可逆过程的唯象方程。这为统一处理传输过程和化学反应奠定了基础。而要建立传输过程和化学反应的普适方程，则需要将唯象方程代入质量守恒、运动方程和内能平衡方程。

当考虑黏滞流动时，质量守恒方程为式 (2.32)，即

$$\rho\frac{\partial w_i}{\partial t}=-\nabla\cdot\boldsymbol{J}_i+\sum_{j=1}^{r}\nu_{ij}J_j\quad(i=1,2,\cdots,n)$$

运动方程为式 (4.40)，即

$$\rho\frac{\partial \boldsymbol{v}_i}{\partial t}=-\nabla\cdot\boldsymbol{P}+\sum_{i=1}^{n}\rho_i\boldsymbol{f}_i$$

内能平衡方程为式 (4.45)，即

$$\rho\frac{\partial u}{\partial t}=-\nabla\cdot\boldsymbol{J}_q-\boldsymbol{P}:\nabla\boldsymbol{v}+\sum_{i=1}^{n}\boldsymbol{J}_i\cdot\boldsymbol{f}_i$$

4.4.1　考虑耦合效应的质量守恒方程

将唯象方程 (4.65) 和 (4.68) 代入质量守恒方程 (2.32)，得

$$\begin{aligned}\rho\frac{\partial w_i}{\partial t}=&-\nabla\cdot\left[-L_{iq}\frac{\nabla T}{T^2}-\sum_{k=1}^{n}L_{ik}\frac{1}{T}\left(T\nabla\frac{\mu_k}{T}-\boldsymbol{f}_k\right)\right]+\sum_{j=1}^{r}\nu_{ij}\left[-l_{jv}\frac{1}{T}\nabla\cdot\boldsymbol{v}-\sum_{h=1}^{r}l_{jh}\frac{A_h}{T}\right]\\=&L_{iq}\frac{T\nabla^2T-2\nabla T\cdot\nabla T}{T^3}\\&+\sum_{k=1}^{n}L_{ik}\left[\frac{T\nabla^2\mu_k-\mu_k\nabla^2T-2\nabla T\cdot\nabla\mu_k+\frac{2}{T}\mu_k\nabla T\cdot\nabla T-T\nabla\cdot\boldsymbol{f}_k+\nabla T\cdot\boldsymbol{f}_k}{T^2}\right]\\&-\sum_{j=1}^{r}l_{jv}\nu_{ij}\frac{1}{T}\nabla\cdot\boldsymbol{v}-\sum_{j=1}^{r}\sum_{h=1}^{r}l_{jh}\nu_{ij}\frac{A_h}{T}\quad(i=1,2,\cdots,n)\end{aligned}\tag{4.91}$$

如果过程是恒温的，则式 (4.91) 简化为

$$\begin{aligned}\rho\frac{\partial w_i}{\partial t}=&\sum_{k=1}^{n}L_{ik}\frac{1}{T}(\nabla^2\mu_k-\nabla\cdot\boldsymbol{f}_k)-\sum_{j=1}^{r}l_{jv}\nu_{ij}\frac{1}{T}\nabla\cdot\boldsymbol{v}\\&-\sum_{j=1}^{r}\sum_{h=1}^{r}l_{jh}\nu_{ij}\frac{A_h}{T}\quad(i=1,2,\cdots,n)\end{aligned}\tag{4.92}$$

如果不考虑体积黏滞性与化学反应的耦合，则式 (4.92) 简化为

$$\rho\frac{\partial w_i}{\partial t}=\sum_{k=1}^{n}L_{ik}\frac{1}{T}(\nabla^2\mu_k-\nabla\cdot\boldsymbol{f}_k)-\sum_{j=1}^{r}\sum_{h=1}^{r}l_{jh}\nu_{ij}\frac{A_h}{T}\quad(i=1,2,\cdots,n)\tag{4.93}$$

如果不考虑不同组分扩散之间的耦合，则式 (4.93) 简化为

$$\rho\frac{\partial w_i}{\partial t}=L_{ii}\frac{\nabla^2\mu_i-\nabla\cdot\boldsymbol{f}_i}{T}-\sum_{j=1}^{r}\sum_{h=1}^{r}l_{jh}\nu_{ij}\frac{A_h}{T}\quad(i=1,2,\cdots,n)\tag{4.94}$$

如果不考虑外力作用，则式 (4.94) 简化为

$$\rho\frac{\partial w_i}{\partial t}=L_{ii}\frac{\nabla^2\mu_i}{T}-\sum_{j=1}^{r}\sum_{h=1}^{r}l_{jh}\nu_{ij}\frac{A_h}{T}\quad(i=1,2,\cdots,n)\tag{4.95}$$

式中，L_{ii} 与溶剂的性质及组分的浓度有关。由于

$$\mu_i=\mu_i(\{w_k\})\tag{4.96}$$

所以

$$\nabla^2\mu_i=\sum_{k=1}^{n}\left[\left(\frac{\partial}{\partial w_k}\nabla\mu_i\right)\cdot\nabla w_k+\frac{\partial\mu_i}{\partial w_k}\nabla^2 w_k\right] \tag{4.97}$$

对于稀溶液，式 (4.97) 可简化为

$$\nabla^2\mu_i=\frac{\partial\mu_i}{\partial w_i}\nabla^2 w_i \tag{4.98}$$

则

$$L_{ii}\frac{\nabla^2\mu_i}{T}=\frac{L_{ii}}{T}(\frac{\partial\mu_i}{\partial\rho_i})_{T,p}\nabla^2 w_i=D_i\nabla^2 w_i \tag{4.99}$$

其中

$$D_i=\frac{L_{ii}}{T}\left(\frac{\partial\mu_i}{\partial w_i}\right)_{T,p} \tag{4.100}$$

式中，D_i 为扩散系数。在许多情况下，可当成常数，并且

$$\boldsymbol{J}_i=-D_i\nabla w_i \tag{4.101}$$

此即菲克第一定律。式 (4.95) 可以简化为

$$\rho\frac{\partial w_i}{\partial t}=D_i\nabla^2 w_i-\sum_{j=1}^{r}\sum_{h=1}^{r}l_{jh}\nu_{ij}\frac{A_h}{T}\quad(i=1,2,\cdots,n) \tag{4.102}$$

4.4.2 考虑耦合效应的运动方程

将压强张量的分解式 (4.46) 和 (4.52) 及唯象方程 (4.66) 和 (4.67) 代入运动方程 (4.40) 中，得

$$\begin{aligned}\rho\frac{\mathrm{d}\boldsymbol{v}}{\mathrm{d}t}&=-\nabla\cdot\left\{p\boldsymbol{U}+\left[-l_{vv}\frac{\nabla\cdot\boldsymbol{v}}{T}-\sum_{j=1}^{r}l_{vj}\frac{A_j}{T}\right]\boldsymbol{U}-\frac{1}{T}(\overset{\circ}{\nabla}\boldsymbol{v})^{\mathrm{s}}\right\}+\sum_{i=1}^{n}\rho_i\boldsymbol{f}_i\\&=-\nabla p+L_{vv}\frac{T\nabla\cdot(\nabla\cdot\boldsymbol{v})\boldsymbol{U}-\nabla T\cdot(\nabla\cdot\boldsymbol{v})\boldsymbol{U}}{T^2}+\sum_{j=1}^{r}L_{vj}\frac{T\nabla A_j-\nabla T\cdot A_j\boldsymbol{U}}{T^2}\\&\quad+L\frac{T\nabla\cdot(\overset{\circ}{\nabla}\boldsymbol{v})^{\mathrm{s}}-\nabla T\cdot(\overset{\circ}{\nabla}\boldsymbol{v})^{\mathrm{s}}}{T^2}+\sum_{i=1}^{n}\rho_i\boldsymbol{f}_i\end{aligned} \tag{4.103}$$

在恒温条件下，式 (4.103) 可简化为

$$\rho\frac{\mathrm{d}\boldsymbol{v}}{\mathrm{d}t}=-\nabla p+l_{vv}\frac{\nabla\cdot(\nabla\cdot\boldsymbol{v})\boldsymbol{U}}{T}+\sum_{j=1}^{r}l_{vj}\frac{\nabla A_j}{T^2}+L\frac{\nabla\cdot(\overset{\circ}{\nabla}\boldsymbol{v})^{\mathrm{s}}}{T}+\sum_{i=1}^{n}\rho_i\boldsymbol{f}_i \tag{4.104}$$

如果不考虑黏滞性，则式 (4.104) 简化为

$$\rho\frac{\mathrm{d}\boldsymbol{v}}{\mathrm{d}t}=-\nabla p+\sum_{i=1}^{n}\rho_i\boldsymbol{f}_i \tag{4.105}$$

如果没有外力，则式 (4.105) 简化为

$$\rho\frac{\mathrm{d}\boldsymbol{v}}{\mathrm{d}t}=-\nabla p \tag{4.106}$$

4.4.3　考虑耦合效应的内能平衡方程

将压强张量的分解式 (4.46) 和 (4.52) 及唯象方程 (4.64) ~ (4.67) 代入内能平衡方程 (4.45) 中，得

$$\begin{aligned}\rho\frac{\mathrm{d}u}{\mathrm{d}t}&=-\nabla\cdot\left[-L_{qq}\frac{\nabla T}{T^2}-\sum_{i=1}^{n}L_{qi}\frac{1}{T}\left(T\nabla\frac{\mu_i}{T}-\boldsymbol{f}_i\right)\right]-p\nabla\cdot\boldsymbol{v}\\&\quad-\left[-\frac{L}{T}(\overset{\circ}{\nabla}\boldsymbol{v})^{\mathrm{s}}\right]:(\overset{\circ}{\nabla}\boldsymbol{v})^{\mathrm{s}}-\left[-l_{vv}\frac{\nabla\cdot\boldsymbol{v}}{T}-\sum_{j=1}^{r}l_{vj}\frac{A_j}{T}\right]\nabla\cdot\boldsymbol{v}\\&\quad+\sum_{i=1}^{n}\left[-L_{iq}\frac{\nabla T}{T^2}-\sum_{k=1}^{n}L_{ik}\frac{1}{T}\left(T\nabla\frac{\mu_k}{T}-\boldsymbol{f}_k\right)\right]\cdot\boldsymbol{f}_i\\&=L_{qq}\frac{T\nabla^2T-2\nabla T\cdot\nabla T}{T^3}\\&\quad+\sum_{i=1}^{n}L_{qi}\left[\frac{(T^2\nabla^2\mu_i-T\mu_i\nabla^2T-2T\nabla T\cdot\nabla\mu_i+2\mu_j\nabla T\cdot\nabla T)/T-T\nabla\cdot\boldsymbol{f}_i}{T^2}\right]\\&\quad-p\nabla\cdot\boldsymbol{v}+\frac{L}{T}(\overset{\circ}{\nabla}\boldsymbol{v})^{\mathrm{s}}:(\overset{\circ}{\nabla}\boldsymbol{v})^{\mathrm{s}}+l_{vv}(\nabla\cdot\boldsymbol{v})^2/T+\sum_{j=1}^{r}l_{vi}A_j\nabla\cdot\boldsymbol{v}/T\\&\quad-\sum_{i=1}^{n}\sum_{k=1}^{n}L_{ik}(\nabla\mu_k\cdot\boldsymbol{f}_i/T-\mu_k\nabla T\cdot\boldsymbol{f}_i/T^2-\boldsymbol{f}_k\cdot\boldsymbol{f}_i/T)\end{aligned} \tag{4.107}$$

式 (4.107) 是考虑了交叉效应的内能平衡方程。

将式 (4.107) 改写成以温度 T 作为变量的形式。根据局部平衡假设，有

$$\frac{\mathrm{d}u}{\mathrm{d}t}=\frac{\mathrm{d}h}{\mathrm{d}t}-p\frac{\mathrm{d}v}{\mathrm{d}t} \tag{4.108}$$

应用如下形式的质量守恒方程:

$$\rho\frac{\mathrm{d}v}{\mathrm{d}t}=\nabla\cdot\boldsymbol{v} \tag{4.109}$$

式 (4.108) 可写为

$$\rho\frac{\mathrm{d}u}{\mathrm{d}t}=\rho\frac{\mathrm{d}h}{\mathrm{d}t}-p\nabla\cdot\boldsymbol{v} \tag{4.110}$$

引入质量定压热容 c_p，则有

$$\rho\frac{\mathrm{d}u}{\mathrm{d}t}=\rho c_p\frac{\mathrm{d}T}{\mathrm{d}t}-p\nabla\cdot\boldsymbol{v} \tag{4.111}$$

将式 (4.111) 代入式 (4.107)，得

$$\begin{aligned}\rho c_p\frac{\mathrm{d}T}{\mathrm{d}t}=&L_{qq}\frac{T\nabla^2T-2\nabla T\cdot\nabla T}{T^3}\\&+\sum_{i=1}^{n}L_{qi}\frac{(T^2\nabla^2\mu_i-T\mu_i\nabla^2T-2T\nabla T\cdot\nabla\mu_i+2\mu_i\nabla T\cdot\nabla T)/T-T\nabla\cdot\boldsymbol{f}_i}{T^2}\\&+\frac{L}{T}(\overset{\circ}{\nabla}\boldsymbol{v})^{\mathrm{s}}:(\overset{\circ}{\nabla}\boldsymbol{v})^{\mathrm{s}}+\frac{l_{vv}(\nabla\cdot\boldsymbol{v})^2}{T}+\frac{\sum\limits_{j=1}^{r}l_{vj}A_j\nabla\cdot\boldsymbol{v}}{T}\\&-\sum_{i=1}^{n}\sum_{k=1}^{n}L_{ik}\left(\frac{\nabla\mu_k\cdot\boldsymbol{f}_i}{T}-\frac{\mu_k\nabla T\cdot\boldsymbol{f}_i}{T^2}-\frac{\boldsymbol{f}_k\cdot\boldsymbol{f}_i}{T}\right)\end{aligned} \tag{4.112}$$

恒温条件下，式 (4.107) 可简化为

$$\begin{aligned}\rho\frac{\mathrm{d}u}{\mathrm{d}t}=&\sum_{i=1}^{n}L_{qi}\frac{T\nabla^2\mu_i-\nabla\cdot\boldsymbol{f}_i}{T}-p\nabla\cdot\boldsymbol{v}+\frac{L}{T}(\overset{\circ}{\nabla}\cdot\boldsymbol{v})^{\mathrm{s}}:(\overset{\circ}{\nabla}\cdot\boldsymbol{v})^{\mathrm{s}}\\&+l_{vv}\frac{(\nabla\cdot\boldsymbol{v})^2}{T}+\sum_{j=1}^{r}l_{vj}A_j\frac{\nabla\cdot\boldsymbol{v}}{T}-\sum_{i=1}^{n}\sum_{k=1}^{n}L_{ik}\frac{1}{T}(\nabla\mu_k\cdot\boldsymbol{f}_i-\boldsymbol{f}_k\cdot\boldsymbol{f}_i)\end{aligned} \tag{4.113}$$

不考虑黏滞作用，式 (4.113) 可简化为

$$\rho\frac{\mathrm{d}u}{\mathrm{d}t}=\sum_{i=1}^{n}L_{qi}\frac{T\nabla^2\mu_i-\nabla\cdot\boldsymbol{f}_i}{T}-p\nabla\cdot\boldsymbol{v}-\sum_{i=1}^{n}\sum_{k=1}^{n}L_{ik}\frac{1}{T}(\nabla\mu_k\cdot\boldsymbol{f}_i-\boldsymbol{f}_k\cdot\boldsymbol{f}_i) \tag{4.114}$$

不考虑外力作用，式 (4.114) 可简化为

$$\rho\frac{\mathrm{d}u}{\mathrm{d}t}=\sum_{i=1}^{n}L_{qi}\nabla^2\mu_i-p\nabla\cdot\boldsymbol{v} \tag{4.115}$$

质量守恒方程 (4.91)、动量守恒方程 (4.103) 和内能平衡方程 (4.107) 连同方程

$$\sum_{i=1}^{n}J_i=0$$

构成一组含有 $n+4$ 个微分方程的微分方程组。这组微分方程组有 $n+4$ 个独立变量，分别为密度 ρ，$n-1$ 个质量分数 w_1，w_2，$\cdots$，w_{n-1}，速度 $\boldsymbol{v}$ 的 3 个笛卡儿分量 v_x，v_y，v_z 以及温度 T。通过体系的状态方程

$$p=p(\rho,T)$$

$$u = u(\rho, T)$$

可以将微分方程中出现的能量 u、平衡压强 p 和化学势 μ_i 用这些独立变量表示。

对于特定的边界条件与初始条件，上述方程组完全确定了各向同性流体的时间性质。建立在这组完整的微分方程组上的理论为“流体热力学”，它是非平衡态热力学理论的一部分，概括了一系列的唯象理论，如扩散理论和热传导理论等。流体热力学是传输过程的理论基础，也是宏观动力学的理论基础。

第5章 恒定状态

恒定状态是指体系的状态参量不随时间变化的状态，根据体系所处的边界条件，恒定状态既可以是平衡态也可以是非平衡态。例如，对于一个孤立体系，它不受任何强加的外部限制，无论体系的初始状态怎样，体系中所有的力和流自由发展的结果总是趋于零，即达到平衡态。对于一个多组元的封闭体系，使其两端维持某个恒定的温度差。由于热扩散现象，温度差将引起浓度差，于是体系中同时存在引起热流的力 ∇T 和引起扩散流的力 ∇w_i 及相应的热流 $\boldsymbol{J}_q$ 和扩散流 $\boldsymbol{J}_i$。由于体系的外加限制只有恒定的力 ∇T，而引起扩散的力 ∇w_i 和扩散流 $\boldsymbol{J}_i$ 可自由发展。发展的结果是体系达到一个不随时间变化的状态，这时 $\boldsymbol{J}_i$ 为零，但 $\boldsymbol{J}_q$ 依然存在，这个不随时间变化的状态不是平衡态而是非平衡的恒定状态。在不可逆过程热力学的应用中，恒定状态占有重要地位。

5.1 力学平衡

力学平衡状态就是体系中加速度 $\dfrac{\mathrm{d}\boldsymbol{v}}{\mathrm{d}t}=0$ 的状态。对于这样的状态，运动方程 (2.36) 成为

$$0=-\nabla p+\sum_{i=1}^{n}\rho_i\boldsymbol{f}_i \tag{5.1}$$

对于许多实际情况来说，与热力学过程相比，式 (5.1) 描述的力学平衡状态会更快地达到。在力学平衡状态下，有定理：当体系达到力学平衡时，熵增率表示式中扩散流 $\boldsymbol{J}_i=\rho(\boldsymbol{v}_i-\boldsymbol{v})$ 定义中的质心速度 $\boldsymbol{v}$ 可用其他任意速度 $\boldsymbol{v}^{\mathrm{a}}$ 代替。

下面证明此定理。

将 $\boldsymbol{J}_i=\rho_i(\boldsymbol{v}_i-\boldsymbol{v})$ 代入熵增率公式 (3.26) 的扩散项，得

$$\sigma_D=-\frac{1}{T}\sum_{i=1}^{n}\rho_i(\boldsymbol{v}_i-\boldsymbol{v})\cdot\{(\nabla\mu_i)_T-\boldsymbol{f}_i\} \tag{5.2}$$

若以任意速度 $\boldsymbol{v}^{\mathrm{a}}$ 代替 $\boldsymbol{v}$，即令

$$\boldsymbol{J}_i^{\mathrm{a}}=\rho_i(\boldsymbol{v}_i-\boldsymbol{v}^{\mathrm{a}}) \tag{5.3}$$

则得

$$\sigma_D=-\frac{1}{T}\sum_{i=1}^{n}\rho_i(\boldsymbol{v}_i-\boldsymbol{v}^{\mathrm{a}})\cdot\{(\nabla\mu_i)_T-\boldsymbol{f}_i\} \tag{5.4}$$

式 (5.2) 减式 (5.3)，得

$$\sigma_D - \sigma_{D'} = -\frac{1}{T}(\boldsymbol{v}^{\mathrm{a}} - \boldsymbol{v})\sum_{i=1}^{n}\rho_i \cdot \{(\nabla\mu_i)_T - \boldsymbol{f}_i\} \tag{5.5}$$

将

$$(\nabla\mu_i)_T = \left(\frac{\partial\mu_i}{\partial\rho}\right)_{T,w_k}\nabla\rho + \sum_{j=1}^{n}\left(\frac{\partial\mu_i}{\partial w_j}\right)_{T,\rho,w_{k(k\neq j)}}\nabla w_j \tag{5.6}$$

及

$$\rho_i = \rho w_i \tag{5.7}$$

代入式 (5.5) 中，并利用吉布斯–杜亥姆 (Duhem) 方程

$$\sum_{i=1}^{n} w_i \left(\frac{\partial\mu_i}{\partial\omega_i}\right)_{T,\rho,w_{j(j\neq i)}} = 0 \tag{5.8}$$

得

$$\sigma_D - \sigma_{D'} = -\frac{1}{T}(\boldsymbol{v}^{\mathrm{a}} - \boldsymbol{v})\left(\nabla p - \sum_{i=1}^{n}\rho_i \boldsymbol{f}_i\right) = 0 \tag{5.9}$$

后一步利用了式 (5.1)，所以

$$\sigma_D = \sigma_{D'} \tag{5.10}$$

即可用任意速度 $\boldsymbol{v}^{\mathrm{a}}$ 代替质心速度 $\boldsymbol{v}$，而不影响熵产生。

在讨论与扩散过程有关的各种现象时要用到这个定理。

5.2　最小熵增率原理和定态的稳定性

5.2.1　最小熵增率的状态是恒定状态

设体系中含有 n 个组元，其间存在 r 种化学反应，同时存在热传导和扩散过程，但不存在外力作用。假定体系已达到力学平衡，质心速度 $\boldsymbol{v}$ 等于零。这意味着总密度 ρ 不随时间变化。对于这样的体系，质量守恒方程 (2.32)、运动方程 (2.38) 和内能方程 (2.61) 分别变为

$$\rho\frac{\partial w_i}{\partial t} = -\nabla\cdot\boldsymbol{J}_i + \sum_{j=1}^{r}\nu_{ij}\boldsymbol{J}_j \quad (i = 1, 2, \cdots, n) \tag{5.11}$$

$$0 = \nabla p \tag{5.12}$$

和

$$\rho\frac{\partial u}{\partial t} = -\nabla\cdot\boldsymbol{J}_q \tag{5.13}$$

熵增率为

$$\sigma = \boldsymbol{J}_q \cdot \nabla \frac{1}{T} - \sum_{i=1}^{n-1} \boldsymbol{J}_i \cdot \nabla \frac{\mu_i - \mu_n}{T} - \frac{1}{T} \sum_{j=1}^{r} j_j A_j \tag{5.14}$$

唯象方程为

$$\boldsymbol{J}_q = L_{qq} \nabla \frac{1}{T} - \sum_{i=1}^{n-1} L_{qi} \nabla \frac{\mu_i - \mu_n}{T} \tag{5.15}$$

$$\boldsymbol{J}_i = L_{iq} \nabla \frac{1}{T} - \sum_{k=1}^{n-1} L_{ik} \nabla \frac{\mu_k - \mu_n}{T} \quad (i = 1, 2, \cdots, n-1) \tag{5.16}$$

$$j_j = -\sum_{h=1}^{r} l_{ih} \frac{A_h}{T} = -\sum_{h=1}^{r} l_{ih} \sum_{i=1}^{n-1} \nu_{ih} \frac{\mu_i - \mu_n}{T} \quad (j = 1, 2, \cdots, n-1) \tag{5.17}$$

昂萨格关系为

$$L_{qi} = L_{iq} \quad (i = 1, 2, \cdots, n-1) \tag{5.18}$$

$$L_{ik} = L_{ki} \quad (i, j = 1, 2, \cdots, n-1) \tag{5.19}$$

$$l_{jh} = l_{hj} \quad (j, h = 1, 2, \cdots, r) \tag{5.20}$$

将唯象方程 (5.15)~ 式 (5.17) 代入式 (5.14), 并对体积作积分，得体系总熵增率为

$$\begin{aligned} P &= \int_V \sigma \mathrm{d}V \\ &= \int_V \left[L_{qq} \left(\nabla \frac{1}{T} \right)^2 - \sum_{i=1}^{n-1} (L_{qi} + L_{iq}) \nabla \frac{\mu_i - \mu_n}{T} \cdot \nabla \frac{1}{T} \right. \\ &\quad \left. + \sum_{i=1}^{n-1} \sum_{k=1}^{n-1} L_{ik} \nabla \frac{\mu_i - \mu_n}{T} \cdot \nabla \frac{\mu_k - \mu_n}{T} + \sum_{j=1}^{r} \sum_{h=1}^{r} l_{jh} \frac{A_j}{T} \frac{A_h}{T} \right] \mathrm{d}V \end{aligned} \tag{5.21}$$

被积函数是变量 $\frac{1}{T}$ 和 $\frac{\mu_i - \mu_n}{T}$ 的函数。为了得到总熵增率取极值时的条件，令式 (5.21) 的变分为零，即

$$\delta P = 0 \tag{5.22}$$

该变分问题的欧拉 (Euler) 方程为

$$2L_{qq} \nabla \cdot \nabla \frac{1}{T} - \sum_{i=1}^{n-1} (L_{qi} + L_{iq}) \nabla \cdot \nabla \frac{\mu_i - \mu_n}{T} = 0 \tag{5.23}$$

$$
\begin{aligned}
&(L_{qi}+L_{iq})\nabla\cdot\nabla\frac{1}{T}-\sum_{j=1}^{n-1}(L_{ik}+L_{ki})\nabla\cdot\nabla\frac{\mu_k-\mu_n}{T}\\
&+\sum_{j=1}^{r}\sum_{h=1}^{r}l_{jh}\frac{A_j}{T}\frac{\partial\left(\dfrac{A_h}{T}\right)}{\partial\left(\dfrac{\mu_i-\mu_n}{T}\right)}\\
&+\sum_{j=1}^{r}\sum_{h=1}^{r}l_{jh}\frac{A_h}{T}\frac{\partial\left(\dfrac{A_j}{T}\right)}{\partial\left(\dfrac{\mu_i-\mu_n}{T}\right)}=0\quad(i=1,2,\cdots,n-1)
\end{aligned}\tag{5.24}
$$

利用昂萨格关系及

$$
\sum_{j=1}^{r}\sum_{h=1}^{r}l_{jh}\frac{A_j}{T}\frac{\partial\left(\dfrac{A_h}{T}\right)}{\partial\left(\dfrac{\mu_i-\mu_n}{T}\right)}=\sum_{j=1}^{r}\sum_{h=1}^{r}l_{jh}\frac{A_h}{T}\frac{\partial\left(\dfrac{A_j}{T}\right)}{\partial\left(\dfrac{\mu_i-\mu_n}{T}\right)}=\sum_{j=1}^{r}\sum_{h=1}^{r}l_{jh}\frac{A_h}{T}\nu_{ij}\tag{5.25}
$$

可将方程 (5.23) 和 (5.24) 化作

$$
L_{qq}\nabla\cdot\nabla\frac{1}{T}-\sum_{i=1}^{n-1}L_{qi}\nabla\cdot\nabla\frac{\mu_i-\mu_n}{T}=0\tag{5.26}
$$

$$
L_{iq}\nabla\cdot\nabla\frac{1}{T}-\sum_{k=1}^{n-1}L_{ik}\nabla\cdot\nabla\frac{\mu_k-\mu_n}{T}+\sum_{j=1}^{r}\sum_{h=1}^{r}l_{jh}\frac{A_h}{T}\nu_{ij}=0\tag{5.27}
$$

利用唯象方程 (5.15) ～ (5.17) 可将式 (5.26) 和式 (5.27) 化作

$$
\nabla\cdot\boldsymbol{J}_q=0\tag{5.28}
$$

$$
\nabla\cdot\boldsymbol{J}_i-\sum_{j=1}^{r}\nu_{ij}j_j=0\tag{5.29}
$$

将式 (5.28) 和式 (5.29) 与守恒方程 (5.11) 和 (5.13) 相比较，得

$$
\frac{\partial w_i}{\partial t}=0\quad(i=1,2,\cdots,n)\tag{5.30}
$$

$$
\frac{\partial u}{\partial t}=0\tag{5.31}
$$

因此，最小熵增率的状态是恒定状态。

5.2.2 定态的稳定性

下面证明恒定状态是稳定的。

将总熵增率表示式 (5.21) 对时间求导数，并利用唯象方程和昂萨格关系得

$$\frac{\partial P}{\partial t}=2\int_V\left[\boldsymbol{J}_q\cdot\nabla\frac{\partial}{\partial t}\left(\frac{1}{T}\right)-\sum_{i=1}^{n-1}\boldsymbol{J}_i\cdot\nabla\frac{\partial}{\partial t}\left(\frac{\mu_i-\mu_n}{T}\right)-\sum_{j=1}^{r}j_j\frac{\partial}{\partial t}\left(\frac{A_j}{T}\right)\right]\mathrm{d}V \tag{5.32}$$

将式 (5.32) 右边的前两项作部分积分，并利用亲和势的定义式 (3.17)，得

$$\begin{aligned}\frac{\partial P}{\partial t}=&2\int_\Omega\left[\boldsymbol{J}_q\frac{\partial}{\partial t}\left(\frac{1}{T}\right)-\sum_{i=1}^{n-1}\boldsymbol{J}_i\frac{\partial}{\partial t}\left(\frac{\mu_i-\mu_n}{T}\right)\right]\cdot\mathrm{d}\boldsymbol{\Omega}\\&-2\int_V\left[(\nabla\cdot\boldsymbol{J}_q)\frac{\partial}{\partial t}\left(\frac{1}{T}\right)-\sum_{i=1}^{n-1}\left(\nabla\cdot\boldsymbol{J}_i-\sum_{j=1}^{r}\nu_{ij}J_j\right)\frac{\partial}{\partial t}\left(\frac{\mu_i-\mu_n}{T}\right)\right]\mathrm{d}V\end{aligned} \tag{5.33}$$

对于恒定的边界条件，在边界上一切量都不随时间变化，即在边界面 Ω 上

$$\frac{\partial}{\partial t}\left(\frac{1}{T}\right)=0$$

$$\frac{\partial}{\partial t}\left(\frac{\mu_i-\mu_n}{T}\right)=0$$

故式 (5.33) 中的面积分项为零，因此

$$\frac{\partial P}{\partial t}=-2\int_V\left[(\nabla\cdot\boldsymbol{J}_q)\frac{\partial}{\partial t}\left(\frac{1}{T}\right)-\sum_{i=1}^{n-1}\left(\nabla\cdot\boldsymbol{J}_i-\sum_{j=1}^{r}\nu_{ij}J_j\right)\frac{\partial}{\partial t}\left(\frac{\mu_i-\mu_n}{T}\right)\right]\mathrm{d}V \tag{5.34}$$

利用 $u=h-pv$，并且此时压强与时间无关，而由方程 (5.13) 得

$$\rho\frac{\partial h}{\partial t}=-\nabla\cdot\boldsymbol{J}_q \tag{5.35}$$

式中，h 为分比焓，即单位质量的焓。

将式 (5.35) 及质量守恒方程 (2.32) 代入式 (5.34) 中，得

$$\frac{\partial P}{\partial t}=2\int_V\left[\rho\frac{\partial h}{\partial t}\frac{\partial}{\partial t}\left(\frac{1}{T}\right)-\sum_{i=1}^{n-1}\rho\frac{\partial w_i}{\partial t}\frac{\partial}{\partial t}\left(\frac{\mu_i-\mu_n}{T}\right)\right]\mathrm{d}V \tag{5.36}$$

由于压强为常量，分比焓只依赖于温度 T 和 $n-1$ 个质量分数 w_i，即

$$h=h(T,w_1,w_2,\cdots,w_{n-1}) \tag{5.37}$$

所以

$$\frac{\partial h}{\partial t}=\left(\frac{\partial h}{\partial T}\right)_{\rho,w_k}\frac{\partial T}{\partial t}+\sum_{i=1}^{n-1}\left(\frac{\partial h}{\partial w_i}\right)_{\rho,T,w_{k(k\neq i)}}\frac{\partial w_i}{\partial t}$$

$$=c_p\frac{\partial T}{\partial t}+\sum_{i=1}^{n-1}(h_i-h_n)\frac{\partial w_i}{\partial t} \tag{5.38}$$

式中，c_p 为质量定压比热；h_i 为组元 i 的分比焓。

依据式 (3.25) 可得

$$\frac{\partial}{\partial t}\left(\frac{\mu_i-\mu_n}{T}\right)=-\frac{h_i-h_n}{T^2}\frac{\partial T}{\partial t}+\frac{1}{T}\sum_{i=1}^{n-1}\frac{\partial}{\partial w_i}(\mu_i-\mu_n)\frac{\partial w_i}{\partial t} \tag{5.39}$$

将式 (5.38) 和式 (5.39) 代入式 (5.36)，得

$$\frac{\partial P}{\partial t}=-2\int_V\frac{\rho}{T}\left[\frac{c_p}{T}\left(\frac{\partial T}{\partial t}\right)^2+\sum_{i=1}^{n-1}\sum_{k=1}^{n-1}\frac{\partial}{\partial w_i}(\mu_i-\mu_n)\frac{\partial w_i}{\partial t}\frac{\partial w_k}{\partial t}\right]\mathrm{d}V \tag{5.40}$$

由于 c_p 为正数，并且

$$\sum_{i=1}^{n-1}\sum_{k=1}^{n-1}\frac{\partial}{\partial w_i}(\mu_i-\mu_n)\frac{\partial w_i}{\partial t}\frac{\partial w_k}{\partial t}\geqslant 0 \tag{5.41}$$

所以式 (5.40) 是负的，即

$$\frac{\partial P}{\partial t}\leqslant 0 \tag{5.42}$$

故熵增率将随时间减小，直至定态，熵增率达到最小值，不再随时间变化。此即最小熵增率原理。换言之，具有最小熵增率的恒定状态是稳定的。

考虑到热力学第二定律的限制及以上结果，非平衡态熵产生有下列特性：

$$\frac{\partial P}{\partial t}=0\quad(\text{定态}) \tag{5.43}$$

$$\frac{\partial P}{\partial t}<0\quad(\text{趋于定态}) \tag{5.44}$$

最小熵产生原理反映了非平衡定态的一种“惰性”行为：当边界条件阻止体系到达平衡时，体系将选择一个最小耗散的态。

5.2.3　定态的级

熵增率是一组变数 x_1，x_2，$\cdots$，x_n 的二次函数，即

$$\sigma=\sigma(x_1,x_2,\cdots,x_n)$$

$$= \sum_{i=1}^{n}\sum_{k=1}^{n} L_{ik}x_i x_k \tag{5.45}$$

由于外界约束， 相应一定的边界条件可以使这些变数中的某些值固定， 例如 x_1，x_2，$\cdots$，$x_k(k \leqslant n)$ 固定。随着时间的发展，函数 σ 总要趋于最小值，即达到定态。从数学意义可知，当 σ 取最小值时，一定有

$$\frac{\partial \sigma}{\partial x_i} = 0 \quad (i = k+1, k+2, \cdots, n) \tag{5.46}$$

x_{k+1}，x_{k+2}，$\cdots$，x_n 为 $n-k$ 个值没有被约束条件固定的变数。一旦体系达成定态，全部变量 $x_i(i = 1, 2, \cdots, n)$ 就都变成定值了。需再次强调的是 x_{k+1}，x_{k+2}，$\cdots$，x_n 仅在定态时取定值，x_1，x_2，$\cdots$，x_k 一开始就由边界条件限定而取定值。在体系趋向定态的过程中，由边界条件限定取定值的变数的个数称为定态的级。有一个变数的恒定状态称为一级定态；有两个变数的恒定状态称为二级定态；没有保持固定不变的变数的状态称为零级定态。由于没有外界约束，达到定态时这种体系就达到热力学平衡。可见平衡态是定态的特殊情况，描述平衡态稳定的理查德 (Le Chatelier) 原理也是定态稳定性的特例。

5.3　不具有最小熵增率的恒定状态

应该指出的是，最小熵增率原理依赖的条件比线性唯象关系依赖的条件严格。在证明最小熵增率原理的过程中，除了利用昂萨格倒易关系，还假定唯象系数是常数，这就要求体系必须是各向同性的。另外，当体系中存在贮存能量这样的 “惯性” 过程时，例如在带正电荷的电路中或具有 “记忆” 的介质中，即使力和流之间满足线性关系，熵增率对时间的导数也不一定是负的，即最小熵增率原理不一定成立，定态也不一定稳定。

现在更宽的条件下讨论定态。这里既不需要唯象方程、昂萨格关系，也不需要假定唯象系数为常数。

体系总熵增率为

$$P = \int_V \sigma \mathrm{d}V = \int_V \sum_{i=1}^{n} J_i X_i \mathrm{d}V \tag{5.47}$$

对时间求导，得

$$\begin{aligned} \frac{\partial P}{\partial t} &= \int_V \sum_{i=1}^{n} J_i \frac{\partial X_i}{\partial t}\mathrm{d}V + \int_V \sum_{i=1}^{n} \frac{\partial J_i}{\partial t} X_i \mathrm{d}V \\ &= \frac{\partial_X P}{\partial t} + \frac{\partial_J P}{\partial t} \end{aligned} \tag{5.48}$$

其中

$$\frac{\partial_X P}{\partial t}=\int_V \sum_{i=1}^{n} J_i \frac{\partial X_i}{\partial t}\mathrm{d}V \tag{5.49}$$

$$\frac{\partial_J P}{\partial t}=\int_V \sum_{i=1}^{n} \frac{\partial J_i}{\partial t} X_i \mathrm{d}V \tag{5.50}$$

由于 $\frac{\partial_X P}{\partial t}$起因于热力学力的变化率，其值将是负的。为简单起见，仅就非膨胀固体中热传导加以证明。对于此体系，包围体系的器壁温度恒定，且

$$\sigma = \boldsymbol{J}_q \cdot \nabla \frac{1}{T} \tag{5.51}$$

所以

$$\begin{aligned}\frac{\partial_X P}{\partial t} &= \int_V \boldsymbol{J}_q \cdot \frac{\partial}{\partial t}\left(\nabla \frac{1}{T}\right)\mathrm{d}V \\ &= \int_\Omega \frac{\partial}{\partial t}\left(\frac{1}{T}\right)\boldsymbol{J}_q \cdot \mathrm{d}\boldsymbol{\Omega} - \int_V \frac{\partial}{\partial t}\left(\frac{1}{T}\right)\nabla \cdot \boldsymbol{J}_q \mathrm{d}V \end{aligned} \tag{5.52}$$

后一步利用了部分积分。由于边界上温度不随时间变化，因而面积分等于零。此体系的能量守恒定律可写作

$$\rho \frac{\partial u}{\partial t} = \rho c_v \frac{\partial T}{\partial t} = -\nabla \cdot \boldsymbol{J}_q \tag{5.53}$$

将式 (5.53) 代入式 (5.52) 右边第二项，得

$$\frac{\partial_X P}{\partial t} = -\int_V \frac{\rho c_v}{T^2}\left(\frac{\partial T}{\partial t}\right)^2 \mathrm{d}V \tag{5.54}$$

被积函数的各个乘积因子均为正值，所以

$$\frac{\partial_X P}{\partial t} \leqslant 0 \tag{5.55}$$

如果不能确定 $\frac{\partial P}{\partial t}$ 的正负或是否为零，则是由于不能确定 $\frac{\partial_J P}{\partial t}$的正负或是否为零。这意味着恒定状态并非必须相当于最小熵增率的状态。但是如果假定:

(1) 通量与力间呈线性关系，即

$$J_i = \sum_{i=1}^{n} L_{ik} X_k$$

(2) 昂萨格倒易关系成立:

$$L_{ik} = L_{ki}$$

(3) 唯象系数是常数。那么

$$\frac{\partial_J P}{\partial t}=\int_V\sum_{i=1}^{n}\frac{\partial J_i}{\partial t}X_i\mathrm{d}V=\int_V\sum_{i=1}^{n}\sum_{k=1}^{n}L_{ik}X_i\frac{\partial X_k}{\partial t}\mathrm{d}V$$
$$=\int_V\sum_{k=1}^{n}J_k\frac{\partial X_k}{\partial t}\mathrm{d}V=\frac{\partial_X P}{\partial t}=\frac{1}{2}\frac{\partial P}{\partial t}\leqslant 0 \tag{5.56}$$

此外利用了式 (5.48) ～式 (5.50) 及式 (5.55)。可见利用上面三个条件，则得到与式 (5.42) 相一致的结果。

5.4　定态中的熵流

在定态时，体系中所有热力学参量都不随时间变化，这对于熵也是正确的。体系中在进行不可逆过程，熵增率是正的。若使体系中的熵不随时间变化，则必须有一个负的熵流来补偿，即要有熵从体系流向环境。

定态时体系总熵对时间的变化率为

$$\frac{\mathrm{d}S}{\mathrm{d}t}=\frac{\mathrm{d}_eS}{\mathrm{d}t}+\frac{\mathrm{d}_iS}{\mathrm{d}t}=0 \tag{5.57}$$

由于

$$\frac{\mathrm{d}_iS}{\mathrm{d}t}>0$$

必须有

$$\frac{\mathrm{d}_eS}{\mathrm{d}t}<0$$

可见，非平衡体系的定态 (一级以上的定态) 不可能在孤立体系中发生，因为必须有一个熵流来维持该定态。现介绍两个具体应用。

例如，由两个子体系组成的一个体系，体系的整体是封闭的，各子体系是敞开的，即子体系间可以有物质和能量交换，总体系和环境间有热交换。子体系 α 和高温热库接触，热库温度为 T^α，子体系 β 和低温热库接触，热库温度为 T^β，则熵流为

$$\frac{\mathrm{d}_eS}{\mathrm{d}t}=\frac{1}{T^\alpha}\frac{\mathrm{d}_eQ^\alpha}{\mathrm{d}t}+\frac{1}{T^\beta}\frac{\mathrm{d}_eQ^\beta}{\mathrm{d}t} \tag{5.58}$$

由于 $T^\alpha>T^\beta$，所以 $\mathrm{d}_eQ^\alpha>0$，$\mathrm{d}_eQ^\beta>0$。对于定态，体系各处温度不变，获得的总热量为零，即

$$\mathrm{d}Q=\mathrm{d}_eQ^\alpha+\mathrm{d}_eQ^\beta=0 \tag{5.59}$$

所以

$$\mathrm{d}_eQ^\alpha=-\mathrm{d}_eQ^\beta \tag{5.60}$$

将式 (5.60) 代入式 (5.58)，得

$$\frac{\mathrm{d}_e S}{\mathrm{d}t}=\frac{\mathrm{d}_e Q^{\alpha}}{\mathrm{d}t}\left(\frac{1}{T^{\alpha}}-\frac{1}{T^{\beta}}\right)<0 \tag{5.61}$$

即体系供给环境熵。这是由于在较高温度 T^{α} 下获得热量，而在较低温度 T^{β} 下流回环境。

再如，考虑一个敞开的连续体系，体系和环境之间有物质和能量交换，则

$$\boldsymbol{J}_s=\frac{1}{T}\boldsymbol{J}'_q+\sum_{i=1}^{n}s_i\boldsymbol{J}_i \tag{5.62}$$

对边界面积分，得

$$\int_{\Omega}\boldsymbol{J}_s\cdot\mathrm{d}\boldsymbol{\Omega}=\int_{\Omega}\frac{1}{T}\boldsymbol{J}'_q\cdot\mathrm{d}\boldsymbol{\Omega}+\sum_{i=1}^{n}\int_{\Omega}s_i\boldsymbol{J}_i\cdot\mathrm{d}\boldsymbol{\Omega}$$

即

$$\frac{\mathrm{d}_e S}{\mathrm{d}t}=\frac{1}{T}\frac{\mathrm{d}Q'}{\mathrm{d}t}+\sum_{i=1}^{n}s_i\frac{\mathrm{d}_e W_i}{\mathrm{d}t} \tag{5.63}$$

当 $\dfrac{\mathrm{d}Q'}{\mathrm{d}t}=0$ 时，即外界与体系交换的熵完全是由物质交换引起的，则有

$$\frac{\mathrm{d}_e S}{\mathrm{d}t}=\sum_{i=1}^{n}s_i\frac{\mathrm{d}_e W_i}{\mathrm{d}t} \tag{5.64}$$

由于定态时

$$\frac{\mathrm{d}_e S}{\mathrm{d}t}<0$$

所以

$$\sum_{i=1}^{n}s_i\frac{\mathrm{d}_e W_i}{\mathrm{d}t}<0 \tag{5.65}$$

式 (5.65) 说明，进入体系的物质的熵必须比流到外界的物质的熵小。从热力学观点来说，开放体系使物质“退降”了，正是这一退降维持了定态。

第 6 章　非平衡非线性热力学

在前面的章节中讨论了近平衡体系，研究了近平衡体系的性质，并得到了在近平衡体系中发生不可逆过程时物理量 (流和力) 之间的关系。这些研究结果可以很有效地应用于许多实际问题的处理中，但其应用有一定的局限度，即只能应用于近平衡体系。然而，实际问题中存在着大量远离平衡的体系。远离平衡体系的性质不同于近平衡体系，其间发生不可逆过程，物理量间不遵循线性关系。因此，需要研究远离平衡的体系发生不可逆过程时物理量间的关系、唯象方程的形式以及如何应用唯象方程处理问题。另外，在远离平衡的体系中发生的不可逆过程超过临界状态后，体系可能形成有序结构。那么，形成有序结构的条件是什么？如何判断？这就需要研究远离平衡体系的性质及其发展变化的规律。

近平衡体系中发生不可逆过程的物理量间呈线性关系，因此，前面几章的理论也称为线性热力学。远离平衡的体系中发生不可逆过程的物理量间不存在线性关系，需要用非线性方程描述，所以称远离平衡体系的理论为非平衡非线性热力学。

6.1　远离平衡体系的唯象方程

对于远离平衡的体系，其熵增率仍是通量和力的乘积之和，即

$$\sigma = \sum_{i=1}^{n} J_i X_i$$

可以认为通量是力的函数的假设仍成立，即 $J_i = J_i(X_1, X_2, \cdots, X_n)$。通量和力间已不存在线性关系，应取在平衡点作泰勒展开的高次项，即通量是力的非线性函数，则有

$$J_i = \sum_{k=1}^{n} L_{ik} X_k + \sum_{k=1}^{n}\sum_{l=1}^{n} L_{ikl} X_k X_l + \cdots \quad (i = 1, 2, 3, \cdots, n) \tag{6.1}$$

其中

$$L_{ik} = \left(\frac{\partial J_i}{\partial x_k}\right) \tag{6.2}$$

$$L_{ikl} = \frac{1}{2!}\left(\frac{\partial^2 J_i}{\partial x_k \partial x_l}\right) + \frac{1}{2!}\left(\frac{\partial^2 J_i}{\partial x_l \partial x_k}\right) \tag{6.3}$$

$$\cdots$$

是唯象系数，但昂萨格关系不一定成立。

远离平衡体系的熵增率仍可采用式 (4.63)，即

$$\sigma=-\frac{1}{T^2}\boldsymbol{J}_q\cdot\nabla T-\frac{1}{T}\sum_{i=1}^{n}\boldsymbol{J}_i\cdot\left(T\nabla\frac{\mu_i}{T}-\boldsymbol{f}_i\right)-\frac{1}{T}\mathring{\Pi}:(\mathring{\nabla}\boldsymbol{v})^{\mathrm{s}}-\frac{1}{T}\pi\nabla\cdot\boldsymbol{v}-\frac{1}{T}\sum_{j=1}^{r}j_jA_j$$

唯象方程为

$$\begin{aligned}\boldsymbol{J}_q=&-L_{qq}\left(\frac{\nabla T}{T^2}\right)-\sum_{i=1}^{n}L_{qi}\left[\frac{1}{T}\left(T\nabla\frac{\mu_i}{T}-\boldsymbol{f}_i\right)\right]-L_{qqq}\left(\frac{\nabla T}{T^2}\right)\cdot\left(\frac{\nabla T}{T^2}\right)\boldsymbol{n}\\&-\sum_{i=1}^{n}L_{qqi}\left(\frac{\nabla T}{T^2}\right)\cdot\frac{1}{T}\left(T\nabla\frac{\mu_i}{T}-\boldsymbol{f}_i\right)\boldsymbol{n}\\&-\sum_{i=1}^{n}\sum_{k=1}^{n}L_{qik}\left[\frac{1}{T}\left(T\nabla\frac{\mu_i}{T}-\boldsymbol{f}_i\right)\right]\cdot\left[\frac{1}{T}\left(T\nabla\frac{\mu_k}{T}-\boldsymbol{f}_k\right)\right]\boldsymbol{n}+\cdots\end{aligned}\tag{6.4}$$

$$\begin{aligned}\boldsymbol{J}_i=&-L_{iq}\left(\frac{\nabla T}{T^2}\right)-\sum_{k=1}^{n}L_{ik}\left[\frac{1}{T}\left(T\nabla\frac{\mu_k}{T}-\boldsymbol{f}_k\right)\right]-L_{iqq}\left(\frac{\nabla T}{T^2}\right)\cdot\left(\frac{\nabla T}{T^2}\right)\boldsymbol{n}\\&-\sum_{k=1}^{n}L_{iqk}\left(\frac{\nabla T}{T^2}\right)\cdot\frac{1}{T}\left(T\nabla\frac{\mu_k}{T}-\boldsymbol{f}_k\right)\boldsymbol{n}\\&-\sum_{k=1}^{n}\sum_{l=1}^{n}L_{ikl}\left[\frac{1}{T}\left(T\nabla\frac{\mu_k}{T}-\boldsymbol{f}_k\right)\right]\\&\cdot\left[\frac{1}{T}\left(T\nabla\frac{\mu_l}{T}-\boldsymbol{f}_l\right)\right]\boldsymbol{n}+\cdots\quad(i=1,2,\cdots,n)\end{aligned}\tag{6.5}$$

$$\mathring{\Pi}=-L_1\left[\frac{(\mathring{\nabla}\boldsymbol{v})^{\mathrm{s}}}{T}\right]-L_2\left[\frac{(\mathring{\nabla}\boldsymbol{v})^{\mathrm{s}}}{T}\right]\cdot\left[\frac{(\mathring{\nabla}\boldsymbol{v})^{\mathrm{s}}}{T}\right]+\cdots\tag{6.6}$$

$$\begin{aligned}\Pi=&-l_{vv}\left(\frac{\nabla\cdot\boldsymbol{v}}{T}\right)-\sum_{j=1}^{r}l_{vj}\left(\frac{A_j}{T}\right)-l_{vvv}\left(\frac{\nabla\cdot\boldsymbol{v}}{T}\right)^2\\&-\sum_{j=1}^{r}l_{vvj}\left(\frac{\nabla\cdot\boldsymbol{v}}{T}\right)\left(\frac{A_j}{T}\right)-\sum_{j=1}^{r}\sum_{h=1}^{r}l_{vjh}\left(\frac{A_j}{T}\right)\left(\frac{A_h}{T}\right)\end{aligned}\tag{6.7}$$

$$\begin{aligned}j_j=&-l_{jv}\left(\frac{\nabla\cdot\boldsymbol{v}}{T}\right)-\sum_{h=1}^{r}l_{jh}\left(\frac{A_h}{T}\right)-l_{jvv}\left(\frac{\nabla\cdot\boldsymbol{v}}{T}\right)^2-\sum_{h=1}^{r}l_{jvh}\left(\frac{\nabla\cdot\boldsymbol{v}}{T}\right)\left(\frac{A_j}{T}\right)\\&-\sum_{h=1}^{r}\sum_{g=1}^{r}l_{jhg}\left(\frac{A_h}{T}\right)\left(\frac{A_g}{T}\right)\quad(j=1,2,\cdots,r)\end{aligned}\tag{6.8}$$

如果熵增率方程采用式 (4.81)，即

$$\sigma=-\frac{1}{T^2}\boldsymbol{J}_q'\cdot\nabla T-\frac{1}{T}\sum_{i=1}^{n-1}\boldsymbol{J}_i\cdot\{[\nabla(\mu_i-\mu_n)]_T-\boldsymbol{f}_i+\boldsymbol{f}_n\}$$
$$-\frac{1}{T}\overset{\circ}{\Pi}:(\overset{\circ}{\nabla}\boldsymbol{v})^s-\frac{1}{T}\pi\nabla\cdot\boldsymbol{v}-\frac{1}{T}\sum_{j=1}^{r}j_jA_j$$

唯象方程为

$$\boldsymbol{J}_q'=-L_{qq}\left(\frac{\nabla T}{T^2}\right)-\sum_{i=1}^{n-1}L_{qi}\left(\frac{1}{T}\{[\nabla(\mu_i-\mu_n)]_T-\boldsymbol{f}_i+\boldsymbol{f}_n\}\right)-L_{qqq}\left(\frac{\nabla T}{T^2}\right)\cdot\left(\frac{\nabla T}{T^2}\right)\boldsymbol{n}$$
$$-\sum_{i=1}^{n-1}L_{qqi}\left(\frac{\nabla T}{T^2}\right)\cdot\left(\frac{1}{T}\{[\nabla(\mu_i-\mu_n)]_T-\boldsymbol{f}_i+\boldsymbol{f}_n\}\right)\boldsymbol{n}$$
$$-\sum_{i=1}^{n-1}\sum_{k=1}^{n-1}L_{qik}\left(\frac{1}{T}\{[\nabla(\mu_i-\mu_n)]_T-\boldsymbol{f}_i+\boldsymbol{f}_n\}\right)$$
$$\cdot\left(\frac{1}{T}\{[\nabla(\mu_k-\mu_n)]_T-\boldsymbol{f}_k+\boldsymbol{f}_n\}\right)\boldsymbol{n}+\cdots \tag{6.9}$$

$$\boldsymbol{J}_q=-L_{iq}\left(\frac{\nabla T}{T^2}\right)-\sum_{k=1}^{n-1}L_{ik}\left(\frac{1}{T}\{[\nabla(\mu_k-\mu_n)]_T-\boldsymbol{f}_k+\boldsymbol{f}_n\}\right)-L_{iqq}\left(\frac{\nabla T}{T^2}\right)\cdot\left(\frac{\nabla T}{T^2}\right)\boldsymbol{n}$$
$$-\sum_{k=1}^{n-1}L_{iqk}\left(\frac{\nabla T}{T^2}\right)\cdot\left(\frac{1}{T}\{[\nabla(\mu_k-\mu_n)]_T-\boldsymbol{f}_k+\boldsymbol{f}_n\}\right)\boldsymbol{n}$$
$$-\sum_{k=1}^{n-1}\sum_{l=1}^{n-1}L_{ikl}\left(\frac{1}{T}\{[\nabla(\mu_k-\mu_n)]_T-\boldsymbol{f}_k+\boldsymbol{f}_n\}\right)$$
$$\cdot\left(\frac{1}{T}\{[\nabla(\mu_l-\mu_n)]_T-\boldsymbol{f}_l+\boldsymbol{f}_n\}\right)\boldsymbol{n}+\cdots\quad(i=1,2,\cdots,n-1) \tag{6.10}$$

$$\overset{\circ}{\Pi}=-L_1\left[\frac{(\overset{\circ}{\nabla}\boldsymbol{v})^s}{T}\right]-L_2\left[\frac{(\overset{\circ}{\nabla}\boldsymbol{v})^s}{T}\right]\left[\frac{(\overset{\circ}{\nabla}\boldsymbol{v})^s}{T}\right]+\cdots \tag{6.11}$$

$$\Pi=-l_{vv}\left(\frac{\nabla\cdot\boldsymbol{v}}{T}\right)-\sum_{j=1}^{r}l_{vj}\left(\frac{A_j}{T}\right)-l_{vvv}\left(\frac{\nabla\cdot\boldsymbol{v}}{T}\right)^2$$
$$-\sum_{j=1}^{r}l_{vvj}\left(\frac{\nabla\cdot\boldsymbol{v}}{T}\right)\left(\frac{A_j}{T}\right)-\sum_{j=1}^{r}\sum_{h=1}^{r}l_{vjh}\left(\frac{A_j}{T}\right)\left(\frac{A_h}{T}\right) \tag{6.12}$$

$$j_j = -l_{jv}\left(\frac{\nabla\cdot\boldsymbol{v}}{T}\right)-\sum_{h=1}^{r}l_{jh}\left(\frac{A_h}{T}\right)-l_{jvv}\left(\frac{\nabla\cdot\boldsymbol{v}}{T}\right)^2 -\sum_{h=1}^{r}l_{jvh}\left(\frac{\nabla\cdot\boldsymbol{v}}{T}\right)\left(\frac{A_j}{T}\right) -\sum_{h=1}^{r}\sum_{g=1}^{r}l_{jhg}\left(\frac{A_h}{T}\right)\left(\frac{A_g}{T}\right)\quad (j=1,2,\cdots,r) \tag{6.13}$$

6.2　远离平衡态的非线性热力学

为了定量研究远离平衡体系发生的不可逆过程，需要对体系发生的不可逆过程进行具体分析，建立远离平衡态的非线性热力学方程。

体系的质量守恒方程、运动方程和内能平衡方程仍分别为式 (2.32)、式 (4.40) 和式 (4.45)，即

$$\rho\frac{\partial w_i}{\partial t}= -\nabla\cdot\boldsymbol{J}_i+\sum_{j=1}^{r}v_{ij}j_j$$

$$\rho\frac{\mathrm{d}\boldsymbol{v}}{\mathrm{d}t}= -\nabla\cdot\boldsymbol{P}+\sum_{i=1}^{n}\rho_i\boldsymbol{f}_i$$

$$\rho\frac{\mathrm{d}u}{\mathrm{d}t}= -\nabla\cdot\boldsymbol{J}_q-\boldsymbol{P}:\nabla\boldsymbol{v}+\sum_{i=1}^{n}\boldsymbol{J}_i\boldsymbol{f}_i$$

将相应的唯象方程 (6.4) ～ (6.8) 代入方程 (2.31)、(4.40) 和 (4.45)，便可得到远离平衡体系的非平衡态非线性热力学方程。

6.2.1　恒温体系的反应–传质方程

通常可以把传输过程看成线性的，这在很大的温度梯度和浓度梯度范围内都是正确的。这样，在不考虑黏滞性时，运动方程和能量方程就与节 4.4 的讨论类似。在同一体系中与传输过程同时发生的化学反应往往是非线性的，仅在反应接近终了或接近平衡时才可以看成线性的。因此，通常可以认为不可逆过程的非线性是由化学反应的非线性引起的。

将线性的传质唯象方程和不考虑黏滞性的非线性的化学反应唯象方程代入式 (2.32)，得到恒温过程非黏滞性流体的反应–传质方程为

$$\rho\frac{\partial w_i}{\partial t}=\sum_{k=1}^{n}L_{ik}\frac{1}{T}\left(\nabla^2\mu_k-\nabla\cdot\boldsymbol{f}_k\right)-\sum_{j=1}^{r}\sum_{h=1}^{r}l_{jh}\nu_{ij}\left(\frac{A_h}{T}\right)$$

$$-\sum_{j=1}^{r}\sum_{h=1}^{r}\sum_{g=1}^{r}l_{jhg}\nu_{ij}\left(\frac{A_h}{T}\right)\left(\frac{A_g}{T}\right)-\cdots \quad (i=1,2,\cdots,n) \tag{6.14}$$

如果不考虑不同组分的扩散之间的耦合，式 (6.14) 化简为

$$\begin{aligned}\rho\frac{\partial w_i}{\partial t}=&L_{ii}\frac{1}{T}\left(\nabla^2\mu_i-\nabla\cdot\boldsymbol{f}_i\right)-\sum_{j=1}^{r}\sum_{h=1}^{r}l_{jh}\nu_{ij}\left(\frac{A_h}{T}\right)\\&-\sum_{j=1}^{r}\sum_{h=1}^{r}\sum_{g=1}^{r}l_{jhg}\nu_{ij}\left(\frac{A_h}{T}\right)\left(\frac{A_g}{T}\right)-\cdots \quad (i=1,2,\cdots,n)\end{aligned} \tag{6.15}$$

如果不考虑外力作用，则式 (6.14) 可简化为

$$\begin{aligned}\rho\frac{\mathrm{d}w_i}{\mathrm{d}t}=&L_{ii}\frac{\nabla^2\mu_i}{T}-\sum_{j=1}^{r}\sum_{h=1}^{r}l_{jh}\nu_{ij}\left(\frac{A_h}{T}\right)\\&-\sum_{j=1}^{r}\sum_{h=1}^{r}\sum_{g=1}^{r}l_{jhg}\nu_{ij}\left(\frac{A_h}{T}\right)\left(\frac{A_g}{T}\right)-\cdots \quad (i=1,2,\cdots,n)\end{aligned} \tag{6.16}$$

对于稀溶液，利用式 (4.99)，式 (6.14) 可简化为

$$\begin{aligned}\rho\frac{\partial w_i}{\partial t}=&D_i\nabla^2 w_i-\sum_{j=1}^{r}\sum_{h=1}^{r}l_{jh}\nu_{ij}\left(\frac{A_h}{T}\right)\\&-\sum_{j=1}^{r}\sum_{h=1}^{r}\sum_{g=1}^{r}l_{jhg}\nu_{ij}\left(\frac{A_h}{T}\right)\left(\frac{A_g}{T}\right)+\cdots \quad (i=1,2,\cdots,n)\end{aligned} \tag{6.17}$$

式 (6.16) 和式 (6.17) 为反应–扩散方程。

6.2.2 非恒温体系的反应–传质方程

将线性的传热、传质唯象方程和不考虑黏滞性的非线性化学反应唯象方程代入式 (2.32)，得

$$\begin{aligned}\rho\frac{\mathrm{d}w_i}{\mathrm{d}t}=&L_{iq}\frac{T\nabla^2T-2\nabla T\cdot\nabla T}{T^3}\\&+\sum_{k=1}^{n}L_{ik}\left[\frac{T\nabla^2\mu_k-\mu_k\nabla^2T-2\nabla T\cdot\nabla\mu_k+\frac{2}{T}\mu_k\nabla T\cdot\nabla T-T\nabla\cdot\boldsymbol{f}_k-\nabla T\cdot\boldsymbol{f}_k}{T^2}\right]\\&-\sum_{j=1}^{r}\sum_{h=1}^{r}l_{jh}\nu_{ij}\left(\frac{A_h}{T}\right)+\sum_{j=1}^{r}\sum_{h=1}^{r}\sum_{g=1}^{r}l_{jhg}\nu_{ij}\left(\frac{A_h}{T}\right)\left(\frac{A_g}{T}\right)\\&+\cdots \quad (i=1,2,\cdots,n)\end{aligned} \tag{6.18}$$

如果不考虑不同组分的扩散之间的耦合，式 (6.18) 化简为

$$\begin{aligned}\rho\frac{\mathrm{d}w_i}{\mathrm{d}t} =& L_{iq}\frac{T\nabla^2T-2\nabla T\cdot\nabla T}{T^3}\\&+L_{ii}\left[\frac{T\nabla^2\mu_i-\mu_i\nabla^2T-2\nabla T\cdot\nabla\mu_i+\dfrac{2}{T}\mu_i\nabla T\cdot\nabla T-T\nabla\cdot\boldsymbol{f}_i-\nabla T\cdot\boldsymbol{f}_i}{T^2}\right]\\&-\sum_{j=1}^{r}\sum_{h=1}^{r}l_{jh}\nu_{ij}\left(\frac{A_h}{T}\right)+\sum_{j=1}^{r}\sum_{h=1}^{r}\sum_{g=1}^{r}l_{jhg}\nu_{ij}\left(\frac{A_h}{T}\right)\left(\frac{A_g}{T}\right)\\&+\cdots\quad(i=1,2,\cdots,n)\end{aligned}\tag{6.19}$$

如果再不考虑外力作用，则式 (6.18) 可简化为

$$\begin{aligned}\rho\frac{\mathrm{d}w_i}{\mathrm{d}t} =& L_{iq}\frac{T\nabla^2T-2\nabla T\cdot\nabla T}{T^3}\\&+L_{ii}\left[\frac{T\nabla^2\mu_i-\mu_i\nabla^2T-2\nabla T\cdot\nabla\mu_i+\dfrac{2}{T}\mu_i\nabla T\cdot\nabla T_i}{T^2}\right]\\&-\sum_{j=1}^{r}\sum_{h=1}^{r}l_{jh}\nu_{ij}\left(\frac{A_h}{T}\right)+\sum_{j=1}^{r}\sum_{h=1}^{r}\sum_{g=1}^{r}l_{jhg}\nu_{ij}\left(\frac{A_h}{T}\right)\left(\frac{A_g}{T}\right)\\&+\cdots\quad(i=1,2,\cdots,n)\end{aligned}\tag{6.20}$$

6.3　远离平衡的体系的性质

6.3.1　一般发展判据

对于非平衡体系而言，熵增率是正定的，即

$$P\geqslant 0$$

在近平衡体系中 (即线性区)，熵增率对时间的微商是负定的，即

$$\frac{\mathrm{d}P}{\mathrm{d}t}\leqslant 0$$

因此，熵增率决定了近平衡体系的发展方向和稳定性。为了研究远离平衡体系的发展方向和稳定性，需要讨论远离平衡体系的熵增率随时间变化的行为。将体系的熵增率对时间求导，得

$$\frac{\mathrm{d}P}{\mathrm{d}t}=\frac{\mathrm{d}}{\mathrm{d}t}\int_V\sum_{i=1}^{n}\mathrm{d}VJ_iX_i$$

$$= \int_V \mathrm{d}V \sum_{i=1}^{n} \left(J_i \frac{\partial X_i}{\partial t} + X_i \frac{\partial J_i}{\partial t} \right)$$

$$= \int_V \mathrm{d}V \sum_{i=1}^{n} J_i \frac{\partial X_i}{\partial t} + \int_V \mathrm{d}V \sum_{i=1}^{n} X_i \frac{\partial J_i}{\partial t}$$

$$= \frac{\mathrm{d}_X P}{\mathrm{d}t} + \frac{\mathrm{d}_J P}{\mathrm{d}t} \tag{6.21}$$

其中

$$\frac{\mathrm{d}_X P}{\mathrm{d}t} = \int_V \mathrm{d}V \sum_{i=1}^{n} J_i \frac{\partial X_i}{\partial t}$$

表示力随时间的变化对熵增率随时间变化的贡献，而

$$\frac{\mathrm{d}_J P}{\mathrm{d}t} = \int_V \mathrm{d}V \sum_{i=1}^{n} X_i \frac{\partial J_i}{\partial t}$$

表示流随时间的变化对熵增率随时间变化的贡献。

为了简化，仅就有扩散和化学反应的恒温体系进行讨论。该种体系的熵增率为

$$P = \int_V \sigma \mathrm{d}V = \int_V \mathrm{d}V \left(-\sum_{i=1}^{n} \boldsymbol{J}_i \frac{\nabla \mu_i}{T} - \sum_{j=1}^{n} j_j \frac{A_j}{T} \right) \tag{6.22}$$

比较式 (6.22) 与式 (6.21)，得

$$\frac{\mathrm{d}_X P}{\mathrm{d}t} = \frac{1}{T} \int_V \mathrm{d}V \left(-\sum_{i=1}^{n} \boldsymbol{J}_i \nabla \frac{\partial \mu_i}{\partial t} - \sum_{j=1}^{n} j_j \frac{\partial A_j}{\partial t} \right) \tag{6.23}$$

将式 (6.23) 右边积分号内第一项求和的积分作部分积分，得

$$-\frac{1}{T} \int_V \mathrm{d}V \left(\sum_{i=1}^{n} \boldsymbol{J}_i \cdot \nabla \frac{\partial \mu_i}{\partial t} \right) = -\frac{1}{T} \int_\Omega \mathrm{d}\boldsymbol{\Omega} \cdot \left(\sum_{i=1}^{n} \boldsymbol{J}_i \nabla \frac{\partial \mu_i}{\partial t} \right) + \frac{1}{T} \int_V \mathrm{d}V \left(\sum_{i=1}^{n} \frac{\partial \mu_i}{\partial t} \nabla \cdot \boldsymbol{J}_i \right) \tag{6.24}$$

若取与时间无关的边界条件或零流条件, 即

$$\frac{\partial \mu_i}{\partial t} = 0 \tag{6.25}$$

或

$$\mathrm{d}\boldsymbol{\Omega} \cdot \boldsymbol{J}_i = 0 \tag{6.26}$$

则式 (6.24) 右边第一项的积分为零，即

$$\int_\Omega \mathrm{d}\boldsymbol{\Omega} \cdot \left(\sum_{i=1}^{n} \boldsymbol{J}_i \frac{\partial \mu_i}{\partial t} \right) = 0 \tag{6.27}$$

由于化学势是浓度的函数，即

$$\mu_i = \mu_i(\rho_1, \rho_2, \cdots, \rho_n)$$

所以

$$\frac{\partial \mu_i}{\partial t} = \sum_{i=1}^{n} \frac{\partial \mu_i}{\partial \rho_k} \frac{\partial \rho_k}{\partial t} \tag{6.28}$$

并有

$$\begin{aligned} \frac{\partial A_j}{\partial t} &= \frac{\partial}{\partial t} \sum_{i=1}^{n} \nu_{ij} \mu_i \\ &= \sum_{i=1}^{n} \nu_{ij} \sum_{k=1}^{n} \frac{\partial \mu_i}{\partial \rho_k} \frac{\partial \rho_k}{\partial t} \\ &= \sum_{i=1}^{n} \sum_{k=1}^{n} \nu_{ij} \frac{\partial \mu_i}{\partial \rho_k} \frac{\partial \rho_k}{\partial t} \end{aligned} \tag{6.29}$$

将式 (6.24) 和式 (6.29) 代入式 (6.23)，并考虑式 (6.27) 和式 (6.28)，得

$$\begin{aligned} \frac{\mathrm{d}_X P}{\mathrm{d}t} &= \frac{1}{T} \int_V \mathrm{d}V \left(\sum_{i=1}^{n} \sum_{k=1}^{n} \frac{\partial \mu_i}{\partial \rho_k} \frac{\partial \rho_k}{\partial t} \nabla \cdot \boldsymbol{J}_i \right) - \frac{1}{T} \int_V \mathrm{d}V \left(\sum_{j=1}^{r} J_j \sum_{i=1}^{n} \sum_{k=1}^{n} \nu_{ij} \frac{\partial \mu_i}{\partial \rho_k} \frac{\partial \rho_k}{\partial t} \right) \\ &= -\frac{1}{T} \int_V \mathrm{d}V \sum_{i=1}^{n} \sum_{k=1}^{n} \frac{\partial \mu_i}{\partial \rho_k} \frac{\partial \rho_k}{\partial t} \left(-\nabla \cdot \boldsymbol{J}_i + \sum_{j=1}^{n} \nu_{ij} j_j \right) \\ &= -\frac{1}{T} \int_V \mathrm{d}V \sum_{i=1}^{n} \sum_{k=1}^{n} \frac{\partial \mu_i}{\partial \rho_k} \frac{\partial \rho_k}{\partial t} \frac{\partial \rho_i}{\partial t} \end{aligned} \tag{6.30}$$

后一步利用了反应–扩散方程

$$\frac{\partial \rho_i}{\partial t} = -\nabla \cdot \boldsymbol{J}_i + \sum_{j=1}^{r} \nu_{ij} j_j$$

在平衡态保持稳定的条件中，可以证明体系对组元浓度涨落的稳定性条件为

$$\sum_{i=1}^{n} \sum_{k=1}^{n} \frac{\partial \mu_i}{\partial \rho_k} \delta \rho_i \delta \rho_k > 0 \tag{6.31}$$

利用局部平衡假设和式 (6.28)，可知式 (6.27) 是常负的，即

$$\frac{\mathrm{d}_X P}{\mathrm{d}t} \leqslant 0 \tag{6.32}$$

式 (6.32) 并不要求力和流之间呈线性关系，所以它也适用于非线性区。其中等号对应于定态，式 (6.32) 称为一般发展判据。当线性条件满足时，由式 (6.29) 可回到最小熵增率原理，因此，可以看成最小熵增率原理的推广。

6.3.2 超熵增率

取 $\{\boldsymbol{J}_i^0\}$，$\{J_i\}$，$\{\mu_i^0\}$，$\{A_i^0\}$ 为定态时的流和力，定态时的组元变量为 $\{\rho_i^0\}$，其中 $i=1,2,\cdots,n; j=1,2,\cdots,r$，代入反应–扩散方程，得

$$\frac{\partial \rho_i^0}{\partial t}=-\nabla\cdot\boldsymbol{J}_i^0\left(\{\rho_k^0\}\right)+\sum_{j=1}^{r}\nu_{ij}j_j^0\left(\{\rho_k^0\}\right)=0 \tag{6.33}$$

将组分变量、流和力按定态展开，得

$$\rho_i=\rho_i^0+\delta\rho_i$$

$$\boldsymbol{J}_i=\boldsymbol{J}_i^0+\delta\boldsymbol{J}_i$$

$$j_j=j_j^0+\delta j_j$$

$$\mu_i=\mu_i^0+\delta\mu_i$$

$$A_j=A_j^0+\delta A_j$$

将上面各式代入式 (6. 23)，得

$$\begin{aligned}\frac{\mathrm{d}_X P}{\mathrm{d}t}&=\frac{1}{T}\int_V \mathrm{d}V\left[-\sum_{i=1}^{n}(\boldsymbol{J}_i^0+\delta\boldsymbol{J}_i)\cdot\nabla\frac{\partial}{\partial t}(\mu_i^0+\delta\mu_i)-\sum_{j=1}^{r}(j_j^0+\delta j_j)\frac{\partial}{\partial t}(A_j^0+\delta A_j)\right]\\&=\frac{1}{T}\int_V \mathrm{d}V\left[-\sum_{i=1}^{n}\boldsymbol{J}_i^0\cdot\nabla\frac{\partial\delta\mu_i}{\partial t}-\sum_{j=1}^{r}j_j^0\cdot\nabla\frac{\partial\delta A_j}{\partial t}\right.\\&\qquad\left.-\sum_{i=1}^{n}\delta\boldsymbol{J}_i\cdot\nabla\frac{\partial\delta\mu_i}{\partial t}-\sum_{j=1}^{r}\delta j_j\cdot\nabla\frac{\partial\delta A_j}{\partial t}\right]\\&=\frac{1}{T}\int_V \mathrm{d}V\left[-\sum_{i=1}^{n}\delta\boldsymbol{J}_i\cdot\nabla\frac{\partial\delta\mu_i}{\partial t}-\sum_{j=1}^{r}\delta j_j\cdot\nabla\frac{\partial\delta A_j}{\partial t}\right]\end{aligned} \tag{6.34}$$

在推导式 (6.34) 的过程中利用了定态条件

$$\frac{\partial\mu_i^0}{\partial t}=0,\quad \frac{\partial A_i^0}{\partial t}=0$$

最后一步利用了

$$\int_V \mathrm{d}V\left(-\sum_{i=1}^{n}\boldsymbol{J}_i^0\cdot\nabla\frac{\partial\delta\mu_i}{\partial t}-\sum_{j=1}^{r}j_j^0\cdot\nabla\frac{\partial\delta A_j}{\partial t}\right)=0 \tag{6.35}$$

这里只要进行一次部分积分并利用定态条件即可得到。

将式 (6.34) 两边乘以 $\mathrm{d}t$，并将力和流用一般符号表示，考虑到温度 T 总为正，则得

$$\mathrm{d}_X P = \mathrm{d}_X \delta P = \int_V \mathrm{d}V \sum_{i=1}^{n} \delta J_i \mathrm{d}\delta X_i \leqslant 0 \tag{6.36}$$

式 (6.36) 表明，在定态附近展开 ρ_i，$\boldsymbol{J}_i$，J_j，μ_i，A_j 等非平衡态热力学量，并取一级近似时，$\mathrm{d}_X P = \mathrm{d}_X \delta P$。

若体系偏离定态很小，则

$$\left|\frac{\delta J_i}{J_i^0}\right| \ll 1, \left|\frac{\delta X_i}{X_i^0}\right| \ll 1 \tag{6.37}$$

将流在定态附近作泰勒展开，取一级近似，有

$$\delta J_i = \sum_{k=1}^{n} \left(\frac{\partial J_i}{\partial X_k}\right)_0 \delta X_k = \sum_{k=1}^{n} L_{ik} \delta X_k \tag{6.38}$$

其中

$$L_{ik} = \left(\frac{\partial J_i}{\partial X_k}\right)_0$$

在非线性区域唯象系数不服从昂萨格关系，即

$$L_{ik} \neq L_{ki}$$

唯象系数矩阵不是对称的。但可以把它分解为对称部分 L_{ik}^{s} 和反对称部分 L_{ik}^{a}，即

$$\begin{aligned} L_{ik} &= \frac{L_{ik}+L_{ki}}{2} + \frac{L_{ik}-L_{ki}}{2} \\ &= L_{ik}^{\mathrm{s}} + L_{ik}^{\mathrm{a}} \end{aligned} \tag{6.39}$$

其中

$$L_{ik}^{\mathrm{s}} = \frac{L_{ik}+L_{ki}}{2} \tag{6.40}$$

$$L_{ik}^{\mathrm{a}} = \frac{L_{ik}-L_{ki}}{2} \tag{6.41}$$

将式 (6.38) 和式 (6.39) 代入式 (6.36)，得

$$\begin{aligned} \mathrm{d}_X P &= \int_V \mathrm{d}V \sum_{i=1}^{n} \sum_{k=1}^{n} L_{ik} \delta X_k \mathrm{d}\delta X_i \\ &= \int_V \mathrm{d}V \sum_{i=1}^{n} \sum_{k=1}^{n} L_{ik}^{\mathrm{s}} \delta X_k \mathrm{d}\delta X_i + \int_V \mathrm{d}V \sum_{i=1}^{n} \sum_{k=1}^{n} L_{ik}^{\mathrm{a}} \delta X_k \mathrm{d}\delta X_i \end{aligned} \tag{6.42}$$

右边第一个积分为

$$\begin{aligned}\int_V \mathrm{d}V\sum_{i=1}^{n}\sum_{k=1}^{n}L_{ik}^{\mathrm{s}}\delta X_k\mathrm{d}\delta X_i &= \int_V \mathrm{d}V\frac{1}{2}\mathrm{d}\left(\sum_{i=1}^{n}\sum_{k=1}^{n}L_{ik}^{\mathrm{s}}\delta X_k\delta X_i\right)\\ &= \int_V \mathrm{d}V\frac{1}{2}\mathrm{d}\left(\sum_{i=1}^{n}\sum_{k=1}^{n}L_{ik}\delta X_k\delta X_i\right)\\ &= \mathrm{d}\frac{1}{2}\int_V \mathrm{d}V\sum_{i=1}^{n}\delta J_i\delta X_i\end{aligned}\tag{6.43}$$

式中后面第二步利用了式 (6.38)。将式 (6.43) 代入式 (6.42)，得

$$\mathrm{d}_X P = \mathrm{d}\frac{1}{2}\int_V \sum_{i=1}^{n}\delta J_k\delta X_i + \int_V \mathrm{d}V\sum_{i=1}^{n}\sum_{k=1}^{n}L_{ik}^{a}\delta X_k\delta X_i \tag{6.44}$$

定义

$$\begin{aligned}\delta_X P &= \int_V \mathrm{d}V\sum_{i=1}^{n}J_i\delta X_i\\ &= \int_V \mathrm{d}V\sum_{i=1}^{n}J_i^0\delta X_i + \int_V \mathrm{d}V\sum_{i=1}^{n}\delta J_i\delta X_i\\ &= \int_V \mathrm{d}V\sum_{i=1}^{n}\delta J_i\delta X_i\end{aligned}\tag{6.45}$$

为超熵增率，δJ_i 和 δX_i 分别为超流和超力，其中

$$\int_V \mathrm{d}V\sum_{i=1}^{n}J_i^0\delta X_i = 0$$

则式 (6.44) 可以写为

$$\mathrm{d}_X P = \mathrm{d}\frac{1}{2}\delta_X P + \int_V \mathrm{d}V\sum_{i=1}^{n}\sum_{k=1}^{n}L_{ik}^{a}\delta X_k\delta X_i \leqslant 0 \tag{6.46}$$

当体系中的反对称系数 $L_{ik}^{a}=0$ 时，则

$$\mathrm{d}_X P = \mathrm{d}\frac{1}{2}\delta_X P = \frac{1}{2}\mathrm{d}\delta_X P \tag{6.47}$$

根据一般发展判据式，由式 (6.47) 得

$$\frac{\mathrm{d}\delta_X P}{\mathrm{d}t} \leqslant 0 \tag{6.48}$$

如果 $\delta_X P \geqslant 0$，则 $\delta_X P$ 具有与近平衡体系的熵增率 P 类似的行为。非平衡定态将是渐进稳定的。然而，由 $\delta_X P$ 的表达式 (6.45) 可见，$\sum\limits_{k=1}^{n} \delta J_k \delta X_k$ 不总是正的。在一般情况下，反对称系数也不一定为零。因此，远离平衡体系的定态的稳定性会呈现出各种复杂的情况。

6.3.3　远离平衡体系状态的稳定性——耗散结构

若体系的状态对定态的偏离很小，则可以把熵 S 和熵增率 P 在定态附近展开，得

$$S = S^0 + \delta S + \frac{1}{2}\delta^2 S + \cdots \tag{6.49}$$

$$P = P^0 + \delta P + \frac{1}{2}\delta^2 P + \cdots \tag{6.50}$$

式中

$$S^0 = S\left(\{\rho_i^0\}\right) \tag{6.51}$$

$$P^0 = \int_V \mathrm{d}V \sum_{k=1}^{n} J_i^0 X_i^0 \tag{6.52}$$

分别是定态的熵和熵增率，在恒温、恒压的条件下，其他项为

$$\begin{aligned} \delta S &= \int_V \mathrm{d}V \sum_{i=1}^{n} \left(\frac{\partial S}{\partial \rho_i}\right)_0 \delta\rho_i \\ &= -\frac{1}{T}\int_V \mathrm{d}V \sum_{i=1}^{n} \mu_i^0 \delta\rho_i \end{aligned} \tag{6.53}$$

式 (6.53) 利用了

$$\left(\frac{\partial S}{\partial \rho_i}\right)_{T,p,c_{k(k\neq i)}} = \mu_i$$

$$\delta^2 S = -\frac{1}{T}\int_V \mathrm{d}V \sum_{i=1}^{n}\sum_{k=1}^{n} \left(\frac{\partial \mu_i}{\partial \rho_k}\right)_0 \delta\rho_i \delta\rho_k \tag{6.54}$$

$$\begin{aligned} \delta P &= \int_V \mathrm{d}V \sum_{i=1}^{n} \left(J_i^0 \delta X_i + X_i^0 \delta J_i\right) \\ &= \int_V \mathrm{d}V \sum_{i=1}^{n} X_i^0 \delta J_i \end{aligned} \tag{6.55}$$

$$\frac{1}{2}\delta^2 P = \int_V \mathrm{d}V \sum_{k=1}^{n} \delta J_i \delta X_i = \delta_X P \tag{6.56}$$

以上各式利用了局部平衡条件。由局部平衡条件，可得 $\delta^2 S$ 是负定的，即

$$\delta^2 S = -\frac{1}{T}\int_V \mathrm{d}V \sum_{i=1}^{n}\sum_{k=1}^{n}\left(\frac{\partial \mu_i}{\partial \rho_k}\right)_0 \delta\rho_i\delta\rho_k \leqslant 0 \tag{6.57}$$

将 $\delta^2 S$ 对时间求导，得

$$\frac{\mathrm{d}}{\mathrm{d}t}\frac{1}{2}\left(\delta^2 S\right) = -\frac{1}{T}\int_V \mathrm{d}V \sum_{i=1}^{n}\sum_{k=1}^{n}\left(\frac{\partial \mu_i}{\partial \rho_k}\right)_0 \delta\rho_k \frac{\partial \delta\rho_k}{\partial t} \tag{6.58}$$

其中

$$\frac{\partial \delta\rho_i}{\partial t} = -\nabla\cdot\delta\boldsymbol{J}_i + \sum_{j=1}^{r}\nu_{ij}\delta J_j \tag{6.59}$$

这是根据方程

$$\begin{aligned}\frac{\partial \rho_i}{\partial t} &= \frac{\partial}{\partial t}\left(\rho_i^0+\delta\rho_i\right)\\ &= -\nabla\cdot\left(\boldsymbol{J}_i^0+\delta\boldsymbol{J}_i\right) + \sum_{j=1}^{r}\nu_{ij}\left(j_j^0+\delta j_j\right)\end{aligned}$$

$$\frac{\partial \rho_i^0}{\partial t} = -\nabla\cdot\boldsymbol{J}_i^0 + \sum_{j=1}^{r}\nu_{ij}j_j^0$$

得到的。

将式 (6.59) 代入式 (6.58)，得

$$\begin{aligned}\frac{\mathrm{d}}{\mathrm{d}t}\frac{1}{2}\left(\delta^2 S\right) =& -\frac{1}{T}\int_V \mathrm{d}V\left[\sum_{i=1}^{n}\sum_{k=1}^{n}\left(\frac{\partial \mu_i}{\partial \rho_k}\right)_0 \delta\rho_k\left(-\nabla\cdot\delta\boldsymbol{J}_i+\sum_{j=1}^{r}\nu_{ij}\delta j_j\right)\right]\\ =&\frac{1}{T}\int_V \mathrm{d}V\left[\sum_{i=1}^{n}\sum_{k=1}^{n}\left(\frac{\partial \mu_i}{\partial \rho_k}\right)_0 \delta\rho_k\left(\nabla\cdot\delta\boldsymbol{J}_i\right)\right]\\ &-\frac{1}{T}\int_V \mathrm{d}V\left[\sum_{i=1}^{n}\sum_{k=1}^{n}\left(\frac{\partial \mu_i}{\partial \rho_k}\right)_0 \delta\rho_k\sum_{j=1}^{r}\nu_{ij}\delta j_j\right]\end{aligned} \tag{6.60}$$

将式 (6.60) 等号右边第一项求和作部分积分，得

$$\begin{aligned}&\frac{1}{T}\int_V \mathrm{d}V\left[\sum_{i=1}^{n}\sum_{k=1}^{n}\left(\frac{\partial \mu_i}{\partial \rho_k}\right)_0 \delta\rho_k\left(\nabla\cdot\delta\boldsymbol{J}_i\right)\right]\\ =&\frac{1}{T}\int_\Omega \mathrm{d}\boldsymbol{\Omega}\cdot\sum_{i=1}^{n}\sum_{k=1}^{n}\left(\frac{\partial \mu_i}{\partial \rho_k}\right)_0 \delta\rho_k\delta\boldsymbol{J}_i\end{aligned}$$

$$-\frac{1}{T}\int_V \mathrm{d}V\sum_{i=1}^{n}\sum_{k=1}^{n}\delta\boldsymbol{J}_i\cdot\nabla\left(\frac{\partial\mu_i}{\partial\rho_k}\right)_0\delta\rho_k \tag{6.61}$$

对于固定边界条件或恒流边界条件

$$\mathrm{d}\boldsymbol{\Omega}\cdot\delta\boldsymbol{J}_i=0$$

或

$$\delta\boldsymbol{J}_i=0$$

式 (6.61) 右边第一项面积分为零，所以式 (6.60) 成为

$$\begin{aligned}\frac{\mathrm{d}}{\mathrm{d}t}\frac{1}{2}\left(\delta^2S\right)=&-\frac{1}{T}\int_V \mathrm{d}V\left[\sum_{i=1}^{n}\sum_{k=1}^{n}\delta\boldsymbol{J}_i\cdot\nabla\left(\frac{\partial\mu_i}{\partial\rho_k}\right)_0\delta\rho_k\right]\\&-\frac{1}{T}\int_V \mathrm{d}V\left[\sum_{i=1}^{n}\sum_{k=1}^{n}\left(\frac{\partial\mu_i}{\partial\rho_k}\right)_0\delta\rho_k\sum_{j=1}^{r}\nu_{ij}\delta j_j\right]\\=&\int_V \mathrm{d}V\left[-\sum_{i=1}^{n}\delta\boldsymbol{J}_i\cdot\delta\left(\nabla\frac{\mu_i}{T}\right)-\sum_{j=1}^{n}\delta j_j\cdot\delta\left(\frac{A_j}{T}\right)\right]\end{aligned} \tag{6.62}$$

其中

$$\frac{1}{T}\sum_{k=1}^{n}\nabla\left(\frac{\partial\mu_i}{\partial\rho_k}\right)_0\delta\rho_k=\frac{1}{T}\nabla\delta\mu_i=\delta\left(\nabla\frac{\mu_i}{T}\right) \tag{6.63}$$

$$\begin{aligned}\frac{1}{T}\sum_{i=1}^{n}\sum_{k=1}^{n}\left(\frac{\partial\mu_i}{\partial\rho_k}\right)_0\delta\rho_k\sum_{j=1}^{r}\nu_{ij}\delta j_j&=\frac{1}{T}\sum_{i=1}^{n}\delta\mu_i\sum_{j=1}^{r}\nu_{ij}\delta j_j\\&=\frac{1}{T}\sum_{j=1}^{r}\delta A_j\delta j_j\\&=\sum_{j=1}^{r}\delta j_j\delta\left(\frac{A_j}{T}\right)\end{aligned} \tag{6.64}$$

将超流、超力分别统一写为 δJ_i 和 δX_i，则式 (6.62) 成为

$$\frac{\mathrm{d}}{\mathrm{d}t}\frac{1}{2}\left(\delta^2S\right)=\int_V \mathrm{d}V\sum_{i=1}^{n}\delta J_i\delta X_i=\delta_X P \tag{6.65}$$

可见，$\frac{1}{2}\left(\delta^2S\right)$ 对时间的导数正是超熵增率 $\delta_X P$。由于 $\delta_X P$ 的符号可正、可负或为零，所以 $\frac{\mathrm{d}}{\mathrm{d}t}\frac{1}{2}\left(\delta^2S\right)$ 也可正、可负或为零。在局部平衡的条件下，$\delta^2S\leqslant 0$，等号对应定态。据此，可以根据 $\frac{\mathrm{d}}{\mathrm{d}t}\frac{1}{2}\left(\delta^2S\right)$ 的符号来判断定态的稳定性。

由于扰动 (涨落) 使远离平衡的体系偏离定态，则有 $\delta^2 S < 0$，如果 $\frac{\mathrm{d}}{\mathrm{d}t}\frac{1}{2}(\delta^2 S) > 0$，则 $\delta^2 S$ 趋于零，体系将回到定态，这样的体系的定态是稳定的；相反，如果 $\frac{\mathrm{d}}{\mathrm{d}t}\frac{1}{2}(\delta^2 S) < 0$，则 $\delta^2 S$ 越来越负，体系将越来越偏离定态，这样的体系的定态是不稳定的；如果 $\frac{\mathrm{d}}{\mathrm{d}t}\frac{1}{2}(\delta^2 S) = 0$，则体系既不回到定态，也不进一步偏离定态，这样的体系处于临界状态。

上述讨论可以表示为

$$\delta_X P = \frac{\mathrm{d}}{\mathrm{d}t}\frac{1}{2}(\delta^2 S) > 0 \quad (\text{定态稳定})$$

$$\delta_X P = \frac{\mathrm{d}}{\mathrm{d}t}\frac{1}{2}(\delta^2 S) < 0 \quad (\text{定态不稳定})$$

$$\delta_X P = \frac{\mathrm{d}}{\mathrm{d}t}\frac{1}{2}(\delta^2 S) = 0 \quad (\text{定态处于临界状态})$$

$\delta^2 S$ 随时间 t 变化的三种情况如图 6.1 所示。其中，曲线 1 表示体系稳定，曲线 2 表示体系不稳定，曲线 3 表示体系处于临界状态。对于曲线 2 来说，当 $t < t_0$ 时，体系是稳定的，$\frac{\mathrm{d}}{\mathrm{d}t}\frac{1}{2}(\delta^2 S) > 0$(切线斜率为正值)；当 $t = t_0$ 时，体系处于临界状态，$\frac{\mathrm{d}}{\mathrm{d}t}\frac{1}{2}(\delta^2 S) = 0$(切线斜率为零)；当 $t > t_0$ 时，$\frac{\mathrm{d}}{\mathrm{d}t}\frac{1}{2}(\delta^2 S) < 0$(切线斜率为负值)，体系变得不稳定。在不稳定之上体系可呈现出新的时空有序结构，即所谓的耗散结构。这就从热力学角度论证了远离平衡的体系形成耗散结构的可能性。

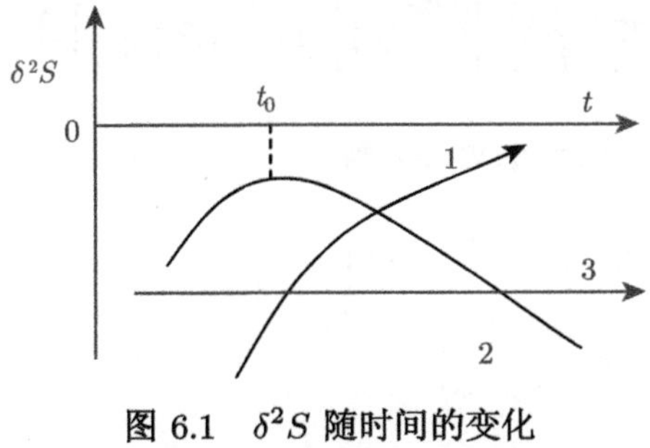

图 6.1 $\delta^2 S$ 随时间的变化

1：稳定；2：不稳定；3：临界

非平衡体系的微分方程解的多样性可用分支现象的语言描述。一个体系发生不可逆过程，由于某个参数 λ 的增长使体系离开平衡。λ 可以是边界上的某种梯度、化学反应能力等。体系中组元浓度 ρ_i 的变化如图 6.2 所示。在近平衡区，由于最小熵增率原理的限制，体系是稳定的，状态由曲线 a 描写，称为热力学分支。随着 λ 的继续增长并超过某一临界值 λ_c，状态由曲线 b 描写的热力学分支可能变得不稳定。在这种情况下，一个小的扰动就可以使体系离开这个分支，进入到新的稳定态。c 就是表示这样一个解，它对应一个有序结构，即耗散结构。

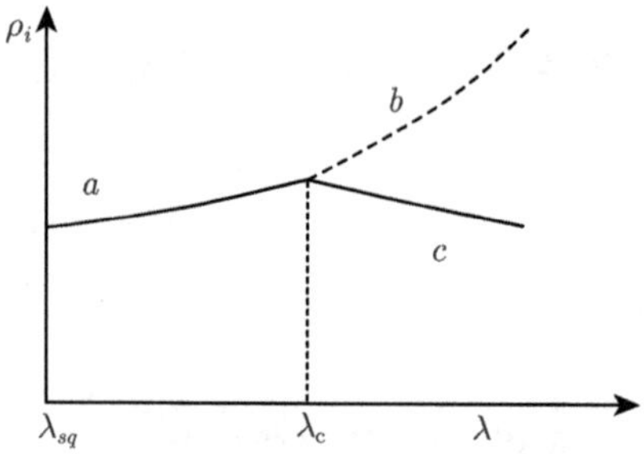

图 6.2　体系远离平衡时的分支现象

a：近平衡–热力学分支 (稳定)；b：热力学分支 (不稳定)；c：有序结构

6.4　体系定态稳定性判据的应用

6.4.1　只存在扩散的体系

对于只存在单一扩散的体系，有

$$\delta_X P = \frac{\mathrm{d}}{\mathrm{d}t}\frac{1}{2}\left(\delta^2 S\right) = \int_V \mathrm{d}V \delta \boldsymbol{J} \cdot \delta\left[-\nabla\left(\frac{\mu}{T}\right)\right] \tag{6.66}$$

扩散速度为

$$\boldsymbol{J} = -L_1\left[\nabla\left(\frac{\mu}{T}\right)\right] - L_2\left[\nabla\left(\frac{\mu}{T}\right)\right]\cdot\left[\nabla\left(\frac{\mu}{T}\right)\right]\boldsymbol{n} - L_3\left[\nabla\left(\frac{\mu}{T}\right)\right]\cdot\left[\nabla\left(\frac{\mu}{T}\right)\right]\cdot\left[\nabla\left(\frac{\mu}{T}\right)\right] + \cdots \tag{6.67}$$

将式 (6.67) 按定态展开，取一级近似，得

$$\delta\boldsymbol{J} = -L_1\delta\left[\nabla\left(\frac{\mu}{T}\right)\right] - 2L_2\left[\nabla\left(\frac{\mu}{T}\right)\right]_0\cdot\delta\left[\nabla\left(\frac{\mu}{T}\right)\right]\boldsymbol{n} - 3L_3\left[\nabla\left(\frac{\mu}{T}\right)\right]_0^2\delta\left[\nabla\left(\frac{\mu}{T}\right)\right]\cdots \tag{6.68}$$

取前两项，即

$$\delta\boldsymbol{J} = -L_1\delta\left[\nabla\left(\frac{\mu}{T}\right)\right] - 2L_2\left[\nabla\left(\frac{\mu}{T}\right)\right]_0\cdot\delta\left[\nabla\left(\frac{\mu}{T}\right)\right]\boldsymbol{n} \tag{6.69}$$

代入式 (6.66) 中，得

$$\begin{aligned}\delta_X P &= \frac{\mathrm{d}}{\mathrm{d}t}\frac{1}{2}\left(\delta^2 S\right)\\ &= \int_V \mathrm{d}V\left\{-L_1\delta\left[\nabla\left(\frac{\mu}{T}\right)\right] - 2L_2\left[\nabla\left(\frac{\mu}{T}\right)\right]_0\cdot\delta\left[\nabla\left(\frac{\mu}{T}\right)\right]\boldsymbol{n}\right\}\cdot\delta\left[\nabla\left(\frac{\mu}{T}\right)\right]\end{aligned}$$

$$= \int_V \mathrm{d}V \left\{ -L_1 - 2L_2 \left[\nabla \left(\frac{\mu}{T} \right) \right]_0 \cdot \boldsymbol{n} \right\} \left\{ \delta \left[\nabla \left(\frac{\mu}{T} \right) \right] \right\}^2 \tag{6.70}$$

由

$$\begin{aligned} \boldsymbol{J}_0 &= -L_1 \left[\nabla \left(\frac{\mu}{T} \right) \right]_0 - L_2 \left[\nabla \left(\frac{\mu}{T} \right) \right]_0^2 \cdot \boldsymbol{n} \\ &= \left\{ -L_1 - L_2 \left[\nabla \left(\frac{\mu}{T} \right) \right]_0 \cdot \boldsymbol{n} \right\} \left[\nabla \left(\frac{\mu}{T} \right) \right]_0 \\ &= 0 \end{aligned} \tag{6.71}$$

若

$$\left[\nabla \left(\frac{\mu}{T} \right) \right]_0 \neq 0 \tag{6.72}$$

则

$$-L_1 - L_2 \left[\nabla \left(\frac{\mu}{T} \right) \right]_0 \cdot \boldsymbol{n} = 0 \tag{6.73}$$

所以

$$-L_1 - 2L_2 \left[\nabla \left(\frac{\mu}{T} \right) \right]_0 \cdot \boldsymbol{n} \neq 0 \tag{6.74}$$

而式 (6.70) 中

$$\left\{ \delta \left[\nabla \left(\frac{\mu}{T} \right) \right] \right\}^2 > 0 \tag{6.75}$$

所以

$$\delta_X P = \frac{\mathrm{d}}{\mathrm{d}t} \frac{1}{2} (\delta^2 S) \neq 0 \tag{6.76}$$

这样，体系的定态有三种情况：

$-L_1 - 2L_2 \left[\nabla \left(\frac{\mu}{T} \right) \right]_0 \cdot \boldsymbol{n} > 0$ (稳定)

$-L_1 - 2L_2 \left[\nabla \left(\frac{\mu}{T} \right) \right]_0 \cdot \boldsymbol{n} = 0$ (临界状态)

$-L_1 - 2L_2 \left[\nabla \left(\frac{\mu}{T} \right) \right]_0 \cdot \boldsymbol{n} < 0$ (不稳定)

由式 (6.76) 可知第二种情况不存在，对于其他两种情况，可由具体体系计算得到。

若

$$\left[\nabla \left(\frac{\mu}{T} \right) \right]_0 = 0 \tag{6.77}$$

则

$$-L_1 - 2L_2 \left[\nabla \left(\frac{\mu}{T} \right) \right]_0 = -L_1 > 0 \tag{6.78}$$

$$\delta_X P = \frac{\mathrm{d}}{\mathrm{d}t} \frac{1}{2} (\delta^2 S)$$

$$= -\int_V \mathrm{d}V L_1 \left\{\delta\left[\nabla\left(\frac{\mu}{T}\right)\right]\right\}^2 > 0 \tag{6.79}$$

体系的定态稳定的。

对于

$$\delta \boldsymbol{J} = -L_1\delta\left[\nabla\left(\frac{\mu}{T}\right)\right] - 2L_2\left[\nabla\left(\frac{\mu}{T}\right)\right]_0\delta\left[\nabla\left(\frac{\mu}{T}\right)\right]\cdot\boldsymbol{n} - 3L_3\left[\nabla\left(\frac{\mu}{T}\right)\right]_0^2\delta\left[\nabla\left(\frac{\mu}{T}\right)\right] \tag{6.80}$$

或更多项展开式的情况可作相同的讨论。

6.4.2　只存在单一化学反应的体系

对于只存在单一化学反应的体系

$$\begin{aligned}\delta_X P &= \frac{\mathrm{d}}{\mathrm{d}t}\frac{1}{2}\left(\delta^2 S\right)\\ &= \int_V \mathrm{d}V \delta J \delta\left(\frac{A}{T}\right)\end{aligned} \tag{6.81}$$

化学反应速率为

$$J = -l_1\left(\frac{A}{T}\right) - l_2\left(\frac{A}{T}\right)^2 - l_3\left(\frac{A}{T}\right)^3 - \cdots \tag{6.82}$$

将式 (6.82) 按定态展开, 取一级近似, 得

$$\delta J = -l_1\delta\left(\frac{A}{T}\right) - 2l_2\left(\frac{A}{T}\right)_0\delta\left(\frac{A}{T}\right) - 3l_3\left(\frac{A}{T}\right)_0^2\delta\left(\frac{A}{T}\right) - \cdots \tag{6.83}$$

取前两项，即

$$\delta J = -l_1\delta\left(\frac{A}{T}\right) - 2l_2\left(\frac{A}{T}\right)_0\delta\left(\frac{A}{T}\right) \tag{6.84}$$

代入式 (6.81)，得

$$\begin{aligned}\delta_X P &= \frac{\mathrm{d}}{\mathrm{d}t}\frac{1}{2}\left(\delta^2 S\right)\\ &= \int_V \mathrm{d}V\left[-l_1\delta\left(\frac{A}{T}\right) - 2l_2\left(\frac{A}{T}\right)_0\delta\left(\frac{A}{T}\right)\right]\delta\left(\frac{A}{T}\right)\\ &= \int_V \mathrm{d}V\left[-l_1 - 2l_2\left(\frac{A}{T}\right)_0\right]\left[\delta\left(\frac{A}{T}\right)\right]^2\end{aligned} \tag{6.85}$$

由

$$J_0 = -l_1\left(\frac{A}{T}\right)_0 - l_2\left(-\frac{A}{T}\right)_0^2 = 0 \tag{6.86}$$

可知若

$$\left(\frac{A}{T}\right)_0 = 0 \tag{6.87}$$

则

$$-l_1 - l_2 \left(\frac{A}{T}\right)_0 = -l_1 > 0 \tag{6.88}$$

所以

$$-l_1 - 2l_2 \left(\frac{A}{T}\right)_0 = -l_1 > 0 \tag{6.89}$$

所以

$$\delta_X P = \frac{\mathrm{d}}{\mathrm{d}t}\frac{1}{2}\left(\delta^2 S\right) = -\int_V \mathrm{d}V l_1 \left[\delta\left(\frac{A}{T}\right)\right]^2 > 0 \tag{6.90}$$

体系的定态是稳定的。

对于

$$\delta J = -l_1 \delta\left(\frac{A}{T}\right) - 2l_2 \left(\frac{A}{T}\right)_0 \delta\left(\frac{A}{T}\right) - 3l_3 \left(\frac{A}{T}\right)_0^2 \delta\left(\frac{A}{T}\right) \tag{6.91}$$

或更多项展开式的情况，可作相同的讨论.

若

$$\left(\frac{A}{T}\right)_0 \neq 0 \tag{6.92}$$

则

$$-l_1 - l_2 \left(\frac{A}{T}\right)_0 = 0 \tag{6.93}$$

所以

$$-l_1 - 2l_2 \left(\frac{A}{T}\right)_0 \neq 0 \tag{6.94}$$

而式 (6.85) 中

$$\left[\delta\left(\frac{A}{T}\right)\right]^2 > 0$$

故式 (6.85) 可化为

$$\delta_X P = \frac{\mathrm{d}}{\mathrm{d}t}\frac{1}{2}\left(\delta^2 S\right) = \int_V \mathrm{d}V \left[-l_1 - 2l_2 \left(\frac{A}{T}\right)_0\right] \left[\delta\left(\frac{A}{T}\right)\right]^2 \neq 0 \tag{6.95}$$

体系的定态有三种情况:

$-l_1 - 2l_2 \left(\frac{A}{T}\right)_0 > 0$ (稳定)

$$-l_1-2l_2\left(\frac{A}{T}\right)_0=0\quad(\text{临界状态})$$

$$-l_1-2l_2\left(\frac{A}{T}\right)_0<0\quad(\text{不稳定})$$

由式 (6.94) 可知第二种情况不存在，对于其他两种情况，可由具体体系计算得到。

6.4.3 既有扩散又有单一化学反应的体系

对于既有扩散又有单一化学反应的体系：

$$\begin{aligned}\delta_X P&=\frac{\mathrm{d}}{\mathrm{d}t}\frac{1}{2}\left(\delta^2 S\right)\\&=\int_V \mathrm{d}V\delta\boldsymbol{J}\cdot\delta\left[\nabla\left(\frac{\mu}{T}\right)\right]+\int_V \mathrm{d}V\delta\boldsymbol{J}\delta\left(\frac{A}{T}\right)\\&=\int_V \mathrm{d}V\left\{\delta\boldsymbol{J}\cdot\delta\left[\nabla\left(\frac{\mu}{T}\right)\right]+\delta J\delta\left(\frac{A}{T}\right)\right\}\end{aligned}\tag{6.96}$$

扩散速度由式 (6.67) 表示，化学反应速率由式 (6.82) 表示。$\delta\boldsymbol{J}$ 和 δJ 分别由式 (6.68) 和式 (6.83) 表示。

其中

$$L_1>0,\quad l_1>0$$

$$L_1\delta\left[\nabla\left(\frac{\mu}{T}\right)\right]^2>0,\quad -l_1\delta\left(\frac{A}{T}\right)^2>0$$

所以

$$\delta_X P=\frac{\mathrm{d}}{\mathrm{d}t}\frac{1}{2}\left(\delta^2 S\right)>0\tag{6.97}$$

体系定态是稳定的。

扩散速度增量取前一项，化学反应速率增量取前两项，代入式 (6.96)，得

$$\begin{aligned}\delta_X P&=\frac{\mathrm{d}}{\mathrm{d}t}\frac{1}{2}\left(\delta^2 S\right)\\&=\int_V \mathrm{d}V\left\{-L_1\left[\delta\left[\nabla\left(\frac{\mu}{T}\right)\right]\right]^2-l_1\left[\delta\left(\frac{A}{T}\right)\right]^2-2l_2\left(\frac{A}{T}\right)_0\left[\delta\left(\frac{A}{T}\right)\right]^2\right\}\\&=\int_V \mathrm{d}V\left\{-L_1\left[\delta\left[\nabla\left(\frac{\mu}{T}\right)\right]\right]^2+\left[-l_1-2l_2\left(\frac{A}{T}\right)_0\right]\left[\delta\left(\frac{A}{T}\right)\right]^2\right\}\end{aligned}\tag{6.98}$$

如前讨论，式中

$$L_1>0,\quad\left\{\delta\left[\nabla\left(\frac{\mu}{T}\right)\right]\right\}^2>0$$

若

$$\left(\frac{A}{T}\right)_0 = 0 \tag{6.99}$$

则

$$-l_1 - 2l_2\left(\frac{A}{T}\right)_0 = -l_1 > 0 \tag{6.100}$$

$$\begin{aligned}\delta_X P &= \frac{\mathrm{d}}{\mathrm{d}t}\frac{1}{2}(\delta^2 S) \\ &= \int_V \mathrm{d}V\left\{-L_1\left[\delta\left[\nabla\left(\frac{\mu}{T}\right)\right]\right]^2 - l_1\left[\delta\left(\frac{A}{T}\right)\right]^2\right\} > 0\end{aligned} \tag{6.101}$$

体系的定态是稳定的。

对于取

$$\delta J = -l_1\delta\left(\frac{A}{T}\right) - 2l_2\left(\frac{A}{T}\right)_0\delta\left(\frac{A}{T}\right) - 3l_3\left(\frac{A}{T}\right)_0^2\delta\left(\frac{A}{T}\right)$$

或更多项展开式的情况，可作相同的讨论。

若

$$\left(\frac{A}{T}\right)_0 \neq 0 \tag{6.102}$$

则

$$-l_1 - 2l_2\left(\frac{A}{T}\right)_0 \neq 0 \tag{6.103}$$

而

$$\left[\delta\left(\frac{A}{T}\right)\right]^2 > 0$$

所以

$$\begin{aligned}\delta_X P &= \frac{\mathrm{d}}{\mathrm{d}t}\frac{1}{2}(\delta^2 S) \\ &= \int_V \mathrm{d}V\left\{-L_1\left[\delta\left[\nabla\left(\frac{\mu}{T}\right)\right]\right]^2 - l_1\left[\delta\left(\frac{A}{T}\right)\right]^2\right\} \\ &\neq 0\end{aligned} \tag{6.104}$$

若

$$-l_1 - 2l_2\left(\frac{A}{T}\right)_0 > 0 \tag{6.105}$$

则

$$\begin{aligned}\delta_X P &= \frac{\mathrm{d}}{\mathrm{d}t}\frac{1}{2}\left(\delta^2 S\right)\\ &= \int_V \mathrm{d}V \left\{-L_1\left[\delta\left[\nabla\left(\frac{\mu}{T}\right)\right]\right]^2 - \left[l_1 + 2l_2\left(\frac{A}{T}\right)_0\right]\left[\delta\left(\frac{A}{T}\right)\right]^2\right\} > 0 \end{aligned} \tag{6.106}$$

体系是稳定的。

据式 (6.105)，若

$$-l_1 - 2l_2\left(\frac{A}{T}\right)_0 < 0 \tag{6.107}$$

则 $\delta_X P = \frac{\mathrm{d}}{\mathrm{d}t}\frac{1}{2}(\delta^2 S)$ 的正负由

$$-L_1\left[\delta\left[\nabla\left(\frac{\mu}{T}\right)\right]\right]^2 - \left[l_1 + 2l_2\left(\frac{A}{T}\right)_0\right]\left[\delta\left(\frac{A}{T}\right)\right]^2 \tag{6.108}$$

决定。

如果

$$-L_1\left[\delta\left[\nabla\left(\frac{\mu}{T}\right)\right]\right]^2 - \left[l_1 + 2l_2\left(\frac{A}{T}\right)_0\right]\left[\delta\left(\frac{A}{T}\right)\right]^2 > 0 \tag{6.109}$$

即

$$-L_1\left[\delta\left[\nabla\left(\frac{\mu}{T}\right)\right]\right]^2 > \left[l_1 + 2l_2\left(\frac{A}{T}\right)_0\right]\left[\delta\left(\frac{A}{T}\right)\right]^2$$

则

$$\delta_X P = \frac{\mathrm{d}}{\mathrm{d}t}\frac{1}{2}\left(\delta^2 S\right) > 0 \tag{6.110}$$

体系定态稳定。

如果

$$-L_1\left[\delta\left[\nabla\left(\frac{\mu}{T}\right)\right]\right]^2 - \left[l_1 + 2l_2\left(\frac{A}{T}\right)_0\right]\left[\delta\left(\frac{A}{T}\right)\right]^2 = 0 \tag{6.111}$$

即

$$-L_1\left[\delta\left[\nabla\left(\frac{\mu}{T}\right)\right]\right]^2 = \left[l_1 + 2l_2\left(\frac{A}{T}\right)_0\right]\left[\delta\left(\frac{A}{T}\right)\right]^2$$

则

$$\begin{aligned}\delta_X P &= \frac{\mathrm{d}}{\mathrm{d}t}\frac{1}{2}\left(\delta^2 S\right)\\ &= \int_V \mathrm{d}V \left\{-L_1\left[\delta\left[\nabla\left(\frac{\mu}{T}\right)\right]\right]^2 - \left[l_1 + 2l_2\left(\frac{A}{T}\right)_0\right]\left[\delta\left(\frac{A}{T}\right)\right]^2\right\} = 0 \end{aligned} \tag{6.112}$$

体系处于临界状态。

如果

$$-L_1\left[\delta\left[\nabla\left(\frac{\mu}{T}\right)\right]\right]^2-\left[l_1+2l_2\left(\frac{A}{T}\right)_0\right]\left[\delta\left(\frac{A}{T}\right)\right]^2<0 \tag{6.113}$$

即

$$-L_1\left[\delta\left[\nabla\left(\frac{\mu}{T}\right)\right]\right]^2<\left[l_1+2l_2\left(\frac{A}{T}\right)_0\right]\left[\delta\left(\frac{A}{T}\right)\right]^2$$

则

$$\begin{aligned}\delta_X P&=\frac{\mathrm{d}}{\mathrm{d}t}\frac{1}{2}\left(\delta^2 S\right)\\&=\int_V \mathrm{d}V\left\{-L_1\left[\delta\left[\nabla\left(\frac{\mu}{T}\right)\right]\right]^2-\left[l_1+2l_2\left(\frac{A}{T}\right)_0\right]\left[\delta\left(\frac{A}{T}\right)\right]^2\right\}<0\end{aligned} \tag{6.114}$$

体系定态不稳定。

6.5 非平衡体系发生不可逆过程的稳定和失稳的判定

非平衡非线性热力学理论给出了远离平衡体系形成有序结构 —— 耗散结构的可能性。而对于一个具体体系，则需要进行具体分析，得到具体的稳定性判据、产生有序结构的条件以及有序结构的具体形式。

为了简化，通常研究只包括化学反应和扩散过程的体系，其方程即为反应–扩散方程

$$\frac{\partial\rho_i}{\partial t}=-\nabla\cdot\boldsymbol{J}_i+\sum_{j=1}^{r}\nu_{ij}J_j\quad(i=1,2,\cdots,n) \tag{6.115}$$

式中，ρ_i 为描述体系瞬时状态的宏观变量。例如，反应体系中组元的浓度，$\boldsymbol{J}_i$ 和 J_j 都可能是 $\{\rho_k\}$ 的非线性函数。因此，式 (6.115) 一般是非线性的偏微分方程组。按照偏微分方程组的分类方法，式 (6.115) 中包括一阶时间导数和二阶空间导数，属于抛物线型方程。由于该方程中有非线性项，对其求解很困难，只能给出近似解。

除上述反应–扩散方程外，还必须给出体系的边界条件。这些边界条件表明了体系与外界环境之间的关系。在实际应用中主要涉及两类边界条件。

第一类边界条件是在边界面上组元的浓度保持恒定，即

$$\{\rho_1,\rho_2,\cdots,\rho_n\}^{\Omega}=\text{常数} \tag{6.116}$$

这类边界条件称为固定边界条件或狄里赫利 (Dirichlet) 条件。

第二类边界条件是通过边界面的流保持恒定。由于流正比于浓度梯度，这类边界条件为

$$\{\boldsymbol{n}\cdot\nabla\rho_1,\boldsymbol{n}\cdot\nabla\rho_2,\cdots,\boldsymbol{n}\cdot\nabla\rho_n\}^{\Omega}=\text{常数} \tag{6.117}$$

式中，$\boldsymbol{n}$ 为边界面的单位矢量。这类边界条件也称为冯 · 诺依曼 (Von Neumann) 条件。如果式 (6.117) 中的常数为零，则体系与外界无物质流的交换，这时称为零流边界条件。

如果一个体系发生的不可逆过程可以用一组反应–扩散方程及边界条件和初始条件描述，那么体系发展的一切宏观行为原则上就可以通过求解这组微分方程得到。但是，由于非线性偏微分方程的严格求解极为困难，因此，目前对于这类方程的分析主要通过一些近似方程实现。微分方程的稳定性理论和分岔理论是研究这类方程解的特性的有力工具。稳定性理论可以给出体系状态失稳的条件以及体系失稳后可能出现的新状态。分岔理论在稳定性分析的基础上进一步确定在一定控制条件下分岔的数目及分岔解的具体形式。

第 7 章　不连续体系的守恒定律和唯象方程

前面章节所研究的体系的状态变量都是空间坐标和时间变量的连续函数，这类体系称为连续体系。此外，还存在一类体系，它是由性质完全不同的若干子体系相连，每个子体系内部都是各向同性的，且是均匀的。从一个子体系到另一个子体系性质发生突变，是不连续的。两个子体系之间可以由小孔、毛细管或薄膜相连。小孔、毛细管、薄膜的尺度应大于分子的平均自由程，小孔、毛细管、薄膜也可看成子体系，但这种子体系是不均匀的。两个子体系也可以直接相连。这些子体系构成的封闭体系的整体称为不连续体系。

7.1　守 恒 定 律

用 α 表示子体系，$\alpha=$ Ⅰ，Ⅱ，Ⅲ，其中Ⅰ和Ⅱ表示两个大的子体系，Ⅲ表示小孔、毛细管或薄膜，其尺寸大于分子的平均自由能。

描述不连续体系内发生的现象的定律由表征体系状态的变量表示。体系的某个总量 $F^{\alpha}(t)$ 可由局部量对体系的积分求得，即

$$F^{\alpha}(t)=\int_{V^{\alpha}(t)}f(\boldsymbol{r};t)\mathrm{d}V\quad(\alpha=\mathrm{I},\mathrm{II},\mathrm{III})\tag{7.1}$$

由于子体系Ⅰ，Ⅱ是均匀的，所以在子体系Ⅰ、Ⅱ中 f 与 $\boldsymbol{r}$ 无关，子体系Ⅲ是不均匀的，但与 F^{I} 和 F^{II} 相比，F^{III} 对时间的依赖可以忽略，即将其看成“准恒定状态”。概括上述情况，有

$$f\neq f(\boldsymbol{r}),F^{\alpha}=F^{\alpha}(t)\quad(\alpha=\mathrm{I},\mathrm{II})\tag{7.2}$$

$$f=f(\boldsymbol{r}),\quad F^{\mathrm{III}}=\text{常数},\quad V^{\mathrm{III}}<V^{\mathrm{I}},V^{\mathrm{II}}\tag{7.3}$$

不连续体系及其子体系如图 7.1 所示。每个子体系的表面积为

$$\Omega^{\alpha}=\theta^{\alpha}+\omega^{\alpha}\quad(\alpha=\mathrm{I},\mathrm{II},\mathrm{III}))\tag{7.4}$$

其中，θ^{α} 为器壁表面积；ω^{α} 为内表面积，即Ⅰ－Ⅲ，Ⅱ－Ⅲ的界面面积，且有

$$\omega^{\mathrm{III}}=\omega^{\mathrm{I}}+\omega^{\mathrm{II}}\tag{7.5}$$

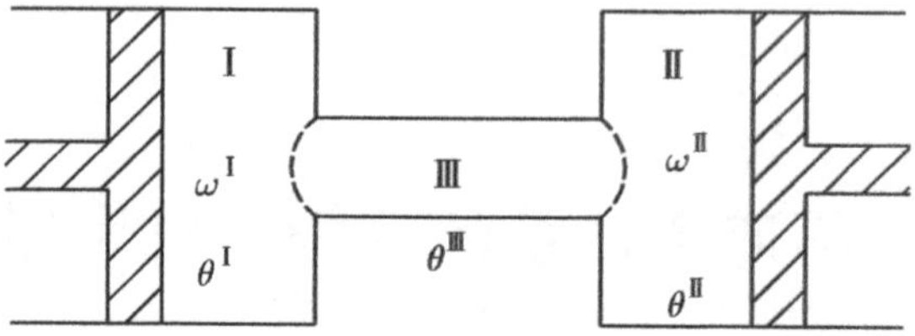

图 7.1　不连续体系

以 $\boldsymbol{v}_\Omega$ 表示表面速度，对于子体系Ⅰ和Ⅱ，有以下边界条件：

在 θ^α 处

$$\boldsymbol{v} = \boldsymbol{v}_i = \boldsymbol{v}_\Omega \quad (i = 1, 2, \cdots, n) \tag{7.6}$$

在 ω^α 处 ($\alpha =$ Ⅰ，Ⅱ)

$$\boldsymbol{v}_\Omega = 0 \tag{7.7}$$

对于子体系Ⅲ，有以下边界条件：

在 θ^{III} 处

$$\boldsymbol{v} = \boldsymbol{v}_i = \boldsymbol{v}_\Omega = 0 \quad (i = 1, 2, \cdots, n) \tag{7.8}$$

$$\boldsymbol{J}_q = 0 \tag{7.9}$$

式中，$\boldsymbol{J}_q$ 为垂直于表面的热流。

在 ω^{III} 处

$$\boldsymbol{v}_\Omega = 0 \tag{7.10}$$

将式 (7.1) 对时间求导，得

$$\begin{aligned}\frac{\mathrm{d}F(t)}{\mathrm{d}t} &= \frac{\mathrm{d}}{\mathrm{d}t}\int_{V(t)} f(\boldsymbol{r};t)\mathrm{d}V \\ &= \int_{V(t)} \frac{\partial f(\boldsymbol{r};t)}{\partial t}\mathrm{d}V + \int_{\Omega(t)} f(\boldsymbol{r};t)\boldsymbol{v}_\Omega(\boldsymbol{r};t)\cdot \mathrm{d}\boldsymbol{\Omega}\end{aligned} \tag{7.11}$$

7.1.1　质量守恒

子体系Ⅰ，Ⅱ或Ⅲ中的组元 i 的质量为

$$W_i^\alpha = \int_{V^\alpha} \rho_i \mathrm{d}V \quad (i = 1, 2, \cdots, n; \alpha = \text{Ⅰ}, \text{Ⅱ}, \text{Ⅲ}) \tag{7.12}$$

由式 (7.11) 和式 (7.12)，得

$$\frac{\mathrm{d}W_i^\alpha}{\mathrm{d}t} = -\int_{\Omega^\alpha} \rho_i(\boldsymbol{v}_i - \boldsymbol{v}_\Omega)\cdot \mathrm{d}\boldsymbol{\Omega}^\alpha + \int_{V^\alpha}\sum_{j=1}^{r}\nu_{ij}J_j\mathrm{d}V \quad (\alpha = \text{Ⅰ}, \text{Ⅱ}, \text{Ⅲ}) \tag{7.13}$$

利用式 (7.2) ～式 (7.10)，由式 (7.13)，得

$$\frac{\mathrm{d}W_i^\alpha}{\mathrm{d}t}=-\int_{\omega^\alpha}\rho_i\boldsymbol{v}_i\cdot\mathrm{d}\boldsymbol{\Omega}^\alpha+\sum_{j=1}^r\nu_{ij}J_iV^\alpha\quad(\alpha=\mathrm{I},\mathrm{II})\tag{7.14}$$

$$\begin{aligned}\frac{\mathrm{d}W_i^{\mathrm{III}}}{\mathrm{d}t}&=-\int_{\omega^{\mathrm{III}}}\rho_i\boldsymbol{v}_i\cdot\mathrm{d}\boldsymbol{\Omega}^{\mathrm{III}}\\&=\sum_{\alpha=\mathrm{I}}^{\mathrm{II}}\int_{\omega^\alpha}\rho_i\boldsymbol{v}_i\cdot\mathrm{d}\boldsymbol{\Omega}^\alpha\\&=0\end{aligned}\tag{7.15}$$

令

$$\frac{\mathrm{d}_iW_i^\alpha}{\mathrm{d}t}=-\int_{\omega^\alpha}\rho_i\boldsymbol{v}_i\cdot\mathrm{d}\boldsymbol{\Omega}^\alpha\tag{7.16}$$

$$\frac{\mathrm{d}_cW_i^\alpha}{\mathrm{d}t}=\sum_{j=1}^r\frac{\mathrm{d}_cw_{ij}^\alpha}{\mathrm{d}t}\tag{7.17}$$

$$\frac{\mathrm{d}_cW_{ij}^\alpha}{\mathrm{d}t}=\nu_{ij}J_j^\alpha V^\alpha\quad(\alpha=\mathrm{I},\mathrm{II})\tag{7.18}$$

式中，$\mathrm{d}_iW_i^\alpha$ 为子体系 α 通过内表面积转移的量；$\mathrm{d}_cW_i^\alpha$ 为子体系 α 内由于发生 j 个化学反应引起组元 i 的改变量；$\mathrm{d}_cW_{ij}^\alpha$ 为子体系 α 内由第 j 个化学反应引起的组元 i 的改变量。

由式 (7.15) 和式 (7.16) 得到不连续体系的质量守恒定律为

$$\frac{\mathrm{d}_iW_i^{\mathrm{I}}}{\mathrm{d}t}+\frac{\mathrm{d}_iW_i^{\mathrm{II}}}{\mathrm{d}t}=0\tag{7.19}$$

式 (7.19) 表示子体系 I 减少的物质质量等于子体系 II 增加的物质质量，反之亦然。

将式 (7.18) 对 i 求和，由

$$\sum_{i=1}^n\nu_{ij}=0$$

得

$$\sum_{i=1}^n\frac{\mathrm{d}_cW_{ij}^\alpha}{\mathrm{d}t}=0\quad(j=1,2,\cdots,r;\alpha=\mathrm{I},\mathrm{II})\tag{7.20}$$

式 (7.20) 表示每种单个化学反应的质量是守恒的。

7.1.2 能量守恒

1. 动能

$$E_{\mathrm{k}}^{\alpha}=\int_{V^{\alpha}}\frac{1}{2}\rho\boldsymbol{v}^{2}\mathrm{d}V\quad(\alpha=\mathrm{I},\mathrm{II},\mathrm{III})\tag{7.21}$$

从式 (2.43) 和式 (7.11)，由式 (2.38)，忽略加速度的条件，并利用高斯定理得

$$\frac{\mathrm{d}E_{\mathrm{k}}^{\alpha}}{\mathrm{d}t}=-\int_{\Omega^{\alpha}}\frac{1}{2}\rho v^{2}(\boldsymbol{v}-\boldsymbol{v}_{\Omega})\cdot\mathrm{d}\boldsymbol{\Omega}^{\alpha}\quad(\alpha=\mathrm{I},\mathrm{II},\mathrm{III})\tag{7.22}$$

利用式 (7.3)，式 (7.6) ～式 (7.10)，可将式 (7.22) 化为

$$\frac{\mathrm{d}E_{\mathrm{k}}^{\alpha}}{\mathrm{d}t}=-\int_{\omega^{\alpha}}\frac{1}{2}\rho\boldsymbol{v}^{2}\boldsymbol{v}\cdot\mathrm{d}\boldsymbol{\Omega}^{\alpha}\quad(\alpha=\mathrm{I},\mathrm{II})\tag{7.23}$$

$$\frac{\mathrm{d}E_{\mathrm{k}}^{\mathrm{III}}}{\mathrm{d}t}=\sum_{\alpha=\mathrm{I}}^{\mathrm{II}}\int_{\omega^{\alpha}}\frac{1}{2}\rho\boldsymbol{v}^{2}\boldsymbol{v}\cdot\mathrm{d}\boldsymbol{\Omega}^{\alpha}=0\tag{7.24}$$

由式 (7.23)，式 (7.24) 得出

$$\frac{\mathrm{d}E_{\mathrm{k}}^{\mathrm{I}}}{\mathrm{d}t}+\frac{\mathrm{d}E_{\mathrm{k}}^{\mathrm{II}}}{\mathrm{d}t}=0\tag{7.25}$$

2. 势能

$$E_{\mathrm{p}}^{\alpha}=\int_{V^{\alpha}}\rho\varphi\mathrm{d}V\quad(\alpha=\mathrm{I},\mathrm{II},\mathrm{III})\tag{7.26}$$

其中

$$\rho\varphi=\sum_{i=1}^{n}\rho_{i}\varphi_{i}\tag{7.27}$$

并有

$$\boldsymbol{f}_{i}=-\nabla\varphi_{i}\tag{7.28}$$

将式 (7.26) 对时间求导，与式 (7.11) 比较，得

$$\begin{aligned}\frac{\mathrm{d}E_{\mathrm{p}}^{\alpha}}{\mathrm{d}t}&=\frac{\mathrm{d}}{\mathrm{d}t}\int_{V^{\alpha}}\rho\varphi\mathrm{d}V\\&=\int_{V^{\alpha}}\frac{\partial\rho\varphi}{\partial t}\mathrm{d}V+\int_{\Omega^{\alpha}}\rho\varphi v_{\Omega}\cdot\mathrm{d}\boldsymbol{\Omega}^{\alpha}\quad(\alpha=\mathrm{I},\mathrm{II},\mathrm{III})\end{aligned}\tag{7.29}$$

把式 (2.50) 代入式 (7.27)，并利用式 (2.23) 和式 (2.51) 及高斯定理，得

$$\frac{\mathrm{d}E_{\mathrm{p}}^{\alpha}}{\mathrm{d}t}=-\int_{\Omega^{\alpha}}\left[\left(\sum_{i=1}^{n}\varphi_{i}\rho_{i}\boldsymbol{v}_{i}\right)-\varphi\rho\boldsymbol{v}_{\Omega}\right]\cdot\mathrm{d}\boldsymbol{\Omega}^{\alpha}-\int_{V^{\alpha}}\sum_{i=1}^{n}\rho_{i}\boldsymbol{f}_{i}\cdot\boldsymbol{v}_{i}\mathrm{d}V\quad(\alpha=\mathrm{I},\mathrm{II},\mathrm{III})\tag{7.30}$$

由式 (7.2) ～式 (7.10)，式 (7.16)，式 (7.27)，式 (7.28) 得

$$\frac{\mathrm{d}E_{\mathrm{p}}^{\alpha}}{\mathrm{d}t}=-\int_{\Omega^{\alpha}}\sum_{i=1}^{n}\varphi_i\rho_i\boldsymbol{v}_i\cdot\mathrm{d}\boldsymbol{\Omega}^{\alpha}=\sum_{i=1}^{n}\varphi_i\frac{\mathrm{d}_iW_i^{\alpha}}{\mathrm{d}t}\quad(\alpha=\mathrm{I},\mathrm{II})\tag{7.31}$$

和

$$\begin{aligned}\frac{\mathrm{d}E_{\mathrm{p}}^{\mathrm{III}}}{\mathrm{d}t}&=\sum_{\alpha=\mathrm{I}}^{\mathrm{II}}\int_{\omega^{\alpha}}\sum_{i=1}^{n}\varphi_i\rho_i\boldsymbol{v}_i\cdot\mathrm{d}\boldsymbol{\Omega}^{\alpha}-\int_{V^{\mathrm{III}}}\sum_{i=1}^{n}\rho_i\boldsymbol{f}_i\cdot\boldsymbol{v}_i\mathrm{d}V\\&=0\end{aligned}\tag{7.32}$$

3. 总能量

$$E^{\alpha}=\int_{V^{\alpha}}\varepsilon\rho\mathrm{d}V\quad(\alpha=\mathrm{I},\mathrm{II},\mathrm{III})\tag{7.33}$$

式中，ε 为单位质量的总能量，见第 3 章。

根据式 (7.11)，并应用高斯定理，得

$$\frac{\mathrm{d}E^{\alpha}}{\mathrm{d}t}=-\int_{\Omega^{\alpha}}(\boldsymbol{J}_{\varepsilon}-\varepsilon\rho\boldsymbol{v}_{\Omega})\cdot\mathrm{d}\boldsymbol{\Omega}^{\alpha}\quad(\alpha=\mathrm{I},\mathrm{II},\mathrm{III})\tag{7.34}$$

将式 (7.32) 和式 (7.33) 代入式 (7.34)，得

$$\frac{\mathrm{d}E^{\alpha}}{\mathrm{d}t}=-\int_{\Omega^{\alpha}}\left[\boldsymbol{J}_q+\boldsymbol{P}\cdot\boldsymbol{v}+\sum_{i=1}^{n}\varphi_i\boldsymbol{J}_i+\rho\left(u+\frac{1}{2}\boldsymbol{v}^2+\varphi\right)(\boldsymbol{v}-\boldsymbol{v}_{\Omega})\right]\cdot\mathrm{d}\boldsymbol{\Omega}^{\alpha}\quad(\alpha=\mathrm{I},\mathrm{II},\mathrm{III})\tag{7.35}$$

利用式 (7.2) ～式 (7.10) 和式 (7.23)，式 (7.24)，式 (7.31)，式 (7.32)，得

$$\frac{\mathrm{d}E^{\alpha}}{\mathrm{d}t}=\frac{\mathrm{d}_eQ^{\alpha}}{\mathrm{d}t}-p^{\alpha}\frac{\mathrm{d}V^{\alpha}}{\mathrm{d}t}+\frac{\mathrm{d}_iQ^{\alpha}}{\mathrm{d}t}+h^{\alpha}\frac{\mathrm{d}m^{\alpha}}{\mathrm{d}t}+\frac{\mathrm{d}E_k^{\alpha}}{\mathrm{d}t}+\frac{\mathrm{d}E_p^{\alpha}}{\mathrm{d}t}\quad(\alpha=\mathrm{I},\mathrm{II})\tag{7.36}$$

$$\frac{\mathrm{d}E^{\mathrm{III}}}{\mathrm{d}t}=-\sum_{\alpha=\mathrm{I}}^{\mathrm{II}}\left(\frac{\mathrm{d}_iQ^{\alpha}}{\mathrm{d}t}+h^{\alpha}\frac{\mathrm{d}m^{\alpha}}{\mathrm{d}t}+\frac{\mathrm{d}E_k^{\alpha}}{\mathrm{d}t}+\frac{\mathrm{d}\phi^{\alpha}}{\mathrm{d}t}\right)=0\tag{7.37}$$

其中

$$h=u+p\rho^{-1}\tag{7.38}$$

为比焓，并有

$$\frac{\mathrm{d}_eQ^{\alpha}}{\mathrm{d}t}=-\int_{\theta^{\alpha}}\boldsymbol{J}_q\cdot\mathrm{d}\boldsymbol{\Omega}^{\alpha}\quad(\alpha=\mathrm{I},\mathrm{II})\tag{7.39}$$

$$\frac{\mathrm{d}_iQ^{\alpha}}{\mathrm{d}t}=-\int_{\omega^{\alpha}}\boldsymbol{J}_q\cdot\mathrm{d}\boldsymbol{\Omega}^{\alpha}\quad(\alpha=\mathrm{I},\mathrm{II})\tag{7.40}$$

$$\frac{\mathrm{d}V^{\alpha}}{\mathrm{d}t}=\int_{\Omega^{\alpha}}\boldsymbol{v}_{\Omega}\cdot\mathrm{d}\boldsymbol{\Omega}^{\alpha}=\int_{\theta^{\alpha}}\boldsymbol{v}\cdot\mathrm{d}\boldsymbol{\Omega}^{\alpha}\quad(\alpha=\mathrm{I},\mathrm{II})\tag{7.41}$$

$$\frac{\mathrm{d}W^{\alpha}}{\mathrm{d}t}=\sum_{i=1}^{n}\frac{\mathrm{d}W_i^{\alpha}}{\mathrm{d}t}=-\int_{\omega^{\alpha}}\rho\boldsymbol{v}\cdot\mathrm{d}\boldsymbol{\Omega}^{\alpha}\quad(\alpha=\mathrm{I},\mathrm{II})\tag{7.42}$$

4. 内能

$$U^\alpha = \int_{V^\alpha} \rho u \mathrm{d}V \quad (\alpha = \mathrm{I}, \mathrm{II}, \mathrm{III}) \tag{7.43}$$

$$\frac{\mathrm{d}E^\alpha}{\mathrm{d}t} = \frac{\mathrm{d}U^\alpha}{\mathrm{d}t} + \frac{\mathrm{d}E_\mathrm{k}^\alpha}{\mathrm{d}t} + \frac{\mathrm{d}E_\mathrm{p}^\alpha}{\mathrm{d}t} \quad (\alpha = \mathrm{I}, \mathrm{II}, \mathrm{III}) \tag{7.44}$$

$$\frac{\mathrm{d}U^\alpha}{\mathrm{d}t} = \frac{\mathrm{d}_e U^\alpha}{\mathrm{d}t} + \frac{\mathrm{d}_i U^\alpha}{\mathrm{d}t} \quad (\alpha = \mathrm{I}, \mathrm{II}) \tag{7.45}$$

其中

$$\frac{\mathrm{d}_e U^\alpha}{\mathrm{d}t} = \frac{\mathrm{d}_e Q^\alpha}{\mathrm{d}t} - p^\alpha \frac{\mathrm{d}V^\alpha}{\mathrm{d}t} \quad (\alpha = \mathrm{I}, \mathrm{II}) \tag{7.46}$$

$$\frac{\mathrm{d}_i U^\alpha}{\mathrm{d}t} = \frac{\mathrm{d}_i Q^\alpha}{\mathrm{d}t} + h^\alpha \frac{\mathrm{d}W^\alpha}{\mathrm{d}t} \quad (\alpha = \mathrm{I}, \mathrm{II}) \tag{7.47}$$

将式 (7.25) 和式 (7.47) 代入式 (7.37)，得

$$\frac{\mathrm{d}_i U^\mathrm{I}}{\mathrm{d}t} + \frac{\mathrm{d}E_\mathrm{p}^\mathrm{I}}{\mathrm{d}t} + \frac{\mathrm{d}_i U^\mathrm{II}}{\mathrm{d}t} + \frac{\mathrm{d}E_\mathrm{p}^\mathrm{II}}{\mathrm{d}t} = 0 \tag{7.48}$$

此即不连续体系的能量守恒定律。

上述各守恒定律既适用于子体系间有小孔、毛细管和薄膜连接的情况，也适用于子体系直接连接的情况。

7.2　熵定律与熵平衡

7.2.1　熵增率

子体系的熵为

$$S^\alpha = \int_{V^\alpha} s\rho \mathrm{d}V \quad (\alpha = \mathrm{I}, \mathrm{II}, \mathrm{III}) \tag{7.49}$$

依据式 (7.11)，将式 (7.49) 对时间求导，得

$$\frac{\mathrm{d}S^\alpha}{\mathrm{d}t} = \frac{\mathrm{d}}{\mathrm{d}t}\int_{V^\alpha} s\rho \mathrm{d}V \quad (\alpha = \mathrm{I}, \mathrm{II}, \mathrm{III}) \tag{7.50}$$

利用式 (3.8)，式 (3.12) 和式 (3.19) 及高斯定理，得

$$\frac{\mathrm{d}S^\alpha}{\mathrm{d}t} = -\int_{\Omega^\alpha} \left\{ \frac{1}{T}\left(\boldsymbol{J}_q - \sum_{i=1}^n \mu_i \boldsymbol{J}_i \right) + s\rho(\boldsymbol{v} - \boldsymbol{v}_\Omega) \right\} \cdot \mathrm{d}\boldsymbol{\Omega}^\alpha + \int_{V^\alpha} \sigma \mathrm{d}V \quad (\alpha = \mathrm{I}, \mathrm{II}, \mathrm{III}) \tag{7.51}$$

用

$$\boldsymbol{J}_i = \rho_i(\boldsymbol{v}_i - \boldsymbol{v}) \tag{7.52}$$

和

$$\sum_{i=1}^{n}\mu_i\rho_i=(h-Ts)\rho \tag{7.53}$$

及式 (7.2) ～式 (7.10)，由式 (7.51)，得

$$\frac{\mathrm{d}S^\alpha}{\mathrm{d}t}=\frac{1}{T^\alpha}\left(\frac{\mathrm{d}_eQ^\alpha}{\mathrm{d}t}+\frac{\mathrm{d}_iQ^\alpha}{\mathrm{d}t}+h^\alpha\frac{\mathrm{d}W^\alpha}{\mathrm{d}t}-\sum_{i=1}^{n}\mu_i^\alpha\frac{\mathrm{d}_iW_i^\alpha}{\mathrm{d}t}\right)+\int_{V^\alpha}\sigma\mathrm{d}V\quad(\alpha=\text{Ⅰ},\text{Ⅱ}) \tag{7.54}$$

和

$$\frac{\mathrm{d}S^{\text{Ⅲ}}}{\mathrm{d}t}=-\sum_{\alpha=\text{Ⅰ}}^{\text{Ⅱ}}\frac{1}{T^\alpha}\left(\frac{\mathrm{d}_iQ^\alpha}{\mathrm{d}t}+h^\alpha\frac{\mathrm{d}W^\alpha}{\mathrm{d}t}-\sum_{i=1}^{n}\mu_i^\alpha\frac{\mathrm{d}_iW_i^\alpha}{\mathrm{d}t}\right)+\int_{V^{\text{Ⅲ}}}\sigma\mathrm{d}V=0 \tag{7.55}$$

其中

$$\sigma=-\frac{1}{T^2}\boldsymbol{J}_q\cdot\nabla T-\frac{1}{T}\sum_{i=1}^{n}\boldsymbol{J}_i\cdot\left(T\nabla\frac{\mu_i}{T}-\boldsymbol{f}_i\right)-\frac{1}{T}\varPi:\nabla\boldsymbol{v}-\frac{1}{T}\sum_{j=1}^{r}J_jA_j$$

由于子体系Ⅰ和Ⅱ是均匀的，各种梯度为零，所以对子体系Ⅰ和Ⅱ而言，有

$$\sigma=-\frac{1}{T^\alpha}\sum_{j=1}^{r}J_j^\alpha A_j^\alpha \tag{7.56}$$

及

$$\begin{aligned}\int_{V^\alpha}\sigma\mathrm{d}V&=-\frac{1}{T^\alpha}\int_{V^\alpha}\sum_{j=1}^{r}J_j^\alpha A_j^\alpha\mathrm{d}V\\&=-\frac{1}{T^\alpha}\sum_{j=1}^{r}J_j^\alpha A_j^\alpha V^\alpha\quad(\alpha=\text{Ⅰ},\text{Ⅱ})\end{aligned} \tag{7.57}$$

对于式 (7.54)，令

$$\frac{\mathrm{d}_eS^\alpha}{\mathrm{d}t}=\frac{1}{T^\alpha}\frac{\mathrm{d}_eQ^\alpha}{\mathrm{d}t}\quad(\alpha=\text{Ⅰ},\text{Ⅱ}) \tag{7.58}$$

$$\frac{\mathrm{d}_iS^\alpha}{\mathrm{d}t}=\frac{1}{T^\alpha}\left(\frac{\mathrm{d}_iQ^\alpha}{\mathrm{d}t}+h^\alpha\frac{\mathrm{d}W^\alpha}{\mathrm{d}t}-\sum_{i=1}^{n}\mu_i^\alpha\frac{\mathrm{d}_iW_i^\alpha}{\mathrm{d}t}\right)+\int_{V^\alpha}\sigma\mathrm{d}V\quad(\alpha=\text{Ⅰ},\text{Ⅱ}) \tag{7.59}$$

将式 (7.46) 移项后代入式 (7.58)，得

$$\frac{\mathrm{d}_eS^\alpha}{\mathrm{d}t}=\frac{1}{T^\alpha}\frac{\mathrm{d}_eU^\alpha}{\mathrm{d}t}+\frac{p^\alpha}{T^\alpha}\frac{\mathrm{d}V^\alpha}{\mathrm{d}t}\quad(\alpha=\text{Ⅰ},\text{Ⅱ}) \tag{7.60}$$

将式 (7.47) 移项后代入式 (7.59)，得

$$\frac{\mathrm{d}_i S^\alpha}{\mathrm{d}t}=\frac{1}{T^\alpha}\frac{\mathrm{d}_i U^\alpha}{\mathrm{d}t}-\sum_{i=1}^{n}\frac{\mu_i^\alpha}{T^\alpha}\frac{\mathrm{d}_i W_i^\alpha}{\mathrm{d}t}+\int_{V^\alpha}\sigma \mathrm{d}V \quad (\alpha=\mathrm{I},\mathrm{II}) \tag{7.61}$$

令

$$\sigma_{\mathrm{tot}}=\sum_{\alpha=\mathrm{I}}^{\mathrm{II}}\frac{\mathrm{d}_i S^\alpha}{\mathrm{d}t} \tag{7.62}$$

表示体系的总熵增率。把式 (7.55) 和式 (7.59) 代入式 (7.62)，得

$$\sigma_{\mathrm{tot}}=\sum_{\alpha=\mathrm{I}}^{\mathrm{III}}\int_{V^\alpha}\sigma \mathrm{d}V \tag{7.63}$$

并有

$$\sigma_{\mathrm{tot}}=\frac{\mathrm{d}_i S^{\mathrm{I}}}{\mathrm{d}t}+\frac{\mathrm{d}_i S^{\mathrm{II}}}{\mathrm{d}t} \tag{7.64}$$

把式 (7.57) 和式 (7.61) 代入式 (7.64)，得

$$\sigma_{\mathrm{tot}}=\sum_{\alpha=\mathrm{I}}^{\mathrm{II}}\left(\frac{1}{T^\alpha}\frac{\mathrm{d}_i U^\alpha}{\mathrm{d}t}-\sum_{i=1}^{n}\frac{\mu_i^\alpha}{T^\alpha}\frac{\mathrm{d}_i W_i^\alpha}{\mathrm{d}t}-\frac{1}{T^\alpha}\sum_{j=1}^{r}J_j^\alpha A_j^\alpha V^\alpha\right) \tag{7.65}$$

由将式 (7.65) 减去式 (7.31) 除以 T^α 后对 α 求和的结果，得

$$\sigma_{\mathrm{tot}}=\sum_{\alpha=\mathrm{I}}^{\mathrm{II}}\left[\frac{1}{T^\alpha}\left(\frac{\mathrm{d}_i U^\alpha}{\mathrm{d}t}+\frac{\mathrm{d}E_{\mathrm{p}}^\alpha}{\mathrm{d}t}\right)-\sum_{i=1}^{n}\frac{\mu_i^\alpha+\varphi_i^\alpha}{T^\alpha}\frac{\mathrm{d}_i W_i^\alpha}{\mathrm{d}t}-\frac{1}{T^\alpha}\sum_{j=1}^{r}J_j^\alpha A_j^\alpha V^\alpha\right] \tag{7.66}$$

利用质量守恒定律式 (7.19) 和能量守恒定律式 (7.48)，消去式 (7.66) 中的 $\mathrm{d}_i U^{\mathrm{II}}+\mathrm{d}E_{\mathrm{p}}^{\mathrm{II}}$ 和 $\mathrm{d}_i W_i^{\mathrm{II}}$，得

$$\sigma_{\mathrm{tot}}={}^{\mathrm{e}}j_u x_u+\sum_{i=1}^{n}j_i x_i+\sum_{\alpha=\mathrm{I}}^{\mathrm{II}}\sum_{j=1}^{r}j_j^\alpha x_j^\alpha \tag{7.67}$$

其中

$$j_i=-\frac{\mathrm{d}_i W_i^{\mathrm{I}}}{\mathrm{d}t} \quad (i=1,2,\cdots,n) \tag{7.68}$$

$${}^{\mathrm{e}}j_u=-\left(\frac{\mathrm{d}_i U^{\mathrm{I}}}{\mathrm{d}t}+\frac{\mathrm{d}E_{\mathrm{p}}^{\mathrm{I}}}{\mathrm{d}t}\right)=j_u+\sum_{i=1}^{n}\varphi_i j_i \tag{7.69}$$

$$j_j^\alpha=J_j^\alpha V^\alpha \quad (j=1,2,\cdots,r;\alpha=\mathrm{I},\mathrm{II}) \tag{7.70}$$

$$x_i=-\Delta\left(\frac{\mu_i+\varphi_i}{T}\right)=-\Delta\left(\frac{{}^{\mathrm{e}}\mu_i}{T}\right) \quad (i=1,2,\cdots,n) \tag{7.71}$$

$$x_u = \Delta\left(\frac{1}{T}\right) \tag{7.72}$$

$$x_j^{\alpha} = -\frac{A_j^{\alpha}}{T^{\alpha}} \quad (j = 1, 2, \cdots, r; \alpha = \text{I}, \text{II}) \tag{7.73}$$

$$j_u = -\frac{\mathrm{d}_i U^{\text{I}}}{\mathrm{d}t} \tag{7.74}$$

$$\sum_{i=1}^{n} \varphi_i J_i = \frac{\mathrm{d}E_{\mathrm{p}}}{\mathrm{d}t} \tag{7.75}$$

式 (7.67) 等号右边前两项中的上角标 α 可以省略，式 (7.71)，式 (7.72) 中符号 Δ 表示子体系 II 和 I 相应量的差值。

熵增率表达式 (7.67) 中的热力学力不都是独立的，有关系式

$$x_j^{\text{II}} - x_j^{\text{I}} = -\Delta\left(\frac{A_j}{T}\right) = -\sum_{i=1}^{n} \nu_{ij} \Delta\left(\frac{{}^{\mathrm{e}}\mu_i}{T}\right) \tag{7.76}$$

式 (7.71) 可写为

$$\Delta\left(\frac{{}^{\mathrm{e}}\mu_i}{T}\right) = (h_i + \varphi_i)\,\Delta\frac{1}{T} + \frac{v_i \Delta p}{T} + \frac{(\Delta\mu_i)_{T,p}}{T} + \frac{\Delta\varphi_i}{T} \tag{7.77}$$

式中，h_i 与 v_i 为组元 i 的分比焓与分比体积；$(\Delta\mu_i)_{T,p}$ 为恒温、恒压条件下的化学势差，有

$$(\Delta\mu_i)_{T,p} = \sum_{k=1}^{n-1} \mu_{ik}^{w} \Delta w_k \tag{7.78}$$

$$\mu_{ik}^{w} = \left(\frac{\partial \mu_i}{\partial w_k}\right)_{T,p,w_l} \quad (i = 1, 2, \cdots, n) \tag{7.79}$$

并有吉布斯–杜亥姆关系

$$\sum_{i=1}^{n} w_i (\Delta\mu_i)_{T,p} = 0 \tag{7.80}$$

以上讨论对于子体系 I，II 直接相连或通过小孔、毛细管或薄膜相连的情况均适用。

7.2.2 两种特殊体系的熵增率

1. 第一种情况

不受外力作用，有 n 个组元，存在 j 种化学反应的体系。对于该体系，熵增率式 (7.67) 成为

$$\sigma_{\mathrm{tot}} = -\left(j_u - \sum_{i=1}^{n} h_i j_i\right)\frac{\Delta T}{T^2} - \sum_{i=1}^{n} j_i \frac{(\Delta\mu_i)_{T,p}}{T} - \sum_{i=1}^{n} v_i j_i \frac{\Delta p}{T} - \sum_{\alpha=\text{I}}^{\text{II}} \sum_{j=1}^{r} j_j^{\alpha} \frac{A_j^{\alpha}}{T} \tag{7.81}$$

利用吉布斯–杜亥姆方程 (7.80) 消去 $(\Delta\mu_i)_{T,p}$，则式 (7.81) 成为

$$\sigma_{\text{tot}} = -j_q'\frac{\Delta T}{T^2} - \sum_{i=1}^{n} j'_i\frac{(\Delta\mu_i)_{T,p}}{T} - j_v\frac{\Delta p}{T} - \sum_{\alpha=\text{I}}^{\text{II}}\sum_{j=1}^{r} j_j^\alpha\frac{A_j^\alpha}{T} \tag{7.82}$$

其中

$$j_q' = j_u - \sum_{i=1}^{n} h_i j_i \tag{7.83}$$

为约化热流。

$$j_i' = j_i - \frac{w_i}{w_n}j_n \quad (i = 1, 2, \cdots, n-1) \tag{7.84}$$

为扩散流。

$$j_v = \sum_{i=1}^{n} v_i j_i \tag{7.85}$$

为体积流。

据式 (7.73) 和式 (7.76)，A_j^{II} 可以用 ΔT，$\Delta w_i(i = 1, 2, \cdots, n-1)$，$\Delta p$ 和 $A_j^{\text{I}}\,(j = 1, 2, \cdots, r)$ 表示。

2. 第二种情况

温度与浓度均匀，无化学反应，存在静电力的 n 个组元的体系。对于该体系，静电力为

$$\varphi_i = z_i\varphi \tag{7.86}$$

式中，z_i 为组元 i 的单位质量的电荷；φ 为静电势。

对于该体系，熵增率式 (7.67) 成为

$$\sigma_{\text{tot}} = -j_v\frac{\Delta p}{T} - i\frac{\Delta\varphi}{T} \tag{7.87}$$

其中

$$i = \sum_{i=1}^{n} z_i j_i \tag{7.88}$$

为总电流。

7.3　唯象方程与昂萨格关系

给出熵增率的表达式后，需要建立唯象方程，并给出唯象系数间的昂萨格关系。对于不连续体系，还可以给出唯象系数的表达式。

对于不连续体系有两种情况：一种是子体系 III 为宏观体系，即存在尺度大于分子平均自由程的小孔、毛细管或薄膜；另一种是子体系 III 在宏观上可被忽略，或不存在。下面对这两种情况分别予以讨论。

7.3.1 不受外力，有化学反应发生的 n 元体系

1. 子体系 III 为宏观体系

由熵增率表达式 (7.82)，考虑居里定理，可得不连续体系的唯象方程

$$j_q' = -\Lambda_{qq}\frac{\Delta T}{T^2} - \sum_{i=1}^{n-1}\Lambda_{qi}\frac{(\Delta\mu_i)_{T,p}}{T} - \Lambda_{qv}\frac{\Delta p}{T} \tag{7.89}$$

$$j_i' = -\Lambda_{iq}\frac{\Delta T}{T^2} - \sum_{m=1}^{n-1}\Lambda_{im}\frac{(\Delta\mu_m)_{T,p}}{T} - \Lambda_{iv}\frac{\Delta p}{T} \quad (i = 1, 2, \cdots, n-1) \tag{7.90}$$

$$j_v = -\Lambda_{vq}\frac{\Delta T}{T^2} - \sum_{i=1}^{n-1}\Lambda_{vi}\frac{(\Delta\mu_i)_{T,p}}{T} - \Lambda_{vv}\frac{\Delta p}{T} \tag{7.91}$$

$$j_j^\beta = -\sum_{\alpha=I}^{\text{II}}\sum_{l=1}^{r}\Lambda_{jl}^\alpha W^\alpha\frac{A_l^\alpha}{T} \quad (j = 1, 2, \cdots, r; \beta = \text{I}, \text{II}) \tag{7.92}$$

唯象系数间存在昂萨格倒易关系

$$\Lambda_{qi} = \Lambda_{iq} \quad (i = 1, 2, \cdots, n-1) \tag{7.93}$$

$$\Lambda_{im} = \Lambda_{mi} \quad (i = 1, 2, \cdots, n-1) \tag{7.94}$$

$$\Lambda_{qv} = \Lambda_{vq} \tag{7.95}$$

$$\Lambda_{iv} = \Lambda_{vi} \quad (i = 1, 2, \cdots, r) \tag{7.96}$$

$$\Lambda_{jl}^\alpha = \Lambda_{lj}^\alpha \quad (j, l = 1, 2, \cdots, r; \alpha = \text{I}, \text{II}) \tag{7.97}$$

如果化学反应发生在子体系之间，即化学反应的反应物和产物存在于不同的子体系中，则熵增率式 (7.82) 多了一项。

$$-\sum_{j'=1}^{r'} j_{j'}^{\text{I},\text{II}}\frac{A_{j'}^{\text{I},\text{II}}}{T} = -\sum_{j'=1}^{r'} J_{j'}^{\text{I},\text{II}}\Omega_{j'}\frac{A_{j'}^{\text{I},\text{II}}}{T} \tag{7.98}$$

简写成

$$-\sum_{j'=1}^{r'} j_j'\frac{A_j'}{T} = -\sum_{j'=1}^{r'} J_j'\Omega_{j'}\frac{A_j'}{T} \tag{7.99}$$

化学反应唯象方程为

$$j_j^B = -\sum_{\alpha=\text{I}}^{\text{II}}\sum_{l=1}^{r}\Lambda_{jl}^\alpha W^\alpha\frac{A_l^\alpha}{T} - \sum_{j'=1}^{r'}\Lambda_{jj'}\frac{A_{j'}}{T} \quad (j = 1, 2, \cdots, r) \tag{7.100}$$

式中

$$\Lambda_{jj'} = l_{jj'}\Omega \tag{7.101}$$

故有

$$j_j^{B'} = -\sum_{j'=1}^{r'} \Lambda_{jj'} \frac{A_{j'}}{T} \quad (j = 1, 2, \cdots, r) \tag{7.102}$$

$$j_j^{B'} = J_j^{B'}\Omega = -\sum_{j'=1}^{r'} \Lambda_{jj'} \frac{A_{j'}}{T} = -\sum_{j'=1}^{r'} l_{jj'}\Omega \frac{A_{j'}}{T} \tag{7.103}$$

$$J_j^{B'} = -\sum_{j'=1}^{r'} l_{jj'} \frac{A_{j'}}{T} \tag{7.104}$$

发生在子体系间的化学反应的唯象方程为

$$j_{j'} = J_{j'}\Omega = -\sum_{l'=1}^{r'} \Lambda_{j'l'} \frac{A'_l}{T} = -\sum_{l'=1}^{r'} l_{j'l'}\Omega \frac{A'_l}{T} \tag{7.105}$$

$$J_{j'} = -\sum_{l'=1}^{r'} l_{j'l'} \frac{A'_l}{T} \tag{7.106}$$

式中

$$\Lambda_{j'l'} = l_{j'l'}\Omega \tag{7.107}$$

还可以从连续体系的局部唯象方程导出上述唯象方程，为此需用局部通量表示式 (7.83)~ 式 (7.85) 的通量。将式 (7.13) 应用于表面 ω^{I} 与毛细管的任意垂直截面 ω 间的子体系III的部分，按照由式 (7.13) 导出式 (7.15) 的方式，得

$$\begin{aligned}\frac{\mathrm{d}W_i^{\mathrm{III}}}{\mathrm{d}t} &= -\int_{\omega^{\mathrm{III}}} \rho_i \boldsymbol{v}_i \cdot \mathrm{d}\boldsymbol{\Omega}^{\mathrm{III}} \\ &= \sum_{\alpha=\mathrm{I}}^{\mathrm{II}} \int_{\omega^\alpha} \rho_i \boldsymbol{v}_i \cdot \mathrm{d}\boldsymbol{\Omega}^\alpha \\ &= 0\end{aligned} \tag{7.108}$$

及

$$\begin{aligned}j_i = -\frac{\mathrm{d}W_i^{\mathrm{I}}}{\mathrm{d}t} &= -\int_\omega \rho_i \boldsymbol{v}_i \cdot d\boldsymbol{\Omega} \\ &= \int_\omega (\boldsymbol{J}_i + \rho_i \boldsymbol{v}) \cdot \mathrm{d}\boldsymbol{\Omega} \quad (i = 1, 2, \cdots, n)\end{aligned} \tag{7.109}$$

最后一步利用

$$\boldsymbol{J}_i=\rho_i\left(\boldsymbol{v}_i-\boldsymbol{v}\right)$$

将方程 (7.22) 应用于表面 ω^{I} 与毛细管的任意垂直截面 ω 间的子体系III的部分，得

$$\frac{\mathrm{d}E_{\mathrm{k}}^{\mathrm{III}}}{\mathrm{d}t}=-\sum_{\alpha=\mathrm{I}}^{\mathrm{II}}\int_{\omega^{\mathrm{III}}}\frac{1}{2}\boldsymbol{v}^2\boldsymbol{v}\cdot d\boldsymbol{\Omega}^{\mathrm{III}}=0 \tag{7.110}$$

按照由式 (7.35) 导出式 (7.37) 和式 (7.48) 的方式，得

$$\frac{\mathrm{d}E_{\mathrm{k}}^{\mathrm{III}}}{\mathrm{d}t}=-\sum_{\alpha=\mathrm{I}}^{\mathrm{II}}\left(\frac{\mathrm{d}_iQ^{\alpha}}{\mathrm{d}t}+h^{\alpha}\frac{\mathrm{d}W^{\alpha}}{\mathrm{d}t}+\frac{\mathrm{d}E_{\mathrm{k}}^{\alpha}}{\mathrm{d}t}+\frac{\mathrm{d}E_{\mathrm{p}}^{\alpha}}{\mathrm{d}t}\right)=0 \tag{7.111}$$

和

$$\frac{\mathrm{d}_iU^{\mathrm{I}}}{\mathrm{d}t}+\frac{\mathrm{d}E_{\mathrm{p}}^{\mathrm{I}}}{\mathrm{d}t}+\frac{\mathrm{d}_iU^{\mathrm{II}}}{\mathrm{d}t}+\frac{\mathrm{d}E_{\mathrm{p}}^{\mathrm{II}}}{\mathrm{d}t}=0 \tag{7.112}$$

进而得

$$j_u=-\frac{\mathrm{d}_iU^{\mathrm{I}}}{\mathrm{d}t}=\int_{\omega}(\boldsymbol{J}_q+h\rho\boldsymbol{v}+\boldsymbol{\mathit{\Pi}}\cdot\boldsymbol{v})\cdot\mathrm{d}\boldsymbol{\Omega} \tag{7.113}$$

式中，$\boldsymbol{\mathit{\Pi}}\cdot\boldsymbol{v}$ 表示毛细管中存在黏滞流动；矢量 $\mathrm{d}\boldsymbol{\Omega}$ 的正方向取子体系 III 内部指向外部的方向。

将式 (7.109) 和式 (7.113) 代入式 (7.83) 中，并利用关系式

$$\sum_{i=1}^{n}h_i\rho_i=h\rho$$

和

$$\sum_{i=1}^{n}\rho_i v_i=1$$

得

$$j'_q=\int_{\omega}\left(\boldsymbol{J}_q-\sum_{i=1}^{n}h_i\boldsymbol{J}_i+\boldsymbol{\mathit{\Pi}}\cdot\boldsymbol{v}\right)\cdot\mathrm{d}\boldsymbol{\Omega} \tag{7.114}$$

将式 (7.109) 代入式 (7.84)，得

$$j'_i=\int_{\omega}\left(\boldsymbol{J}_i-\frac{w_i}{w_m}\boldsymbol{J}_n\right)\cdot\mathrm{d}\boldsymbol{\Omega}\quad(i=1,2,\cdots,n) \tag{7.115}$$

将式 (7.109) 代入式 (7.85)，得

$$j_v=\int_{\omega}\left(\sum_{i=1}^{n}v_i\boldsymbol{J}_i+\boldsymbol{v}_i\right)\cdot\mathrm{d}\boldsymbol{\Omega} \tag{7.116}$$

将约化热流

$$\boldsymbol{J}'_q = \boldsymbol{J}_q - \sum_{i=1}^{n} h_i \boldsymbol{J}_i \tag{7.117}$$

代入式 (7.114)，得

$$j'_q = \int_\omega \left(\boldsymbol{J}'_q + \prod \cdot \boldsymbol{v}\right) \cdot \mathrm{d}\boldsymbol{\Omega} \tag{7.118}$$

利用

$$\sum_{i=1}^{n} \boldsymbol{J}_i = 0$$

消去式 (7.115) 和式 (7.116) 中的 $\boldsymbol{J}_n$，得

$$j'_i = \int_\omega \sum_{t=1}^{n-1} B_{it}^{\mathrm{T}} \boldsymbol{J}_t \cdot \mathrm{d}\boldsymbol{\Omega} \quad (i = 1, 2, \cdots, n-1) \tag{7.119}$$

$$j_v = \int_\omega \left[\sum_{i=1}^{n-1} (v_i - v_n) \boldsymbol{J}_i + \boldsymbol{v}\right] \cdot \mathrm{d}\boldsymbol{\Omega} \tag{7.120}$$

式中

$$B_{it}^{\mathrm{T}} = B_{ti} = \delta_{it} + \frac{w_i}{w_n} \quad (i, t = 1, 2, \cdots, n-1) \tag{7.121}$$

式中，B_{it}^{T} 是 B_{ti} 的转置矩阵；δ_{it} 为狄龙尼克符号。

由式 (7.70)，式 (7.118) ～式 (7.120) 可见，各通量已写成由局部通量和速度 $\boldsymbol{v}$ 表示的形式。这些局部通量的局部唯象方程已由式 (4.82) ～式 (4.84) 和式 (4.86) 给出。在局部方程中，有

$$\begin{aligned}\{\nabla(\mu_i - \mu_n)\}_T &= \{\nabla(\mu_i - \mu_n)\}_{T,p} + (v_i - v_n)\nabla p \\ &= \sum_{t=1}^{n-1} B_{it} (\nabla\mu_t)_{T,p} + (v_i - v_n)\nabla p\end{aligned} \tag{7.122}$$

对于这里讨论的情况，先将流体看成不可压缩的，即

$$\nabla \cdot \boldsymbol{v} = 0 \tag{7.123}$$

则唯象方程 (4.82) ～ (4.84) 和 (4.86) 化为

$$\boldsymbol{J}'_q = -L_{qq}\frac{\nabla T}{T^2} - \sum_{i=1}^{n-1} L_{qi}\frac{1}{T}\left[\sum_{m=1}^{n-1} B_{im}(\nabla\mu_m)_{T,p} + (v_i - v_n)\nabla p\right] \tag{7.124}$$

$$\boldsymbol{J}_i = -L_{iq}\frac{1}{T^2}\nabla T - \sum_{k=1}^{n-1} L_{ik}\frac{1}{T}\left[\sum_{m=1}^{n-1} A_{km}(\nabla\mu_m)_{T,p} + (v_k - v_n)\nabla p\right] \quad (i = 1, 2, \cdots, n-1) \tag{7.125}$$

$$\Pi = -2\eta(\overset{\circ}{\nabla} \boldsymbol{v})^{\mathrm{s}} \tag{7.126}$$

$$J_j = -\sum_{l=1}^{r} l_{il} \frac{A_l}{T} \quad (j = 1, 2, \cdots, r) \tag{7.127}$$

式 (7.126) 中 $\eta = \dfrac{L}{2T}$。作为近似，将所有量的梯度写成这些量在子体系 II 与 I 中的数值差除以小孔、毛细管的长度或薄膜的厚度，即

$$|\nabla T| = \frac{\Delta T}{l} \tag{7.128}$$

$$|\nabla \mu_i| = \frac{\Delta \mu_i}{l} \tag{7.129}$$

$$|\nabla p| = \frac{\Delta p}{l} \tag{7.130}$$

而使问题线性化。

在此处讨论的体系中，忽略加速度，利用式 (7.126) 和式 (7.128) ~式 (7.130) 及 (7.123)，运动方程 (4.40) 化成

$$\eta \nabla^2 \boldsymbol{v} = \frac{\Delta p}{l} \tag{7.131}$$

对于半径为 R 的圆形毛细管，式 (7.121) 的解是泊肃叶 (Poiseuille) 定律

$$\boldsymbol{v} = -\frac{1}{4\eta}\left(R - r^2\right)\frac{\Delta p}{l} \tag{7.132}$$

式中，r 为与毛细管中心轴线的距离。

通过毛细管截面的总流量为

$$\int_\omega \boldsymbol{v} \cdot \mathrm{d}\boldsymbol{\Omega} = -\frac{\alpha}{\eta}\frac{\Delta p}{l} \tag{7.133}$$

其中

$$\alpha = \frac{1}{8}\pi R^4 \tag{7.134}$$

对于沿长度处处具有同样截面的其他类型管子，式 (7.133) 仍然成立，只是几何因子 α 具有不同的数值。上述分析表明 Π 与 Δp 成正比，由于它们仅能使导出的唯象方程中出现二级项，因而在式 (7.133) 和式 (7.114) 中可以将其略去。

将式 (7.124)，式 (7.125)，式 (7.127) 和式 (7.133) 代入式 (7.70)，式 (7.118) ~式 (7.120)，并利用式 (7.128)，式 (7.129) 和式 (7.130) 的关系，得到不连续体系的唯象方程

$$j'_q = -\overline{L}_{qq}\frac{\omega}{l}\frac{\Delta T}{T^2} - \sum_{i=1}^{n-1}\sum_{m=1}^{n-1}\overline{L}_{qi}B_{im}\frac{\omega}{l}\frac{(\Delta\mu_m)_{T,p}}{T} - \sum_{i=1}^{n-1}\overline{L}_{qv}\left(v_i - v_n\right)\frac{\omega}{l}\frac{\Delta p}{T} \tag{7.135}$$

$$j_i' = -\sum_{t=1}^{n-1} B_{it}\overline{L}_{tq}\frac{\omega}{l}\frac{\Delta T}{T^2} - \sum_{t=1}^{n-1}\sum_{k=1}^{n-1}\sum_{m=1}^{n-1} B_{it}^{T}\overline{L}_{tk}B_{km}\frac{\omega}{l}\frac{(\Delta\mu_m)_{T,p}}{T}$$

$$-\sum_{t=1}^{n-1}\sum_{k=1}^{n-1}(v_k-v_n)\overline{L}_{tk}B_{it}\frac{\omega}{l}\frac{\Delta p}{T} \quad (i=1,2,\cdots,n-1) \tag{7.136}$$

$$j_v = -\sum_{i=1}^{n-1}(v_i - v_n)\overline{L}_{tq}\frac{\omega}{l}\frac{\Delta T}{T^2} - \sum_{i=1}^{n-1}\sum_{k=1}^{n-1}\sum_{m=1}^{n-1}(v_i - v_n)\overline{L}_{ik}B_{im}\frac{\omega}{l}\frac{(\Delta\mu_m)_{T,p}}{T}$$

$$-\left[\sum_{i=1}^{n-1}\sum_{k=1}^{n-1}(v_i - v_n)\overline{L}_{ik}(v_k - v_n)\frac{\omega}{l} + \frac{\alpha T}{\eta l}\right]\frac{\Delta p}{T} \tag{7.137}$$

$$j_j = -\sum_{\alpha=I}^{\mathrm{II}}\sum_{l=1}^{r} l_{jl}^{\alpha}\frac{W^{\alpha}}{\rho^{\alpha}}\frac{A_l^{\alpha}}{T} \quad (j=1,2,\cdots,r;\beta=\mathrm{I},\mathrm{II}) \tag{7.138}$$

将式 (7.135) ～式 (7.138) 与式 (7.89) ～式 (7.92) 比较，得唯象系数

$$\Lambda_{qq}=\overline{L}_{qq}\frac{\omega}{l} \tag{7.139}$$

$$\Lambda_{qm}=\sum_{i=1}^{n-1}\overline{L}_{qi}B_{im}\frac{\omega}{l},\Lambda_{iq}=\sum_{t=1}^{n-1}B_{it}^{\mathrm{T}}\overline{L}_{tq}\frac{\omega}{l} \quad (i=1,2,\cdots,n-1) \tag{7.140}$$

$$\Lambda_{im}=\sum_{t=1}^{n-1}\sum_{k=1}^{n-1}B_{it}^{\mathrm{T}}\overline{L}_{tk}A_{km}\frac{\omega}{l} \quad (i,m=1,2,\cdots,n-1) \tag{7.141}$$

$$\Lambda_{qv}=\sum_{i=1}^{n-1}\overline{L}_{qv}(v_i-v_n)\frac{\omega}{l} \tag{7.142}$$

$$\Lambda_{vq}=\sum_{i=1}^{n-1}(v_i-v_n)\overline{L}_{iq}\frac{\omega}{l} \tag{7.143}$$

$$\Lambda_{iv}=\sum_{t=1}^{n-1}\sum_{k=1}^{n-1}(v_k-v_n)B_{it}^{\mathrm{T}}\overline{L}_{tk}\frac{\omega}{l} \quad (i=1,2,\cdots,n-1) \tag{7.144}$$

$$\Lambda_{vv}=\sum_{i=1}^{n-1}\sum_{k=1}^{n-1}(v_i-v_n)\overline{L}_{ik}(v_k-v_n)\frac{\omega}{l}+\frac{\alpha T}{\eta l} \quad (i=1,2,\cdots,n-1) \tag{7.145}$$

$$\Lambda_{vm}=\sum_{i=1}^{n-1}\sum_{k=1}^{n-1}(v_i-v_n)B_{im}\overline{L}_{ik}\frac{\omega}{l} \quad (i=1,2,\cdots,n-1) \tag{7.146}$$

$$\Lambda_{jl}^{\alpha}=\frac{l_{jl}^{\alpha}}{\rho^{\alpha}} \quad (j,l=1,2,\cdots,r;\alpha=\mathrm{I},\mathrm{II}) \tag{7.147}$$

其中局部唯象系数 $\bar{L}$ 的横线表示对毛细管截面求平均。式 (7.139) ~式 (7.146) 的系数包含几何因子 $\frac{\omega}{l}$，式 (7.136) 的系数还包含因子 $\frac{\alpha}{\eta}$。由于 j_j^α 与子体系 $\alpha(\alpha=$ Ⅰ，Ⅱ) 的线度成正比，式 (7.92) 中已引入因子 M^α，因而式 (7.147) 的系数 l_{jl}^α 仍是一个局部量。有

$$J_j^\alpha = -\sum_{l=1}^{r} l_{jl}^\alpha \frac{A_l^\alpha}{T} \quad (j=1,2,\cdots,r;\alpha=\text{Ⅰ},\text{Ⅱ}) \tag{7.148}$$

$$J_j^\beta = \sum_{\alpha=\text{Ⅰ}}^{\text{Ⅱ}} J_j^\alpha = -\sum_{\alpha=\text{Ⅰ}}^{\text{Ⅱ}}\sum_{l=1}^{r} l_{jl}^\alpha \frac{A_l^\alpha}{T} \tag{7.149}$$

上述系数间存在关系式

$$\Lambda_{qv}=\sum_{k=1}^{n-1}\sum_{m=1}^{n-1}\Lambda_{qm}B_{mk}^{-1}(v_k-v_n) \tag{7.150}$$

$$\Lambda_{vq}=\sum_{k=1}^{n-1}\sum_{m=1}^{n-1}\Lambda_{mq}B_{km}^{-1}(v_k-v_n) \tag{7.151}$$

$$\Lambda_{iv}=\sum_{k=1}^{n-1}\sum_{m=1}^{n-1}\Lambda_{im}B_{mk}^{-1}(v_k-v_n) \quad (i=1,2,\cdots,n-1) \tag{7.152}$$

$$\Lambda_{vi}=\sum_{k=1}^{n-1}\sum_{m=1}^{n-1}\Lambda_{mi}B_{im}^{T-1} \quad (i=1,2,\cdots,n-1) \tag{7.153}$$

$$\Lambda_{vv}=\frac{\alpha T}{\eta l}=\sum_{i=1}^{n-1}\sum_{h=1}^{n-1}\sum_{v=1}^{n-1}\sum_{m=1}^{n-1}(v_i-v_n)B_{kh}^{T-1}\Lambda_{hi}B_{im}^{-1}(v_m-v_n) \tag{7.154}$$

其中上角标 “−1” 表示逆矩阵。

考虑子体系之间发生化学反应，则有

$$\begin{aligned} j_j^\beta &= -\sum_{\alpha=\text{Ⅰ}}^{\text{Ⅱ}}\sum_{l=1}^{r}\Lambda_{jl}^\alpha W^\alpha \frac{A_l^\alpha}{T} - \sum_{j'=1}^{r'}\Lambda_{jj'}\frac{A_{j'}}{T} \\ &= -\sum_{\alpha=\text{Ⅰ}}^{\text{Ⅱ}}\sum_{l=1}^{r} l_{jl}^\alpha \frac{W^\alpha}{\rho^\alpha}\frac{A_l^\alpha}{T} - \sum_{j'=1}^{r'} l_{jj'}\frac{A_{j'}}{T} \end{aligned} \tag{7.155}$$

$$j_j^{\beta'} = J_j^{\beta'}\Omega = -\sum_{j'=1}^{r'} l_{jj'}\Omega\frac{A_{j'}}{T} \tag{7.156}$$

$$J_j^{\beta'} = -\sum_{j'=1}^{r'} l_{jj'}\frac{A_{j'}}{T} \tag{7.157}$$

$$j_{j'} = -\sum_{\alpha=\mathrm{I}}^{\mathrm{II}} \sum_{l=1}^{r} \Lambda_{j'l}^{\alpha} W^{\alpha} \frac{A_l^{\alpha}}{T} - \sum_{l'=1}^{r'} \Lambda_{j'l'} \frac{A_l'}{T} \tag{7.158}$$

式中

$$\Lambda_{jj'} = l_{jj'}\Omega \tag{7.159}$$

$$\Lambda_{j'l'} = l_{j'l'}\Omega \tag{7.160}$$

因此

$$J_{j'} = -\sum_{\alpha=\mathrm{I}}^{\mathrm{II}} \sum_{l=1}^{r} l_{j'l}^{\alpha} \frac{A_l^{\alpha}}{T} - \sum_{l'=1}^{r'} l_{j'l'} \frac{A_l'}{T} \quad (j' = 1, 2, \cdots, r) \tag{7.161}$$

2. 子体系Ⅲ不是宏观体系 (或不存在)

当小孔、毛细管或薄膜的尺度小于分子的平均自由程时，而不是宏观体系或不存在的情况，则不能应用上述推导。但仍可直接由熵增率式 (7.82) 建立唯象方程 (7.89) ～ (7.92)。昂萨格关系式 (7.93) ～ (7.97) 成立，但其间不存在式 (7.150) ～ (7.154) 那样的关系。

7.3.2　存在静电力，温度、浓度均匀的无化学反应发生的 n 元体系

1. 子体系Ⅲ是宏观体系

子体系Ⅲ是宏观体系，即存在小孔、毛细管或薄膜连接子体系Ⅰ或Ⅱ。体系受静电力作用，温度、浓度均匀，无化学反应。

由该种体系的熵增率表达式 (7.87), 得

$$j_v = -\Lambda_{vv}\frac{\nabla p}{T} - \Lambda_{ve}\frac{\nabla\varphi}{T} \tag{7.162}$$

$$i = -\Lambda_{ev}\frac{\nabla p}{T} - \Lambda_{ee}\frac{\nabla\varphi}{T} \tag{7.163}$$

唯象系数间存在昂萨格倒易关系

$$\Lambda_{ve} = \Lambda_{ev} \tag{7.164}$$

也可以从连续体系的局部唯象方程导出上述唯象方程。其通量为

$$j_v = \int_{\omega} \left[\sum_{i=1}^{n-1} (v_i - v_n)\boldsymbol{J}_i + \boldsymbol{v}\right] \cdot \mathrm{d}\boldsymbol{\Omega} \tag{7.165}$$

$$i = \int_{\omega} \left[\sum_{i=1}^{n-1} (z_i - z_n)\boldsymbol{J}_i + zv\boldsymbol{v}\right] \cdot \mathrm{d}\boldsymbol{\Omega} \tag{7.166}$$

其中

$$|\boldsymbol{J}_i| = -\sum_{m=1}^{n-1} L_{im}\frac{1}{lT}\left[(v_m - v_n)\Delta p + (z_m - z_n)\,\Delta\varphi\right] \tag{7.167}$$

忽略加速度，将流体看成不可压缩的，则运动方程可写为

$$\eta\nabla^2\boldsymbol{v} = \frac{\Delta p}{l} + z\rho\frac{\Delta\varphi}{l} \tag{7.168}$$

在流体与毛细管壁的交界处存在双电层，可以由电荷密度 $z\rho$ 表征，并满足泊松 (Poisson) 方程

$$z\rho = -\varepsilon\nabla^2\varphi \tag{7.169}$$

式中，ε 为介电常数。

将式 (7.169) 代入式 (7.168)，得

$$\eta\nabla^2\boldsymbol{v} = \frac{\Delta p}{l} - \varepsilon\frac{\Delta\varphi}{l}\nabla^2\varphi \tag{7.170}$$

式中，Δp 和 $\Delta\varphi$ 为常量。

对于半径为 R 的圆形截面的毛细管，解式 (7.170)，得

$$\boldsymbol{v} = -\frac{1}{4\eta}(R^2 - r)\frac{\Delta p}{l} - \frac{\varepsilon}{\eta}(\kappa - \zeta)\frac{\Delta\varphi}{l} \tag{7.171}$$

式中，ζ 为切面处 (这里速度 $\boldsymbol{v} = 0$) 双电层中的电势。

总的流体输运为

$$\int_\omega \boldsymbol{v}\cdot \boldsymbol{d\Omega} = -\frac{\alpha}{\eta}\frac{\Delta p}{l} - \frac{\beta}{\eta}\frac{\Delta\varphi}{l} \tag{7.172}$$

对于圆形毛细管

$$\alpha = \frac{1}{8}\pi R^4 \tag{7.173}$$

其中

$$\beta = \varepsilon\zeta\int_\omega\left(\frac{\varphi}{\eta} - 1\right)\mathrm{d}\boldsymbol{\Omega} \tag{7.174}$$

积分既与毛细管的线度有关，也与双电层的结构有关。

式 (7.173) 是式 (7.165) 中的一项。式 (7.172) 包含两项，一项是由压强差引起的泊肃叶流动，另一项是由作用在电荷密度 $z\rho$ 上的电势差引起的带有电荷的流体的电渗透输运。

由式 (7.169)，有

$$\int_\omega z\rho\boldsymbol{v}\cdot \mathrm{d}\boldsymbol{\Omega} = -\varepsilon\int_\omega (\nabla^2\varphi)\boldsymbol{v}\cdot \mathrm{d}\boldsymbol{\Omega} \tag{7.175}$$

进行两次部分积分，得

$$\int_{\omega} z\rho \boldsymbol{v}\cdot \mathrm{d}\boldsymbol{\Omega}= -\varepsilon \int_{\omega} (\varphi-\zeta)\nabla^2 \boldsymbol{v}\cdot \mathrm{d}\boldsymbol{\Omega} \tag{7.176}$$

利用式 (7.168)，式 (7.176) 可化成

$$\int_{\omega} z\rho \boldsymbol{v}\cdot \mathrm{d}\boldsymbol{\Omega}= -\frac{\beta}{\eta}\frac{\Delta p}{l}-\frac{\gamma}{\eta}\frac{\Delta\varphi}{l} \tag{7.177}$$

式中

$$\begin{aligned}\gamma &= \varepsilon\zeta \int_{\omega}\left(\frac{\varphi}{\zeta}-1\right) z\rho \mathrm{d}\Omega \\ &= -\varepsilon^2\zeta \int_{\omega}\left(\frac{\varphi}{\zeta}-1\right)\nabla^2\varphi \mathrm{d}\Omega \end{aligned}\tag{7.178}$$

后一步利用了式 (7.169)。

将式 (7.167)，式 (7.172)，式 (7.177) 代入式 (7.162) 和式 (7.166)，得

$$\begin{aligned} j_v =& -\left[\sum_{i=1}^{n-1}\sum_{m=1}^{n-1}(v_i-v_n)\bar{L}_{im}(v_m-v_n)\frac{\omega}{l}+\frac{\alpha T}{\eta l}\right]\frac{\Delta p}{T} \\ & -\left[\sum_{i=1}^{n-1}\sum_{m=1}^{n-1}(v_i-v_n)\bar{L}_{im}(z_m-z_n)\frac{\omega}{l}+\frac{\beta T}{\eta l}\right]\frac{\Delta \varphi}{T} \end{aligned}\tag{7.179}$$

$$\begin{aligned} j_i =& -\left[\sum_{i=1}^{n-1}\sum_{m=1}^{n-1}(z_i-z_n)\bar{L}_{im}(v_m-v_n)\frac{\omega}{l}+\frac{\beta T}{\eta l}\right]\frac{\Delta p}{T} \\ & -\left[\sum_{i=1}^{n-1}\sum_{m=1}^{n-1}(z_i-z_n)\bar{L}_{im}(z_m-z_n)\frac{\omega}{l}+\frac{\gamma T}{\eta l}\right]\frac{\Delta \varphi}{T} \end{aligned}\tag{7.180}$$

与式 (7.162) 和式 (7.163) 比较，得唯象系数

$$\Lambda_{vv}=\sum_{i=1}^{n-1}\sum_{m=1}^{n-1}(v_i-v_n)\bar{L}_{im}(v_m-v_n)\frac{\omega}{l}+\frac{\alpha T}{\eta l} \tag{7.181}$$

$$\Lambda_{ve}=\sum_{i=1}^{n-1}\sum_{m=1}^{n-1}(v_i-v_n)\bar{L}_{im}(z_m-z_n)\frac{\omega}{l}+\frac{\beta T}{\eta l} \tag{7.182}$$

$$\Lambda_{ev}=\sum_{i=1}^{n-1}\sum_{m=1}^{n-1}(z_i-z_n)\bar{L}_{im}(v_m-v_n)\frac{\omega}{l}+\frac{\beta T}{\eta l} \tag{7.183}$$

$$\Lambda_{ee}=\sum_{i=1}^{n-1}\sum_{m=1}^{n-1}(z_i-z_n)\bar{L}_{im}(z_m-z_n)\frac{\omega}{l}+\frac{\gamma T}{\eta l} \tag{7.184}$$

2. 子体系Ⅲ不是宏观体系

当小孔、毛细管和薄膜的尺度小于分子的平均自由程时，不能按上述步骤推导唯象系数的表达式。但熵增率 (7.87) 和唯象方程 (7.162)，(7.163) 仍成立。昂萨格倒易关系 (7.164) 也成立。

7.4 远离平衡体系的唯象方程

7.4.1 不受外力，有化学反应发生的 n 元体系

如果体系远离平衡，则需要考虑高次项；子体系Ⅲ为宏观体系，式 (7.89)，式 (7.90)，式 (7.91) 和式 (7.92) 成为

$$
\begin{aligned}
j_q' =& -\Lambda_{qq}\frac{\Delta T}{T^2}-\sum_{i=1}^{n-1}\Lambda_{qi}\frac{(\Delta\mu_i)_{T,p}}{T}-\Lambda_{qv}\frac{\Delta p}{T}\\
&-\Lambda_{qqq}\left(\frac{\Delta T}{T^2}\right)^2-\sum_{i=1}^{n-1}\Lambda_{qqi}\left(\frac{\Delta T}{T^2}\right)\left[\frac{(\Delta\mu_i)_{T,p}}{T}\right]-\Lambda_{qqv}\left(-\frac{\Delta T}{T^2}\right)\left(-\frac{\Delta p}{T}\right)\\
&-\sum_{i=1}^{n-1}\sum_{m=1}^{n-1}\Lambda_{qim}\left[\frac{(\Delta\mu_i)_{T,p}}{T}\right]\left[\frac{(\Delta\mu_m)_{T,p}}{T}\right]-\Lambda_{qvv}\left(\frac{\Delta p}{T}\right)^2\\
&-\Lambda_{qqqq}\left(\frac{\Delta T}{T^2}\right)^3-\sum_{i=1}^{n-1}\Lambda_{qqqi}\left(\frac{\Delta T}{T^2}\right)^2\left[\frac{(\Delta\mu_i)_{T,p}}{T}\right]\\
&-\Lambda_{qqqv}\left(\frac{\Delta T}{T^2}\right)^2\left(\frac{\Delta p}{T}\right)-\sum_{i=1}^{n-1}\sum_{m=1}^{n-1}\Lambda_{qqim}\left(\frac{\Delta T}{T^2}\right)\left[\frac{(\Delta\mu_i)_{T,p}}{T}\right]\\
&\cdot\left[\frac{(\Delta\mu_m)_{T,p}}{T}\right]-\Lambda_{qqvv}\left(\frac{\Delta T}{T^2}\right)\left(\frac{\Delta p}{T}\right)^2-\sum_{i=1}^{n-1}\sum_{m=1}^{n-1}\sum_{w=1}^{n-1}\Lambda_{qimw}\\
&\cdot\left[\frac{(\Delta\mu_i)_{T,p}}{T}\right]\left[\frac{(\Delta\mu_m)_{T,p}}{T}\right]\left[\frac{(\Delta\mu_w)_{T,p}}{T}\right]-\Lambda_{qvvv}\left(\frac{\Delta p}{T}\right)^3
\end{aligned}
\tag{7.185}
$$

$$
\begin{aligned}
j_i' =& -\Lambda_{iq}\frac{\Delta T}{T^2}-\sum_{m=1}^{n-1}\Lambda_{im}\frac{(\Delta\mu_m)_{T,p}}{T}-\Lambda_{iv}\frac{\Delta p}{T}\\
&-\Lambda_{iqq}\left(\frac{\Delta T}{T^2}\right)^2+\sum_{m=1}^{n-1}\Lambda_{iqm}\left(\frac{\Delta T}{T^2}\right)\left[\frac{(\Delta\mu_m)_{T,p}}{T}\right]-\Lambda_{iqv}\left(\frac{\Delta T}{T^2}\right)\left(\frac{\Delta p}{T}\right)\\
&-\sum_{m=1}^{n-1}\sum_{w=1}^{n-1}\Lambda_{imw}\left[\frac{(\Delta\mu_m)_{T,p}}{T}\right]\left[\frac{(\Delta\mu_w)_{T,p}}{T}\right]-\Lambda_{ivv}\left(\frac{\Delta p}{T}\right)^2
\end{aligned}
$$

$$
- \Lambda_{iqqq} \left(\frac{\Delta T}{T^2}\right)^3 - \sum_{m=1}^{n-1} \Lambda_{iqqm} \left(\frac{\Delta T}{T^2}\right)^2 \left[\frac{(\Delta\mu_m)_{T,p}}{T}\right]
$$

$$
-\Lambda_{iqqv} \left(\frac{\Delta T}{T^2}\right)^2 \left(\frac{\Delta p}{T}\right) - \sum_{m=1}^{n-1} \sum_{w=1}^{n-1} \Lambda_{iqmw} \left(\frac{\Delta T}{T^2}\right) \left[\frac{(\Delta\mu_m)_{T,p}}{T}\right]
$$

$$
\cdot \left[\frac{(\Delta\mu_w)_{T,p}}{T}\right] - \Lambda_{iqvv} \left(\frac{\Delta T}{T^2}\right) \left(\frac{\Delta p}{T}\right)^2 - \sum_{m=1}^{n-1} \sum_{w=1}^{n-1} \sum_{u=1}^{n-1} \Lambda_{imwu}
$$

$$
\cdot \left[\frac{(\Delta\mu_m)_{T,p}}{T}\right] \left[\frac{(\Delta\mu_w)_{T,p}}{T}\right] \left[\frac{(\Delta\mu_u)_{T,p}}{T}\right] - \Lambda_{ivvv} \left(\frac{\Delta p}{T}\right)^3 \tag{7.186}
$$

$$
j_v = - \Lambda_{vq} \frac{\Delta T}{T^2} - \sum_{i=1}^{n-1} \Lambda_{vi} \frac{(\Delta\mu_i)_{T,p}}{T} - \Lambda_{vv} \frac{\Delta p}{T}
$$

$$
- \Lambda_{vqq} \left(\frac{\Delta T}{T^2}\right)^2 - \sum_{i=1}^{n-1} \Lambda_{vqi} \left(\frac{\Delta T}{T^2}\right) \left[\frac{(\Delta\mu_i)_{T,p}}{T}\right] - \Lambda_{vqv} \left(\frac{\Delta T}{T^2}\right) \left(\frac{\Delta p}{T}\right)
$$

$$
- \sum_{i=1}^{n-1} \Lambda_{viv} \left[\frac{(\Delta\mu_i)_{T,p}}{T}\right] \left(\frac{\Delta p}{T}\right) - \Lambda_{vvv} \left(\frac{\Delta p}{T}\right)^2 - \Lambda_{vqqq} \left(\frac{\Delta T}{T^2}\right)^3
$$

$$
- \sum_{i=1}^{n-1} \Lambda_{vqqi} \left(\frac{\Delta T}{T^2}\right)^2 \left[\frac{(\Delta\mu_i)_{T,p}}{T}\right] - \Lambda_{vqqv} \left(\frac{\Delta T}{T^2}\right)^2 \left(\frac{\Delta p}{T}\right)
$$

$$
- \sum_{i=1}^{n-1} \Lambda_{vqii} \left(\frac{\Delta T}{T^2}\right) \left[\frac{(\Delta\mu_i)_{T,p}}{T}\right]^2 - \Lambda_{vqvv} \left(\frac{\Delta T}{T^2}\right) \left(\frac{\Delta p}{T}\right)^2
$$

$$
- \sum_{i=1}^{n-1} \sum_{m=1}^{n-1} \Lambda_{viim} \left[\frac{(\Delta\mu_i)_{T,p}}{T}\right]^2 \left[\frac{(\Delta\mu_m)_{T,p}}{T}\right] - \sum_{i=1}^{n-1} \sum_{m=1}^{n-1} \sum_{w=1}^{n-1} \Lambda_{vimw}
$$

$$
\cdot \left[\frac{(\Delta\mu_i)_{T,p}}{T}\right] \left[\frac{(\Delta\mu_m)_{T,p}}{T}\right] \left[\frac{(\Delta\mu_w)_{T,p}}{T}\right] - \Lambda_{vvvv} \left(\frac{\Delta p}{T}\right)^3 \tag{7.187}
$$

$$
j_j^{\chi} = - \sum_{\alpha=\mathrm{I}}^{\mathrm{II}} \sum_{l=1}^{r} \Lambda_{jl}^{\alpha} M^{\alpha} \frac{A_l^{\alpha}}{T} - \sum_{\alpha=\mathrm{I}}^{\mathrm{II}} \sum_{\beta=\mathrm{I}}^{\mathrm{II}} \sum_{l=1}^{r} \sum_{k=1}^{r} \Lambda_{jlk}^{\alpha\beta} W^{\alpha} W^{\beta} \left(\frac{A_l^{\alpha}}{T}\right) \left(\frac{A_k}{T}\right)
$$

$$
- \sum_{\alpha=\mathrm{I}}^{\mathrm{II}} \sum_{\beta=\mathrm{I}}^{\mathrm{II}} \sum_{\gamma=\mathrm{I}}^{\mathrm{II}} \sum_{l=1}^{r} \sum_{k=1}^{r} \sum_{h=1}^{r} \Lambda_{jlkh}^{\alpha}
$$

$$
\cdot W^{\alpha} W^{\beta} W^{\gamma} \left(\frac{A_l^{\alpha}}{T}\right) \left(\frac{A_k^{\beta}}{T}\right) \left(\frac{A_h^{\gamma}}{T}\right) \quad (j = 1, 2, \cdots, r; \chi = \mathrm{I}, \mathrm{II}) \tag{7.188}
$$

子体系III不是宏观体系 (或不存在)，上述各式也成立。

考虑子体系间发生化学反应，则有

$$j_j^\chi = -\sum_{j'=1}^{r'} \Lambda_{jj'} \frac{A_{j'}}{T} - \sum_{j'=1}^{r'}\sum_{l'=1}^{r'} \Lambda_{jj'l'} (\frac{A_{j'}}{T}) \left(\frac{A_l'}{T}\right) - \sum_{j'=1}^{r'}\sum_{l'=1}^{r'}\sum_{h'=1}^{r'} \Lambda_{jj'l'h'} \cdot \left(\frac{A_{j'}}{T}\right)\left(\frac{A_{l'}}{T}\right)\left(\frac{A_{h'}}{T}\right) \quad (j=1,2,\cdots,r;\chi=\alpha,\beta,\chi=\mathrm{I},\mathrm{II}) \tag{7.189}$$

7.4.2 存在静电力，温度、浓度均匀的无化学反应发生的 n 元体系

如果体系远离平衡，则式 (7.162)，式 (7.163) 成为

$$\begin{aligned} j_v = &- \Lambda_{vv} \frac{\nabla p}{T} - \Lambda_{ve} \frac{\nabla \varphi}{T} - \Lambda_{vvv} \left(\frac{\nabla p}{T}\right)^2 \\ &- \Lambda_{vve} \left(\frac{\nabla p}{T}\right)\left(\frac{\nabla \varphi}{T}\right) - \Lambda_{vee} \left(\frac{\nabla \varphi}{T}\right)^2 \\ &- \Lambda_{vvvv} \left(\frac{\nabla p}{T}\right)^3 - \Lambda_{vvve} \left(\frac{\nabla p}{T}\right)^2 \left(\frac{\nabla \varphi}{T}\right) \\ &- \Lambda_{vvee} \left(\frac{\nabla p}{T}\right)\left(\frac{\nabla \varphi}{T}\right)^2 - \Lambda_{veee} \left(\frac{\nabla \varphi}{T}\right)^3 + \cdots \end{aligned} \tag{7.190}$$

$$\begin{aligned} i = &- \Lambda_{ev} \frac{\nabla p}{T} - \Lambda_{ee} \frac{\nabla \varphi}{T} - \Lambda_{evv} \left(\frac{\nabla p}{T}\right)^2 \\ &- \Lambda_{eve} \left(\frac{\nabla p}{T}\right)\left(\frac{\nabla \varphi}{T}\right) - \Lambda_{eee} \left(\frac{\nabla \varphi}{T}\right)^2 \\ &- \Lambda_{evvv} \left(\frac{\nabla p}{T}\right)^3 - \Lambda_{evve} \left(\frac{\nabla p}{T}\right)^2 \left(\frac{\nabla \varphi}{T}\right) \\ &- \Lambda_{evee} \left(\frac{\nabla p}{T}\right)\left(\frac{\nabla \varphi}{T}\right)^2 - \Lambda_{eeee} \left(\frac{\nabla \varphi}{T}\right)^3 - \cdots \end{aligned} \tag{7.191}$$

对于子体系III不是宏观体系的情况 (或不存在)，上述各式仍成立。

第 8 章　热传导与扩散

8.1　热　传　导

8.1.1　近平衡体系的热传导

对于仅有热传导发生的体系，熵增率方程为

$$\sigma = -\frac{1}{T^2}\boldsymbol{J}'_q \cdot \nabla T \tag{8.1}$$

由于不存在扩散现象，所以

$$\boldsymbol{J}'_q = \boldsymbol{J}_q - \sum_{i=1}^{n} n_i \boldsymbol{J}_i = \boldsymbol{J}_q \tag{8.2}$$

在各向异性体系中，近平衡状态，唯象方程为

$$\boldsymbol{J}'_q = -\boldsymbol{L}_{qq} \cdot \frac{\nabla T}{T^2} \tag{8.3}$$

式中，$\boldsymbol{L}_{qq}$ 为张量。与傅里叶定律

$$\boldsymbol{J}'_q = -\boldsymbol{\Lambda} \cdot \nabla T \tag{8.4}$$

相比较，得

$$\boldsymbol{\Lambda} = \frac{\boldsymbol{L}_{qq}}{T^2} \tag{8.5}$$

式中，$\boldsymbol{\Lambda}$ 为热传导张量。

将热传导张量分解成对称部分与反对称部分，有

$$\boldsymbol{\Lambda}^s = \frac{1}{2}(\boldsymbol{\Lambda} + \boldsymbol{\Lambda}^{\mathrm{T}}) \tag{8.6}$$

和

$$\boldsymbol{\Lambda}^a = \frac{1}{2}(\boldsymbol{\Lambda} - \boldsymbol{\Lambda}^{\mathrm{T}}) \tag{8.7}$$

式中，$\boldsymbol{\Lambda}^{\mathrm{T}}$ 与 $\boldsymbol{\Lambda}$ 对应的矩阵互为转置矩阵。反对称张量也可以用轴矢量 $\vec{\vec{\boldsymbol{\Lambda}}}^a$ 表示，其分量为

$$\boldsymbol{\Lambda}_1^a = -\boldsymbol{\Lambda}_{23}^a = \boldsymbol{\Lambda}_{32} \quad (循环) \tag{8.8}$$

这样，唯象方程 (8.4) 可写成

$$\boldsymbol{J}_p' = -\boldsymbol{\Lambda}^s \cdot \nabla T - \boldsymbol{\Lambda}^a \times \nabla T \tag{8.9}$$

昂萨格关系为

$$\boldsymbol{\Lambda} = \boldsymbol{\Lambda}^T \tag{8.10}$$

这表明热传导张量是对称张量。实验发现晶体内的热传导张量满足式 (8.8)。

在各向同性的体系与立方晶系中，张量 $\boldsymbol{\Lambda}$ 简化为单位张量的标量的倍数。唯象方程为

$$\boldsymbol{J}_p' = -L_{qq}\frac{\nabla T}{T^2} \tag{8.11}$$

式中，L_{qq} 为标量。写成傅里叶定律的形式为

$$\boldsymbol{J}_p' = -\lambda \nabla T \tag{8.12}$$

其中

$$\lambda = \frac{L_{qq}}{T^2} \tag{8.13}$$

为热传导系数，是标量。

8.1.2 远离平衡体系的热传导

对于远离平衡状态的体系，温度梯度足够大，通量和力之间的线性唯象方程已不能描述这种状态的热传导，需要取泰勒展开的高次项。

$$\boldsymbol{J}_p' = -\left[\boldsymbol{L}_{qq} \cdot \left(\frac{\nabla T}{T^2}\right) + \boldsymbol{L}_{qqq} \cdot \left(\frac{\nabla T}{T^2}\right)^2 \boldsymbol{n} + \boldsymbol{L}_{qqqq} \cdot \left(\frac{\nabla T}{T^2}\right)^3 + \cdots\right] \tag{8.14}$$

在各向同性的体系和立方晶系中，则简化为

$$\boldsymbol{J}_p' = -\left[L_{qq}\left(\frac{\nabla T}{T^2}\right) + L_{qqq}\left(\frac{\nabla T}{T^2}\right)^2 \boldsymbol{n} + L_{qqqq}\left(\frac{\nabla T}{T^2}\right)^3 + \cdots\right] \tag{8.15}$$

其中唯象系数 L_{qq}、L_{qqq}、$\cdots$ 为标量。模仿式 (8.12) 得

$$\boldsymbol{J}_p' = -[\lambda_1(\nabla T) + \lambda_2(\nabla T)^2\boldsymbol{n} + \lambda_3(\nabla T)^3 + \cdots] \tag{8.16}$$

其中

$$\lambda_1 = \frac{L_{qq}}{T^2} \tag{8.17}$$

$$\lambda_2 = \frac{L_{qqq}}{T^4} \tag{8.18}$$

$$\lambda_3 = \frac{L_{qqqq}}{T^6} \tag{8.19}$$

$$\cdots\cdots \tag{8.20}$$

8.2 扩　散

8.2.1 扩散流量和唯象方程

在等温条件下，对于无外力作用、无黏滞性、无化学反应发生的混合物体系，熵增率方程为

$$\sigma = -\frac{1}{T}\sum_{i=1}^{n}\boldsymbol{J}_i\cdot(\nabla\mu_i)_T \tag{8.21}$$

扩散流为

$$\boldsymbol{J}_i=\rho_i(\boldsymbol{v}_i-\boldsymbol{v})\quad(i=1,2,\cdots,n) \tag{8.22}$$

式中，$\boldsymbol{v}$ 为质心速度。

由于扩散过程较慢，所以首先达到机械平衡。若无外力存在，整个体系中压强均匀。

根据普里高津定理，在力学平衡时，可以用其他速度代替质心速度表示扩散流

$$\boldsymbol{J}_i^a=\rho_i(\boldsymbol{v}_i-\boldsymbol{v}^a)\quad(i=1,2,\cdots,n) \tag{8.23}$$

式中，$\boldsymbol{v}^a$ 为任意的参考速度。

因而，熵增率方程 (8.21) 可写成

$$\sigma = -\frac{1}{T}\sum_{i=1}^{n}\boldsymbol{J}_i^a\cdot(\nabla\mu_i)_{T,p} \tag{8.24}$$

由式 (8.24) 给出唯象方程

$$\boldsymbol{J}_i^a=-\sum_{k=1}^{n}L_{ik}^a\cdot\frac{(\nabla\mu_i)_{T,p}}{T} \tag{8.25}$$

并有

$$L_{ik}=L_{ki} \tag{8.26}$$

参考速度有各种选择，但必须满足

$$\boldsymbol{v}^a=\sum_{i=1}^{n}a_i\boldsymbol{v}_i \tag{8.27}$$

和

$$\sum_{i=1}^{n}a_i=1 \tag{8.28}$$

其中，a_i 为权重。

最常用的权重有 4 种。第一种为质量分数

$$w_i = \frac{\rho_i}{\rho}\left(\sum_{i=1}^{n}\rho_i = \rho\right) \tag{8.29}$$

第二种为摩尔分数

$$x_i=\frac{N_i}{N}=\frac{n_i}{n_t} \tag{8.30}$$

其中

$$N_{\mathrm{t}}=\sum_{i=1}^{n} N_i \tag{8.31}$$

$$n_i=\frac{\rho_i}{M_i} \tag{8.32}$$

$$n_{\mathrm{t}}=\sum_{i=1}^{n} n_i \tag{8.33}$$

式中，N_i 为体系中组元 i 的摩尔数；N_{t} 为体系中所有组元的总摩尔数；n_i 为体系单位体积组元 i 的摩尔数，即组元 i 的摩尔密度；n_{t} 为体系单位体积中所有组元的摩尔数，即总摩尔密度；M_i 为体系中组元 i 的摩尔质量。

第三种以 $\rho_i v_i$ 为权重。这里 v_i 是组元 i 的分比体积，它与摩尔分比体积的关系为

$$\widetilde{v}_i= M_i v_i \tag{8.34}$$

故有

$$\rho_i v_i = n_i \widetilde{v}_i \tag{8.35}$$

第四种权重因子为

$$\delta_{in} = \begin{cases} 1, & i = n \\ 0, & i \neq n \end{cases} \tag{8.36}$$

与上述四种权重相应的参考速度和扩散流如下：

(1) 质心速度和扩散流为

$$\boldsymbol{v}=\sum_{i=1}^{n} w_i \boldsymbol{v}_i \tag{8.37}$$

$$\boldsymbol{J}_i=\rho_i(\boldsymbol{v}_i-\boldsymbol{v}) \tag{8.38}$$

(2) 平均摩尔速度和扩散流为

$$\boldsymbol{v}^m = \sum_{i=1}^{n} x_i \boldsymbol{v}_i \tag{8.39}$$

$$\boldsymbol{J}_i^m = \rho_i(\boldsymbol{v}_i - \boldsymbol{v}^m) \tag{8.40}$$

(3) 平均体积速度和扩散流为

$$\boldsymbol{v}^o = \sum_{i=1}^{n} \rho_i v_i \boldsymbol{v}_i \tag{8.41}$$

$$\boldsymbol{J}_i^o = \rho_i(\boldsymbol{v}_i - \boldsymbol{v}^o) \tag{8.42}$$

(4) 第 n 种组元速度和扩散流为

$$\boldsymbol{v}_n = \sum_{i=1}^{n} \delta_{in} \boldsymbol{v}_i \tag{8.43}$$

$$\boldsymbol{J}_i^r = \rho_i(\boldsymbol{v}_i - \boldsymbol{v}_n) \tag{8.44}$$

式 (8.44) 给出的是相对于第 n 种组元的速度计算的“相对扩散流量”。

由于方程 (8.24) 中的通量和力不是完全独立的，通量之间存在关系

$$\sum_{i=1}^{n} \frac{a_i}{w_i} \boldsymbol{J}_i^a = 0 \tag{8.45}$$

而据吉布斯–杜亥姆方程，力间有

$$\sum_{i=1}^{n} w_i (\nabla \mu_i)_{T,p} = 0 \tag{8.46}$$

利用式 (8.45) 和式 (8.46) 可以从熵增率方程 (8.24) 中消去 $\boldsymbol{J}_n^a$ 和 $\nabla \mu_n$，而得到仅包含独立的通量与力的表达式。为此，将方程 (8.24) 写成

$$\sigma = -\frac{1}{T}\left[\sum_{i=1}^{n-1} \boldsymbol{J}_i^a \cdot (\nabla \mu_i)_{T,p} + \boldsymbol{J}_n^a \cdot (\nabla \mu_n)_{T,p}\right] \tag{8.47}$$

由式 (8.45) 和式 (8.46)，得

$$\boldsymbol{J}_n^a = -\sum_{i=1}^{n-1} \frac{a_i w_n}{a_n w_i} \boldsymbol{J}_i^a \tag{8.48}$$

$$(\nabla \mu_n)_{T,p} = -\sum_{i=1}^{n-1} \frac{w_i}{w_n} (\nabla \mu_i)_{T,p} \tag{8.49}$$

将式 (8.48) 和式 (8.49) 代入式 (8.47)，得

$$\begin{aligned}\sigma &= -\frac{1}{T}\left[\sum_{i=1}^{n-1}\boldsymbol{J}_i^a\cdot(\nabla\mu_i)_{T,p}+\sum_{i=1}^{n-1}\frac{a_iw_n}{a_nw_i}\boldsymbol{J}_i^a\cdot\sum_{k=1}^{n-1}\frac{w_k}{w_n}(\nabla\mu_k)_{T,p}\right]\\ &= -\frac{1}{T}\sum_{i=1}^{n-1}\boldsymbol{J}_i^a\cdot\sum_{k=1}^{n-1}\left(\delta_{ik}+\frac{a_iw_n}{a_nw_i}\right)(\nabla\mu_k)_{T,p}\\ &= -\frac{1}{T}\sum_{i=1}^{n-1}\sum_{k=1}^{n-1}\boldsymbol{J}_i^a\cdot A_{i,k}^a(\nabla\mu_k)_{T,p}\end{aligned} \tag{8.50}$$

其中

$$A_{i,k}^a=\delta_{ik}+\frac{a_iw_n}{a_nw_i}\quad(i,k=1,\cdots,n-1) \tag{8.51}$$

$$\boldsymbol{J}_i^a=\sum_{k=1}^{n-1}L_{ik}^a\boldsymbol{X}_k^a\quad(i=1,2,\cdots,n-1) \tag{8.52}$$

其中

$$\boldsymbol{X}_k^a=-\frac{1}{T}\sum_{l=1}^{n-1}A_{kl}^a(\nabla\mu_l)_{T,p} \tag{8.53}$$

前面所给出的扩散流量均包含因子 ρ_i。若引用 n_i 代替 ρ_i，则得摩尔扩散流量

$$\widetilde{\boldsymbol{J}}_i^a=n_i(\boldsymbol{v}_i-\boldsymbol{v}^a)=\frac{1}{M_i}\boldsymbol{J}_i^a \tag{8.54}$$

如果用相应于物质的量的量 x_k，$\widetilde{\boldsymbol{J}}_i^a$，$\widetilde{\mu}_k=M_k\mu_k$，代替相应于质量的量 w_k，$\boldsymbol{J}_i^a$，μ_k，就可以写出与式 (8.54) 相类似的公式

$$\sum_{i=1}^{n}\frac{a_i}{x_i}\widetilde{\boldsymbol{J}}_i^a=0 \tag{8.55}$$

$$\sum_{i=1}^{n}x_i(\nabla\widetilde{\mu}_i)_{T,p}=0 \tag{8.56}$$

$$\sigma=-\frac{1}{T}\sum_{i=1}^{n-1}\sum_{k=1}^{n-1}\widetilde{\boldsymbol{J}}_i^aA_{ik}^a(\nabla\widetilde{\mu}_k)_{T,p} \tag{8.57}$$

$$\widetilde{A}_{ik}^a=\delta_{ik}+\frac{a_ix_k}{a_nx_i} \tag{8.58}$$

且有

$$\widetilde{A}_{ik}^a=M_iA_{ik}^a\frac{1}{M_k} \tag{8.59}$$

唯象方程为

$$\widetilde{J}_i^a = \sum_{k=1}^{n-1} \widetilde{L}_{ik}^a \widetilde{X}_k^a \quad (i = 1, 2, \cdots, n-1) \tag{8.60}$$

其中

$$\widetilde{X}_k^a = -\frac{1}{T} \sum_{l=1}^{n-1} \widetilde{A}_{kl}^a (\nabla \mu_l)_{T,p} \tag{8.61}$$

8.2.2　远离平衡状态的扩散

若体系中组元的化学势梯度足够大，离平衡状态很远，力和流之间已不满足线性关系，则描述扩散的唯象方程需要取泰勒展开的高次项。

在等温条件下，对于无外力作用、无黏滞性、无化学反应的多元系，熵增率仍为式 (8.21)，唯象方程为

$$\begin{aligned} J_i^a =& -\sum_{k=1}^{n} L_{ik}^a \left[\frac{(\nabla \mu_k)_{T,p}}{T}\right] - \sum_{k=1}^{n}\sum_{l=1}^{n} L_{ikl}^a \left[\frac{(\nabla \mu_k)_{T,p}}{T}\right]\left[\frac{(\nabla \mu_l)_{T,p}}{T}\right] \\ & - \sum_{k=1}^{n}\sum_{l=1}^{n}\sum_{h=1}^{n} L_{iklh}^a \left[\frac{(\nabla \mu_k)_{T,p}}{T}\right]\left[\frac{(\nabla \mu_l)_{T,p}}{T}\right]\left[\frac{(\nabla \mu_h)_{T,p}}{T}\right] \\ & - \cdots \quad (i = 1, 2, \cdots, n) \end{aligned}$$

若熵增率采用式 (8.50)，则唯象方程为

$$\begin{aligned} J_i^a =& \sum_{k=1}^{n-1} L_{ik}^a X_k^a + \sum_{k=1}^{n-1}\sum_{l=1}^{n-1} L_{ikl}^a X_k^a X_l^a \\ & + \sum_{k=1}^{n-1}\sum_{l=1}^{n-1}\sum_{h=1}^{n-1} L_{iklh}^a X_k^a X_l^a X_h^a + \cdots \quad (i = 1, 2, \cdots, n) \end{aligned} \tag{8.62}$$

式中

$$X_k^a = -\frac{1}{T} \sum_{s=1}^{n-1} A_{ks}^a (\nabla \mu_s)_{T,p} \tag{8.63}$$

$$X_l^a = -\frac{1}{T} \sum_{t=1}^{n-1} A_{lt}^a (\nabla \mu_t)_{T,p} \tag{8.64}$$

$$X_h^a = -\frac{1}{T} \sum_{r=1}^{n-1} A_{hr}^a (\nabla \mu_r)_{T,p} \tag{8.65}$$

若熵增率采用式 (8.57)，则唯象方程为

$$\begin{aligned} \widetilde{J}_i^a =& \sum_{k=1}^{n-1} \widetilde{L}_{ik}^a \widetilde{X}_k^a + \sum_{k=1}^{n-1}\sum_{l=1}^{n-1} L_{ikl}^a \widetilde{X}_k^a \widetilde{X}_l^a + \sum_{k=1}^{n-1}\sum_{l=1}^{n-1}\sum_{h=1}^{n-1} L_{iklh}^a \widetilde{X}_k^a \widetilde{X}_l^a \widetilde{X}_h^a \\ & + \cdots \quad (i = 1, 2, \cdots, n-1) \end{aligned} \tag{8.66}$$

式中

$$\widetilde{\boldsymbol{X}}_k^a = -\frac{1}{T}\sum_{s=1}^{n-1}\widetilde{A}_{ks}^a(\nabla\widetilde{\mu}_s)_{T,p} \tag{8.67}$$

$$\widetilde{\boldsymbol{X}}_l^a = -\frac{1}{T}\sum_{t=1}^{n-1}\widetilde{A}_{lt}^a(\nabla\widetilde{\mu}_t)_{T,p} \tag{8.68}$$

$$\widetilde{\boldsymbol{X}}_h^a = -\frac{1}{T}\sum_{r=1}^{n-1}\widetilde{A}_{hr}^a(\nabla\widetilde{\mu}_r)_{T,p} \tag{8.69}$$

8.2.3 菲克定律

唯象方程 (8.52) 给出了流和力间的线性关系，并表明扩散流的推动力本质上是化学势梯度。然而，自菲克建立扩散定律以来，扩散的推动力习惯上以浓度梯度表示。其方便之处在于可以直接测定浓度分布，却难以直接测定化学势梯度。即使是想通过浓度分布导出化学势分布，由于很少有二者关系清楚的体系而不易实现。因此，解决多元系扩散的实际问题时，常把唯象方程转化为浓度梯度作推动力的菲克扩散方程的形式，并找出唯象系数 L_{ik} 与扩散系数 D 之间的关系。

在 n 元系中，组元 l 的化学势 μ_l 是温度、压力及表征其他组元成分的量 $y_j(j=1,2,\cdots,n-1)$ 的函数，y_j 可以是 ρ_i，w_i，n_i 或 x_i 等。因此，在一定的温度、压力条件下，有

$$(\Delta\mu_l)_{T,p} = \sum_{j=1}^{n-1}\left(\frac{\partial\mu_l}{\partial y_j}\right)_{T,p,y_{m(m\neq j,n)}}\Delta y_j \tag{8.70}$$

将式 (8.70) 代入式 (8.52) 及式 (8.53) 中，得

$$\boldsymbol{X}_k^a = -\frac{1}{T}\sum_{l=1}^{n-1}A_{kl}^a\sum_{j=1}^{n-1}\left(\frac{\partial\mu_l}{\partial y_j}\right)_{T,p,y_{m(m\neq j,n)}}\nabla y_j \tag{8.71}$$

$$\begin{aligned}\boldsymbol{J}_i^a &= \sum_{k=1}^{n-1}L_{ik}^a\left[-\frac{1}{T}\sum_{l=1}^{n-1}A_{kl}^a\sum_{j=1}^{n-1}\left(\frac{\partial\mu_l}{\partial y_j}\right)_{T,p,y_{m(m\neq j,n)}}\nabla y_j\right]\\ &= -\frac{1}{T}\sum_{j=1}^{n-1}\left[\sum_{k=1}^{n-1}\sum_{l=1}^{n-1}L_{ik}^aA_{kl}^a\left(\frac{\partial\mu_l}{\partial y_j}\right)_{T,p,y_{m(m\neq j,n)}}\right]\nabla y_j\\ &= -\sum_{j=1}^{n-1}D_{ij}^{ay}\nabla y_j \quad (i=1,2,\cdots,n-1)\end{aligned} \tag{8.72}$$

其中

$$D_{ij}^{ay}=\frac{1}{T}\sum_{k=1}^{n-1}\sum_{l=1}^{n-1}L_{ik}^{a}A_{kl}^{a}\left(\frac{\partial\mu_l}{\partial y_j}\right)_{T,p,y_{m(m\neq j,n)}} \tag{8.73}$$

为扩散系数。

值得注意的是，若 y_j 是物质的量表示的浓度，则公式中其他物理量也应由相应的量表示。

写成矩阵形式，有

$$\begin{bmatrix} \boldsymbol{J}_1^a \\ \boldsymbol{J}_2^a \\ \vdots \\ \boldsymbol{J}_{n-1}^a \end{bmatrix} = -\frac{1}{T}\begin{bmatrix} L_{11}^a & L_{12}^a & \cdots & L_{1,n-1}^a \\ L_{21}^a & L_{22}^a & \cdots & L_{2,n-1}^a \\ \vdots & \vdots & & \vdots \\ L_{n-1,1}^a & L_{n-1,2}^a & \cdots & L_{n-1,n-1}^a \end{bmatrix}$$

$$\begin{bmatrix} A_{11}^a & A_{12}^a & \cdots & A_{1,n-1}^a \\ A_{21}^a & A_{22}^a & \cdots & A_{2,n-1}^a \\ \vdots & \vdots & & \vdots \\ A_{n-1,1}^a & A_{n-1,2}^a & \cdots & A_{n-1,n-1}^a \end{bmatrix}$$

$$\begin{bmatrix} \mu_{11}^a & \mu_{12}^a & \cdots & \mu_{1,n-1}^a \\ \mu_{21}^a & \mu_{22}^a & \cdots & \mu_{2,n-1}^a \\ \vdots & \vdots & & \vdots \\ \mu_{n-1,1}^a & \mu_{n-1,2}^a & \cdots & \mu_{n-1,n-1}^a \end{bmatrix}\begin{bmatrix} \nabla y_1 \\ \nabla y_2 \\ \vdots \\ \nabla y_{n-1} \end{bmatrix} \tag{8.74}$$

其中

$$\mu_{lj}^{y}=\left(\frac{\partial\mu_l}{\partial y_j}\right)_{T,p,y_{m(m\neq j,n)}} \tag{8.75}$$

由式 (8.72)，也可写成

$$\begin{bmatrix} \boldsymbol{J}_1^a \\ \boldsymbol{J}_2^a \\ \vdots \\ \boldsymbol{J}_{n-1}^a \end{bmatrix} = -\begin{bmatrix} D_{11}^{ay} & D_{12}^{ay} & \cdots & D_{1,n-1}^{ay} \\ D_{21}^{ay} & D_{22}^{ay} & \cdots & D_{2,n-1}^{ay} \\ \vdots & \vdots & & \vdots \\ D_{n-1,1}^{ay} & D_{n-1,2}^{ay} & \cdots & D_{n-1,n-1}^{ay} \end{bmatrix}\begin{bmatrix} \nabla y_1 \\ \nabla y_2 \\ \vdots \\ \nabla y_{n-1} \end{bmatrix} \tag{8.76}$$

其中

$$\begin{bmatrix} D_{11}^{ay} & D_{12}^{ay} & \cdots & D_{1,n-1}^{ay} \\ D_{21}^{ay} & D_{22}^{ay} & \cdots & D_{2,n-1}^{ay} \\ \vdots & \vdots & & \vdots \\ D_{n-1,1}^{ay} & D_{n-1,2}^{ay} & \cdots & D_{n-1,n-1}^{ay} \end{bmatrix}$$

$$= \frac{1}{T}\begin{bmatrix} L_{11}^{a} & L_{12}^{a} & \cdots & L_{1,n-1}^{a} \\ L_{21}^{a} & L_{22}^{a} & \cdots & L_{2,n-1}^{a} \\ \vdots & \vdots & & \vdots \\ L_{n-1,1}^{a} & L_{n-1,2}^{a} & \cdots & L_{n-1,n-1}^{a} \end{bmatrix}$$

$$\begin{bmatrix} A_{11}^{a} & A_{12}^{a} & \cdots & A_{1,n-1}^{a} \\ A_{21}^{a} & A_{22}^{a} & \cdots & A_{2,n-1}^{a} \\ \vdots & \vdots & & \vdots \\ A_{n-1,1}^{a} & A_{n-1,2}^{a} & \cdots & A_{n-1,n-1}^{a} \end{bmatrix}$$

$$\begin{bmatrix} \mu_{11}^{a} & \mu_{12}^{a} & \cdots & \mu_{1,n-1}^{a} \\ \mu_{21}^{a} & \mu_{22}^{a} & \cdots & \mu_{2,n-1}^{a} \\ \vdots & \vdots & & \vdots \\ \mu_{n-1,1}^{a} & \mu_{n-1,2}^{a} & \cdots & \mu_{n-1,n-1}^{a} \end{bmatrix} \tag{8.77}$$

或简写成

$$D^{ay} = -\frac{1}{T}L^a A^a \mu^y \tag{8.78}$$

式中，角标 a 表示选择的是某种参考速度，角标 y 表示选定的某种成分参量；D^{ay} 为在该种选择下的扩散系数矩阵，常简称为扩散系数。

利用昂萨格关系

$$L^a = (L^a)^{\mathrm{T}} \tag{8.79}$$

由式 (8.78) 可得扩散系数的昂萨格关系

$$D^{ay}(G^{ay})^{-1} = [(G^{ay})^{-1}]^{\mathrm{T}}(D^{ay})^{\mathrm{T}} \tag{8.80}$$

或者

$$(G^{ay})^{\mathrm{T}}D^{ay} = (D^{ay})^{\mathrm{T}}G^{ay} \tag{8.81}$$

其中

$$G^{ay}= A^a \mu^y \tag{8.82}$$

上角标 T 表示装置，即 $(L^a)^{\mathrm{T}}$ 是 L^a 的转置矩阵。式 (8.80) 或式 (8.81) 给出了 $\frac{1}{2}(n-1)(n-2)$ 个关系式，使 $(n-2)^2$ 个扩散系数中仅有 $\frac{1}{2}n(n-1)$ 个是独立的。

8.2.4 菲克定律的推广

体系远离平衡状态，浓度梯度足够大，扩散流和浓度呈线性关系的菲克定律不适用，需考虑高次项。将式 (8.72) 扩展为

$$\begin{aligned}\boldsymbol{J}_i^a =& -\Bigg[\sum_{k=1}^{n-1} D_{ij}^{ay}(\nabla y_j)+\sum_{k=1}^{n}\sum_{q=1}^{n} D_{ijq}^{ay}(\nabla y_j)\cdot(\nabla y_q)\boldsymbol{n}\\ &+\sum_{k=1}^{n-1}\sum_{q=1}^{n-1}\sum_{r=1}^{n-1} D_{ijqr}^{ay}(\nabla y_j)\cdot(\nabla y_q)(\nabla y_r)+\cdots\Bigg] \quad (i=1,2,\cdots,n)\end{aligned} \tag{8.83}$$

式中

$$D_{ij}^{ay} = \frac{1}{T}\sum_{k=1}^{n-1}\sum_{l=1}^{n-1} L_{ik}^a A_{kl}^a \left(\frac{\partial \mu_l}{\partial y_j}\right)_{T,p,y_{m(m\neq j,n)}} \tag{8.84}$$

$$D_{ijq}^{ay}=\frac{1}{T^2}\sum_{k=1}^{n-1}\sum_{l=1}^{n-1}\sum_{g=1}^{n-1}\sum_{h=1}^{n-1} L_{ikg}^a A_{kl}^a A_{gh}^a \left(\frac{\partial \mu_l}{\partial y_j}\right)_{T,p,y_{m(m\neq j,n)}} \left(\frac{\partial \mu_h}{\partial y_q}\right)_{T,p,y_{m(m\neq j,n)}} \tag{8.85}$$

$$\begin{aligned}D_{ijqr}^{ay} =& \frac{1}{T^3}\sum_{k=1 n-1}\sum_{l=1}^{n-1}\sum_{g=1}^{n-1}\sum_{h=1}^{n-1}\sum_{s=1}^{n-1}\sum_{t=1}^{n-1} L_{ikg}^a A_{kl}^a A_{gh}^a A_{st}^a\\ &\left(\frac{\partial \mu_l}{\partial y_j}\right)_{T,p,y_{m(m\neq j,n)}} \left(\frac{\partial \mu_h}{\partial y_q}\right)_{T,p,y_{m(m\neq j,n)}} \left(\frac{\partial \mu_t}{\partial y_r}\right)_{T,p,y_{m(m\neq j,n)}}\end{aligned} \tag{8.86}$$

公式中各物理量应与 y 的浓度表示相一致。

8.3 二元系中的扩散

8.3.1 唯象方程和扩散系数

最简单的扩散情况发生在由两种组元组成的体系中。此时，熵增率方程 (8.50) 仅包含一个通量和力，有

$$\begin{aligned}\sigma &= -\frac{1}{T}\boldsymbol{J}_1^a A_{11}^a (\nabla \mu_l)_{T,p}\\ &= -\frac{1}{a_2 T}\boldsymbol{J}_i^a (\nabla \mu_l)_{T,p}\end{aligned} \tag{8.87}$$

其中

$$A_{11}^{a}=\frac{1}{a_2} \tag{8.88}$$

即矩阵 A^a 简化为数 $\frac{1}{a_2}$。

描述扩散过程的唯象方程为

$$\begin{aligned}\boldsymbol{J}_i^a &= -L_{11}^a \frac{1}{a_2 T}(\nabla\mu_1)_{T,p} \\ &= -D_{11}^{ay}\nabla y_1\end{aligned} \tag{8.89}$$

其中

$$D_{11}^{ay}=\frac{L_{11}^a}{a_2 T}\frac{\partial\mu_1}{\partial y_1} \tag{8.90}$$

二元扩散只有一个扩散系数 D_{11}^{ay} 或 D_{22}^{ay}，所以不存在昂萨格倒易关系。但由于

$$\begin{aligned}v_1\boldsymbol{J}_1^o+v_2\boldsymbol{J}_2^o &= -v_1 D_{11}^{o\rho}\nabla\rho_1 - v_2 D_{22}^{o\rho}\nabla\rho_2 \\ &= -D_{11}^{o\rho}v_1\nabla\rho_1 - \frac{1}{v_2}D_{22}^{o\rho}v_2(-v_1\nabla\rho_1) \\ &= -D_{11}^{o\rho}v_1\nabla\rho_1 + D_{22}^{o\rho}v_1\nabla\rho_1 \\ &= 0\end{aligned} \tag{8.91}$$

而有

$$D_{11}^{o\rho} = D_{22}^{o\rho} \tag{8.92}$$

因此称 $D_{ii}^{o\rho}(i=1,2)$ 为标准扩散系数，并以 D 表示。

选择其他参考速度时，扩散系数间也有简单的关系。例如，

$$D_{22}^{c\rho} = \left(\frac{v_2}{v_1}\right) D_{11}^{c\rho} \tag{8.93}$$

$$D_{22}^{m\rho} = \left(\frac{M_2 v_2}{M_1 v_1}\right) D_{11}^{m\rho} \tag{8.94}$$

利用 D，相应于四种权重的唯象方程可写成

$$a_2 = w_2, \quad \boldsymbol{J}_1 = -\rho D\nabla w_1 = -D n_t^2 M_1 M_2 \rho^{-1}\nabla x_1 \tag{8.95}$$

$$a_2 = x_2, \quad \boldsymbol{J}_1^m = -M_1 n_t D\nabla x_1 \tag{8.96}$$

$$a_2=\rho_2 v_2, \quad \boldsymbol{J}_1^o= -D\nabla\rho_1 \tag{8.97}$$

$$a_2= \delta_{22}= 1, \quad \boldsymbol{J}_1^r= -D\frac{\rho}{w_2}\nabla w_1 \tag{8.98}$$

采用物质的量浓度表示浓度，则有

$$\widetilde{\boldsymbol{J}}_1^m= -n_t D\nabla x_1 \quad (a_2= x_2) \tag{8.99}$$

$$\widetilde{\boldsymbol{J}}_1^o= -D\nabla n_1 \quad (a_2=\rho_2 v_2) \tag{8.100}$$

$$\widetilde{\boldsymbol{J}}_1^r= -D\frac{n_t}{x_2}\nabla x_1 \quad (a_2= 1) \tag{8.101}$$

8.3.2　封闭体系中的扩散——菲克第二定律

如果参考速度 $\boldsymbol{v}^a$ 的值很小，可以忽略，D_{ij}^{ay} 是均匀的，这样由式 (8.23) 和式 (8.54) 可得

$$\boldsymbol{J}_1^a = \rho_1 \boldsymbol{v}_1 \tag{8.102}$$

$$\widetilde{\boldsymbol{J}}_1^a = n_1 \boldsymbol{v}_1 \tag{8.103}$$

质量守恒定律可写成

$$\frac{\partial \rho_1}{\partial t} = -\nabla\cdot\rho_1\boldsymbol{v}_1 = -\nabla\cdot\boldsymbol{J}_1^a \tag{8.104}$$

及

$$\frac{\partial n_1}{\partial t} = -\nabla\cdot n_1\boldsymbol{v}_1= -\nabla\cdot\widetilde{\boldsymbol{J}}_1^a \tag{8.105}$$

将

$$\boldsymbol{J}_1^a = -D_{11}^{ay}\nabla y_1$$

及

$$\widetilde{\boldsymbol{J}}_1^a=\frac{1}{M_1}\boldsymbol{J}_1^a= -\frac{D_{11}^{ay}}{M_1}\nabla y_1$$

分别代入式 (8.104) 和式 (8.105)，得

$$\begin{aligned}\frac{\partial \rho_1}{\partial t} &= \nabla\cdot(D_{11}^{ay}\nabla y_1)\\ &= D_{11}^{ay}\nabla\cdot\nabla y_1\\ &= D_{11}^{ay}\nabla^2 y_1\end{aligned} \tag{8.106}$$

和

$$\begin{aligned}\frac{\partial n_1}{\partial t} &= \nabla\cdot\left(\frac{D_{11}^{ay}}{M_1}\nabla y_1\right)\\ &= \frac{D_{11}^{ay}}{M_1}\nabla\cdot\nabla y_1\\ &= \frac{D_{11}^{ay}}{M_1}\nabla^2 y_1\end{aligned} \tag{8.107}$$

这就是菲克第二定律方程。

对于封闭体系，在一定条件下某个参考速度 $\boldsymbol{v}^a=0$，现按所选定的四种参考速度加以讨论。

(1) 对于可将密度 ρ 看成不随时间改变且均匀的体系。

由质量守恒定律

$$\frac{\partial\rho}{\partial t}=-\nabla\cdot\rho\boldsymbol{v} \tag{8.108}$$

可得

$$\nabla\cdot\boldsymbol{v}=0 \tag{8.109}$$

再由黏滞切变对熵增率没有贡献的假设，即

$$-\frac{1}{T}\mathring{\Pi}(\mathring{\nabla}\boldsymbol{v})^s=2\frac{\eta}{T}(\mathring{\nabla}\boldsymbol{v})^s:(\mathring{\nabla}\boldsymbol{v})^s=0 \tag{8.110}$$

可得

$$\frac{\partial\rho_\alpha}{\partial x_\beta}+\frac{\partial v_\beta}{\partial x_\alpha}=0\quad(\alpha\neq\beta) \tag{8.111}$$

$$\frac{\partial v_1}{\partial x_1}=\frac{\partial v_2}{\partial x_2}=\frac{\partial v_3}{\partial x_3} \tag{8.112}$$

式中，v_1，v_2，v_3 为 $\boldsymbol{v}$ 的笛卡儿分量。

这组微分方程的一般解是一个速度场

$$\boldsymbol{v}_1(\boldsymbol{r},t)=\boldsymbol{a}+\boldsymbol{b}\times\boldsymbol{r}+\boldsymbol{c}\boldsymbol{r}+2\boldsymbol{r}(\boldsymbol{d}\cdot\boldsymbol{r})-\boldsymbol{d}\boldsymbol{r}^2 \tag{8.113}$$

式中，$\boldsymbol{a}$，$\boldsymbol{b}$，$\boldsymbol{c}$，$\boldsymbol{d}$ 仅为时间的函数。

这个速度场的旋度为

$$\nabla\times\boldsymbol{v}=2\boldsymbol{b}+4\boldsymbol{d}\times\boldsymbol{r} \tag{8.114}$$

由于体系达成力学平衡

$$\frac{\mathrm{d}\boldsymbol{v}}{\mathrm{d}t}=\frac{\partial\boldsymbol{v}}{\partial t}+(\nabla\cdot\boldsymbol{v})\boldsymbol{v}=0 \tag{8.115}$$

则由一般解式 (8.113)，得

$$\boldsymbol{b}=0, \quad \boldsymbol{d}=0 \tag{8.116}$$

因而由式 (8.114)，得

$$\nabla\times\boldsymbol{v}=0 \tag{8.117}$$

利用式 (8.109) 和式 (8.117)，再根据 $\boldsymbol{v}$ 在边界上的法向分量为零的边界条件，可推得质心速度处处为零，即

$$\boldsymbol{v}=0 \tag{8.118}$$

所以

$$\frac{\partial\rho_1}{\partial t}=\rho D\nabla\cdot\nabla w_1 \tag{8.119}$$

即

$$\frac{\partial w_1}{\partial t}=D\nabla^2 w_1 \tag{8.120}$$

这里利用了

$$w_1=\frac{\rho_1}{\rho}$$

及认为 D 是均匀的条件。

满足式 (8.120) 的体系是相对分子质量差别不大或质量分数小 $(w_1\leqslant 1, w_2\approx 1)$ 的体系。

(2) 对于摩尔密度 n_v 不随时间改变且均匀的体系。

由质量守恒方程

$$\frac{\partial n_v}{\partial t}=-\nabla\cdot n_v\boldsymbol{v}^m \tag{8.121}$$

可得

$$\nabla\cdot\boldsymbol{v}^m=0 \tag{8.122}$$

由式 (8.54)，得

$$\sum_{i=1}^{n}x_i\boldsymbol{v}_{v_i}=\frac{1}{n_v}\sum_{i=1}^{n}\widetilde{\boldsymbol{J}}_i+\boldsymbol{v} \tag{8.123}$$

代入

$$\boldsymbol{v}^m=\sum_{i=1}^{n}x_i\boldsymbol{v}_{v_i} \tag{8.124}$$

中并取旋度，得

$$\nabla\times\boldsymbol{v}^m=\frac{1}{N}\sum_{i=1}^{n}\nabla\times\widetilde{\boldsymbol{J}}_i+\nabla\times\boldsymbol{v} \tag{8.125}$$

如果忽略横向效应 (和不考虑科里奥利力)，流体的各向同性要求唯象方程具有

$$\widetilde{\boldsymbol{J}}_i=\sum_{k=1}^{n} L_{ik}\nabla Y_k \tag{8.126}$$

的形式，其中 L_{ik} 和 Y 都为标量。因而

$$\nabla\times\widetilde{\boldsymbol{J}}_i=\sum_{k=1}^{n}\Delta L_{ik}\times\nabla Y_k \tag{8.127}$$

系数 L_{ik} 在此情况下是状态参量的局部值的函数。在温度均匀的情况下，状态参量为浓度，即 Y_k；一般情况下，所有的 ∇Y_k 都平行，∇L_{ik} 也与 ∇Y_k 平行。因此式 (8.127) 等号左边为零，即

$$\nabla\times\widetilde{\boldsymbol{J}}_i=0 \tag{8.128}$$

再利用式 (8.117)，则式 (8.125) 给出

$$\nabla\times\boldsymbol{v}^m=0 \tag{8.129}$$

由式 (8.122) 和式 (8.129) 及 $\boldsymbol{v}^m$ 在边界上的法向分量为零的边界条件，可得

$$\boldsymbol{v}^m=0 \tag{8.130}$$

所以

$$\frac{\partial n_1}{\partial t}=\nabla\cdot(n_t D\nabla x_1) \tag{8.131}$$

n_t, D 是均匀的，故

$$\frac{\partial x_1}{\partial t}=D\nabla^2 x_1 \tag{8.132}$$

后一步利用了

$$x_1=\frac{n_1}{n_t}$$

对于理想气体以及稀溶体 $(x_1\ll 1, x_2\approx 1)$，n_t 为常量。

(3) 对于分比体积 v_i 不显著地依赖于浓度，即 v_i 是均匀的且不随时间改变的体系，由等式

$$\sum_{i=1}^{n}\rho_i v_i=1 \tag{8.133}$$

得

$$\sum_{i=1}^{n}\left(v_i\frac{\partial\rho_i}{\partial t}+\rho_i\frac{\partial v_i}{\partial t}\right)=0 \tag{8.134}$$

由于 v_i 不随时间改变，所以

$$\sum_{i=0}^{n} v_i \frac{\partial \rho_i}{\partial t} = 0 \tag{8.135}$$

由

$$\boldsymbol{v}^o = \sum_{i=1}^{n} \rho_i v_i \boldsymbol{v}_i$$

得

$$\nabla \cdot v^o = \sum_{i=1}^{n} v_i \nabla \cdot \rho_i v_i \tag{8.136}$$

这里利用了 v_i 是均匀的条件。将质量守恒方程

$$\frac{\partial \rho_i}{\partial t} = -\nabla \cdot \rho_i \boldsymbol{v}_i$$

代入式 (8.136)，得

$$\nabla \cdot \boldsymbol{v}^o = \sum_{i=1}^{n} v_i \frac{\partial \rho_i}{\partial t} = 0 \tag{8.137}$$

后一步利用了式 (8.135)。

由

$$\boldsymbol{v}^o = \sum_{i=1}^{n} \rho_i v_i \boldsymbol{v}_i$$

得

$$\nabla \times \boldsymbol{v}^o = \sum_{i=1}^{n} v_i \nabla \times \rho_i \boldsymbol{v}_i \tag{8.138}$$

由

$$\boldsymbol{J}_i = \rho_i(\boldsymbol{v}_i - \boldsymbol{v})$$

得

$$\nabla \times \boldsymbol{J}_i = \nabla \times \rho_i \boldsymbol{v}_i - \nabla \times \rho_i \boldsymbol{v} \tag{8.139}$$

$$\nabla \times \rho_i \boldsymbol{v}_i = \nabla \times \boldsymbol{J}_i + \nabla \times \rho_i \boldsymbol{v} \tag{8.140}$$

将式 (8.140) 代入式 (8.138)，得

$$\begin{aligned}\nabla \times \boldsymbol{v}^o &= \sum_{i=1}^{n} v_i \nabla \times \boldsymbol{J}_i + \sum_{i=1}^{n} v_i \nabla \times \rho_i \boldsymbol{v} \\ &= \sum_{i=1}^{n} v_i \nabla \times \boldsymbol{J}_i + \sum_{i=1}^{n} v_i \rho_i \nabla \times \boldsymbol{v} + \sum_{i=1}^{n} v_i \nabla \rho_i \times \boldsymbol{v}\end{aligned} \tag{8.141}$$

由

$$\sum_{i=1}^{n} v_i \rho_i = 1$$

得

$$\sum_{i=1}^{n} v_i \nabla \rho_i = 0 \tag{8.142}$$

所以

$$\nabla \times \boldsymbol{v}^o = \sum_{i=1}^{n} v_i \nabla \times \boldsymbol{J}_i + \nabla \times \boldsymbol{v} \tag{8.143}$$

上面已经利用了 v_i 均匀的条件。

用类似于推导式 (8.128) 的方法可以证明

$$\nabla \times \boldsymbol{J}_i = 0 \tag{8.144}$$

再根据式 (8.117)，由式 (8.143)，得

$$\nabla \times \boldsymbol{v}^o = 0 \tag{8.145}$$

由式 (8.137) 和式 (8.145) 及 $\boldsymbol{v}^o$ 在边界上的法向分量为零的条件，得

$$\boldsymbol{v}^o = 0 \tag{8.146}$$

所以

$$\frac{\partial \rho_1}{\partial t} = \nabla \cdot (D \nabla \rho_1) = D \nabla^2 \rho_1 \tag{8.147}$$

利用

$$\rho_1 = M_1 n_1$$

得

$$\frac{\partial n_1}{\partial t} = D \nabla^2 n_1 \tag{8.148}$$

这里所要求的条件对于许多液态体系是能够满足的。

(4) 在质量浓度小的体系 $(w_1 \ll 1, w_2 \approx 1)$ 中，速度 $\boldsymbol{v}_2$ 实际与质心速度相等，此种体系的质心速度可看成零，因而 $\boldsymbol{v}_2$ 也可看成零，即

$$\boldsymbol{v}_2 = 0 \tag{8.149}$$

假如 D 也可看成均匀的，则有

$$\frac{\partial w_1}{\partial t} = D \nabla^2 w_1$$

对于物质的量浓度稀薄 $(x_1 \ll 1, x_2 \approx 1)$ 的体系，$\boldsymbol{v}_2 = \boldsymbol{v}^m$。由于 $\boldsymbol{v}^m$ 在此种体系中可忽略，得

$$\boldsymbol{v}_2 = 0 \tag{8.150}$$

而 n_t 是均匀和不变的，所以

$$\frac{\partial x_1}{\partial t} = D\nabla^2 x_1 \tag{8.151}$$

8.4　多元体系中的扩散

8.4.1　选择不同参考速度的扩散流量

对于 n 种组元的混合物，建立式 (8.72) 的扩散定律，其中包含 $(n-1)^2$ 个扩散系数。本节进一步讨论 $n>2$ 体系的扩散定律。

(1) 选择 $a_j = w_j$

由式 (8.72) 得相对于质心运动计算的扩散流量：

$$\begin{aligned}\boldsymbol{J}_i &= -\sum_{j=1}^{n-1} D_{ij}^{ww} \nabla w_j \\ &= -\rho \sum_{j=1}^{n-1} D_{ij} \nabla w_j \quad (i = 1, 2, \cdots, n-1)\end{aligned} \tag{8.152}$$

其中

$$D_{ij} = \rho^{-1} D_{ij}^{ww} \tag{8.153}$$

(2) 选择 $a_j = x_j$

有

$$\boldsymbol{J}_i^m = -\sum_{j=1}^{n-1} D_{ij}^{mm} \nabla x_j \quad (i = 1, 2, \cdots, n-1) \tag{8.154}$$

写成摩尔流量，有

$$\begin{aligned}\widetilde{\boldsymbol{J}}_i^m &= -\sum_{j=1}^{n-1} M_i^{-1} D_{ij}^{mm} \nabla x_j \\ &= -n_t \sum_{j=1}^{n-1} \frac{M_j}{M_i} D_{ij}^{mm} \nabla x_j \quad (i = 1, 2, \cdots, n-1)\end{aligned} \tag{8.155}$$

其中

$$M_j D_{ij}^m = n_t^{-1} D_{ij}^{mm} \tag{8.156}$$

(3) 选择 $a_j = \rho_j \upsilon_j$

有

$$\begin{aligned}\boldsymbol{J}_i^o &= -\sum_{j=1}^{n-1} D_{ij}^{o\rho} \nabla \rho_j \\ &= -\sum_{j=1}^{n-1} D_{ij}^{o} \nabla \rho_j \quad (i = 1, 2, \cdots, n-1)\end{aligned} \tag{8.157}$$

有

$$D_{ij}^{o} = D_{ij}^{o\rho} \tag{8.158}$$

也可写成

$$\begin{aligned}\widetilde{\boldsymbol{J}}_i^o &= -\sum_{j=1}^{n-1} \frac{M_j}{M_i} D_{ij}^{o\rho} \nabla n_j \\ &= -\sum_{j=1}^{n-1} \frac{M_j}{M_i} D_{ij}^{o} \nabla n_j\end{aligned} \tag{8.159}$$

(4) 选择 $a_j = \delta_{jn}$

有

$$\boldsymbol{J}_i^r = -\sum_{j=1}^{n-1} D_{ij}^r \left(\nabla \rho_j - \frac{w_j}{w_n} \nabla \rho_n \right) \quad (i = 1, 2, \cdots, n-1) \tag{8.160}$$

及

$$\widetilde{\boldsymbol{J}}_i^r = -\sum_{j=1}^{n-1} \frac{M_k}{M_i} D_{ij}^r \left(\nabla n_j - \frac{x_j}{x_n} \nabla n_n \right) \quad (i = 1, 2, \cdots, n-1) \tag{8.161}$$

8.4.2 菲克第二定律

类似于二元系的考虑，有

$$\begin{aligned}\frac{\partial \rho_i}{\partial t} &= \nabla \cdot \rho_i \boldsymbol{v}_i \approx \nabla \cdot \boldsymbol{J}_i^a \\ &= \nabla \cdot \sum_{j=1}^{n-1} D_{ij}^{ay} \nabla y_j = \sum_{j=1}^{n-1} D_{ij}^{ay} \nabla^2 y_j\end{aligned} \tag{8.162}$$

这就是多元系的菲克第二定律。

类似于二元系的四种情况，有：

(1) 具有恒定 ρ 的体系：

$$\frac{\partial w_i}{\partial t}=\sum_{j=1}^{n-1} D_{ij}\nabla^2 W_j \quad (i=1,2,\cdots,n-1) \tag{8.163}$$

(2) 具有恒定摩尔密度 n_t 的体系：

$$\frac{\partial x_i}{\partial t}=\sum_{j=1}^{n-1} \frac{M_j}{M_i} D_{ij}^m \nabla^2 x_j \quad (i=1,2,\cdots,n-1) \tag{8.164}$$

(3) 分比体积 v_j 不明显地依赖于浓度的体系 (如液体)：

$$\frac{\partial \rho_i}{\partial t}=\sum_{j=1}^{n-1} D_{ij}\nabla^2 \rho_j \quad (i=1,2,\cdots,n-1) \tag{8.165}$$

或

$$\frac{\partial n_i}{\partial t}=\sum_{j=1}^{n-1} \frac{M_j}{M_i} D_{ij}\nabla^2 n_j \quad (i=1,2,\cdots,n-1) \tag{8.166}$$

(4) 在质量浓度稀 ($w_i \ll 1; i=1,2,\cdots,n-1; w_n \approx 1$) 的体系内，由于这些混合物的

$$\frac{w_j}{w_n}\nabla \rho_n \approx 0 \tag{8.167}$$

$$\boldsymbol{v}_n \approx \boldsymbol{v}=0 \tag{8.168}$$

所以

$$\frac{\partial w_i}{\partial t}=\sum_{j=1}^{n-1} D_{ij}\nabla^2 w_j \quad (i=1,2,\cdots,n-1) \tag{8.169}$$

对于物质的量浓度稀 ($x_i \ll 1; i=1,2,\cdots,n-1; i_n \approx 1$) 的体系，由于

$$\frac{x_j}{x_n}\nabla n_n \approx 0 \tag{8.170}$$

$$\boldsymbol{v}_n \approx \boldsymbol{v}^m=0 \tag{8.171}$$

所以

$$\frac{\partial x_i}{\partial t}=\sum_{j=1}^{n-1} \frac{M_j}{M_i} D_{ij}^m \nabla^2 x_j \quad (i=1,2,\cdots,n-1) \tag{8.172}$$

8.4.3 在三元系中的应用

对于三元系，由式 (8.157) 得

$$J_1^o = -D_{11}^{o\rho}\nabla\cdot\rho_1 - D_{12}^{o\rho}\nabla\cdot\rho_2 \quad (i=1,2,\cdots,n-1) \tag{8.173}$$

$$J_2^o = -D_{21}^{o\rho}\nabla\cdot\rho_1 - D_{22}^{o\rho}\nabla\cdot\rho_2 \quad (i=1,2,\cdots,n-1) \tag{8.174}$$

这里有 4 个扩散系数，它们之间存在着一个昂萨格关系：

$$(G^{o\rho})^{\mathrm{T}}D^{o\rho} = (D^{o\rho})^{\mathrm{T}}G^{o\rho} \tag{8.175}$$

具体写出来就是

$$G_{11}^{o\rho}D_{12}^{o\rho} + G_{12}^{o\rho}D_{22}^{o\rho} = D_{11}^{o\rho}G_{12}^{o\rho} + D_{21}^{o\rho}G_{22}^{o\rho} \tag{8.176}$$

另外，还有

$$G_{12}^{o\rho} = G_{21}^{o\rho} \tag{8.177}$$

或

$$(1-\rho_2 v_2)\mu_{12}^{\rho} + \rho_2 v_1 \mu_{22}^{\rho} = \rho_1 v_2 \mu_{11}^{\rho} + (1-\rho_1 v_1)\mu_{21}^{\rho} \tag{8.178}$$

这可由 G 的定义式 (8.82) 直接得到。式 (8.178) 说明 μ_{ij}^{ρ} 中仅有 3 个是独立的。

8.5 索瑞效应 (热扩散) 和杜伏效应

8.5.1 索瑞效应和杜伏效应简介

当把一个最初为均匀的溶体放到一个不均匀的温度场中，温度梯度建立起来后，会发生热扩散，逐渐形成浓度梯度。然后，普通扩散也将开始，它使浓度趋于均匀。经过一段时间后，达到稳定状态，热扩散与普通扩散平衡。这种由温度梯度而产生浓度梯度的现象称为索瑞效应。

与索瑞效应相反的现象称为杜伏效应，就是由浓度梯度引起热的传递的效应。

考虑一各向同性的混合物流体，其中黏滞现象可以忽略，且无外力存在，压强是均匀的，但其浓度与温度不均匀。该体系的熵增率方程为

$$\sigma = -J_q' \cdot \frac{\nabla T}{T^2} - \sum_{i=1}^{n-1} J_i \cdot \frac{[\nabla(\mu_i - \mu_n)]_{T,p}}{T} \tag{8.179}$$

由吉布斯–杜亥姆方程，得

$$\sum_{k=1}^{n} w_k (\nabla\mu_k)_{T,p} = 0 \tag{8.180}$$

故

$$(\nabla\mu_n)_{T,p}=-\sum_{k=1}^{n-1}\frac{w_k}{w_n}(\nabla\mu_k)_{T,p} \tag{8.181}$$

代入式 (8.179)，得

$$\begin{aligned}\sigma&=-\boldsymbol{J}_q'\cdot\frac{\nabla T}{T^2}-\sum_{i=1}^{n-1}\boldsymbol{J}_i\cdot\frac{\left[\nabla\mu_i+\sum\limits_{k=1}^{n-1}\dfrac{w_k}{w_n}\nabla\mu_k\right]_{T,p}}{T}\\&=-\boldsymbol{J}_q'\cdot\frac{\nabla T}{T^2}-\sum_{i=1}^{n-1}\sum_{i=1}^{n-1}\boldsymbol{J}_i\cdot\frac{A_{ik}(\nabla\mu_k)_{T,p}}{T}\end{aligned} \tag{8.182}$$

其中

$$A_{ik}=\delta_{ik}+\frac{\omega_k}{\omega_n}\quad(i,k=1,2,\cdots,n-1) \tag{8.183}$$

这实际上就是选 $a_i=\omega_i$ 时 A_{ik}^a 的值，即意味着以质心速度作为参考速度。

将化学势梯度改写为浓度梯度，有

$$(\nabla\mu_k)_{T,p}=\sum_{l=1}^{n-1}\mu_{kl}^w\nabla w_l\quad(i,k=1,2,\cdots,n-1) \tag{8.184}$$

其中

$$\mu_{kl}^w=\left(\frac{\partial\mu_k}{\partial w_l}\right)_{T,p,w_{m(m\neq l)}} \tag{8.185}$$

将式 (8.184) 代入式 (8.185)，得

$$\sigma=-\boldsymbol{J}_q'\cdot\frac{\nabla T}{T^2}-\sum_{i=1}^{n-1}\sum_{k=1}^{n-1}\sum_{l=1}^{n-1}\boldsymbol{J}_i\cdot\frac{A_{ik}\mu_{kl}^w\nabla w_l}{T} \tag{8.186}$$

所以唯象方程为

$$\boldsymbol{J}_q'=-L_{qq}\frac{\nabla T}{T^2}-\sum_{i=1}^{n-1}\sum_{k=1}^{n-1}\sum_{l=1}^{n-1}L_{qj}\frac{A_{jk}\mu_{kl}^w\nabla w_l}{T} \tag{8.187}$$

$$\boldsymbol{J}_i=-L_{iq}\frac{\nabla T}{T^2}-\sum_{i=1}^{n-1}\sum_{k=1}^{n-1}\sum_{l=1}^{n-1}L_{ij}\frac{A_{jk}\mu_{kl}^w\nabla w_l}{T}\quad(i=1,2,\cdots,n-1) \tag{8.188}$$

昂萨格关系为

$$\left\{\begin{array}{l}L_{iq}=L_{qi}\\L_{ij}=L_{ji}\end{array}\right.\quad(i=1,2,\cdots,n-1) \tag{8.189}$$

唯象系数 L_{qq}，L_{ij} 与热导率和扩散系数的关系如前所述。系数 L_{iq} 是热扩散现象的特征，温度梯度引起的物质的流动由方程 (8.188) 的第一项表征。系数 L_{qj} 是由浓度梯度引起热流的特征，方程 (8.187) 的求和项描述浓度梯度引起的热流。

8.5.2 在二元系中的应用

对于二元系，有

$$A_{11}=\frac{1}{w_2} \tag{8.190}$$

唯象方程具体化为

$$\boldsymbol{J}'_q= -L_{qq}\frac{\nabla T}{T^2}-L_{q1}\frac{\mu_{11}^w}{w_2T}\Delta w_1 \tag{8.191}$$

$$\boldsymbol{J}_1= -L_{1q}\frac{\nabla T}{T^2}-L_{11}\frac{\mu_{11}^w}{w_2T}\nabla w_1 \tag{8.192}$$

并有昂萨格关系

$$L_{1q}= L_{q1} \tag{8.193}$$

利用熵源强度是正定的条件，可得

$$\begin{cases} L_{qq} \geqslant 0, L_{11} \geqslant 0 \\ L_{qq}L_{11}-\dfrac{1}{4}(L_{1q}+L_{q1})^2= L_{qq}L_{11}-(L_{1q})^2 \geqslant 0 \end{cases} \tag{8.194}$$

引入以下系数：

热导率

$$\lambda =\frac{L_{qq}}{T^2} \tag{8.195}$$

扩散系数

$$D =\frac{L_{11}\mu_{11}^w}{\rho w_2T} \tag{8.196}$$

热扩散系数

$$D' =\frac{L_{1q}}{\rho w_1w_2T^2} \tag{8.197}$$

杜伏效应系数

$$D'' =\frac{L_{q1}}{\rho w_1w_2T^2} \tag{8.198}$$

式 (8.195) 和式 (8.196) 与前面的定义一致。据此唯象方程写成

$$\boldsymbol{J}'_q= -\lambda\nabla T - \rho_1\mu_{11}^w TD''\nabla w_1 \tag{8.199}$$

$$\boldsymbol{J}_1= -\rho w_1w_2D'\nabla T-\rho D\nabla w_1 \tag{8.200}$$

当体系达成恒定状态时，即

$$\boldsymbol{J}_1 = 0$$

由式 (8.192)，得

$$\frac{\nabla w_1}{\nabla T} = -\frac{L_{1q} w_2}{L_{11} \mu_{11}^w T} \tag{8.201}$$

由式 (8.200) 得

$$\frac{D'}{D} = -\frac{\nabla w_1}{w_1 w_2 \nabla T} \approx -\frac{\Delta w_1}{w_1 w_2 \Delta T} \tag{8.202}$$

称此比值为“索瑞系数”，有时用 S_T 表示。$\Delta\omega_1$ 和 ΔT 为体系达成定态后的最大浓度差和温度差。对于多元系则需解方程组 (8.188)。

由昂萨格关系，得

$$D' = D'' \tag{8.203}$$

由式 (8.194)，得

$$\lambda \geqslant 0, \ D \geqslant 0, \ (D')^2 \leqslant \frac{\lambda D}{T \rho w_1^2 w_2 \mu_{11}^w} \tag{8.204}$$

对于封闭体系，通常可以忽略对流现象。如果浓度梯度不太大，则可认为 ρ 是均匀的。因此，能量守恒方程变为

$$\rho \frac{\partial \mu}{\partial t} = -\nabla \cdot \boldsymbol{J}_q' \tag{8.205}$$

而

$$\mathrm{d}\mu = c_p \mathrm{d}T \tag{8.206}$$

所以

$$\rho c_p \frac{\partial T}{\partial t} = -\nabla \cdot \boldsymbol{J}_q' \tag{8.207}$$

将唯象方程 (8.191) 代入式 (8.207)，得

$$\rho c_p \frac{\partial T}{\partial t} = -\nabla \cdot (\lambda \nabla T + \rho_1 \mu_{11}^w T D'' \nabla w_1) \tag{8.208}$$

这是考虑了杜伏效应的傅里叶热传导方程。

质量守恒方程为

$$\frac{\partial w_1}{\partial t} = -\nabla \cdot \frac{\boldsymbol{J}_1}{\rho} \tag{8.209}$$

将式 (8.192) 代入式 (8.209)，得

$$\frac{\partial w_1}{\partial t} = -\nabla \cdot (w_1 w_2 D' \nabla T + D \nabla w_1) \tag{8.210}$$

这是考虑了索瑞效应的菲克第二定律方程。

通过求解式 (8.209) 和式 (8.210)，可得作为坐标与时间函数的质量浓度分布以及温度场。达成定态后，体系达到最大的温度差为 ΔT，相应的质量浓度差为 Δw_1，因此

$$\frac{D''}{\lambda}=-\frac{1}{T\rho_1\mu_{11}^w}\frac{\Delta T}{\Delta w_1} \tag{8.211}$$

利用式 (8.202) 和式 (8.211)，可由实验测定 D' 和 D''。实验得到气体混合物与液体混合物的索瑞系数为 $10^{-5}\sim 10^{-3}$℃$^{-1}$ 数量级。扩散系数 D 的数量级在液体中为 $10^{-5}\mathrm{cm^2/s}$，在气体中为 $10^{-1}\mathrm{cm^2/s}$，因此，热扩散系数 D' 在液体中为 $10^{-10}\sim 10^{-8}\mathrm{cm^2/s}$，在气体中为 $10^{-6}\sim 10^{-4}\mathrm{cm^2/s}$。

第 9 章　化学反应的耦合

一个化学反应或几个相互关联的体系同时存在多个化学反应，即使这些化学反应是独立的反应，也会相互影响、相互作用，即耦合。本章讨论化学反应耦合的热力学和动力学。

9.1　化学反应的进度

9.1.1　单一化学反应的进度

1. 浓度以质量分数表示

将化学反应一般地写成

$$\sum_{i=1}^{n}\nu_i A^i=0 \tag{9.1}$$

式中，ν_i 为以质量表示的化学反应方程式的系数，A^i 表示组元 i 的分子式。

采用质量分数表示浓度，有

$$\frac{\mathrm{d}w_1}{\nu_1}=\frac{\mathrm{d}w_2}{\nu_2}=\cdots=\frac{\mathrm{d}w_i}{\nu_i}\cdots=\frac{\mathrm{d}w_n}{\nu_n} \tag{9.2a}$$

式中，ν_i 与 $\widetilde{\nu}_i$ 的关系同前述。令

$$\frac{\mathrm{d}w_i}{\nu_i}=\mathrm{d}\xi \quad (i=1,2,\cdots,n) \tag{9.2b}$$

式中，ξ 为表示化学反应进展程度的参数，称为化学反应进展度，简称反应进度。

由化学反应方程 (9.1) 及式 (9.2b)，得

$$\frac{1}{\nu_i}\frac{\mathrm{d}w_i}{\mathrm{d}t}=\frac{\mathrm{d}\xi}{\mathrm{d}t} \quad (i=1,2,\cdots,n) \tag{9.3}$$

质量守恒方程为

$$\rho\frac{\xi w_i}{\xi t}=\nu_i j \quad (i=1,2,\cdots,n) \tag{9.4}$$

比较式 (9.3) 和式 (9.4)，得

$$j=\rho\frac{\partial w_i}{\partial t} \tag{9.5}$$

积分式 (9.2b)，得

$$\xi(t)=\frac{w_i(t)-w_i^0}{\nu_i}\quad(i=1,2,\cdots,n) \tag{9.6}$$

式中，w_i^0 为组元 i 的初始浓度 (质量分数)。式 (9.6) 表明，对于给定的 w_i^0，知道了某给定时刻 t 的 ξ，就知道了该时刻所有组元的浓度。因而参量 ξ 是状态变量，它可以和其他两个独立的热力学变量 (如温度 T 与压强 p) 一起确定具有给定初始浓度的体系的状态。由

$$0\leqslant w_i\leqslant 1 \tag{9.7}$$

和式 (9.6)，对于反应物，有

$$\frac{1-w_i^0}{\nu_i}\leqslant\xi\leqslant-\frac{w_i^0}{\nu_i}\quad(i=1,2,\cdots,n) \tag{9.8}$$

对于产物，有

$$-\frac{w_i^0}{\nu_i}\leqslant\xi\leqslant\frac{1-w_i^0}{\nu_i}\quad(i=q+1,q+2,\cdots,n) \tag{9.9}$$

此即 ξ 的取值范围。

将式 (9.2b) 乘以总质量 W，代入基本热力学公式

$$\mathrm{d}U=T\mathrm{d}S-p\mathrm{d}V+\sum_{i=1}^{n}\mu_i\mathrm{d}W_i \tag{9.10}$$

$$\mathrm{d}H=T\mathrm{d}S+V\mathrm{d}p+\sum_{i=1}^{n}\mu_i\mathrm{d}W_i \tag{9.11}$$

$$\mathrm{d}F=-S\mathrm{d}T-p\mathrm{d}V+\sum_{i=1}^{n}\mu_i\mathrm{d}W_i \tag{9.12}$$

$$\mathrm{d}G=-S\mathrm{d}T+V\mathrm{d}p+\sum_{i=1}^{n}\mu_i\mathrm{d}W_i \tag{9.13}$$

得

$$\mathrm{d}U=T\mathrm{d}S-p\mathrm{d}V+A\mathrm{d}\xi \tag{9.14}$$

$$\mathrm{d}H=T\mathrm{d}S+V\mathrm{d}p+A\mathrm{d}\xi \tag{9.15}$$

$$\mathrm{d}F=-S\mathrm{d}T-p\mathrm{d}V+A\mathrm{d}\xi \tag{9.16}$$

$$\mathrm{d}G=-S\mathrm{d}T+V\mathrm{d}p+A\mathrm{d}\xi \tag{9.17}$$

所以

$$A = \left(\frac{\partial U}{\partial \xi}\right)_{S,V} = \left(\frac{\partial H}{\partial \xi}\right)_{S,p} = \left(\frac{\partial F}{\partial \xi}\right)_{T,V}$$
$$= \left(\frac{\partial G}{\partial \xi}\right)_{T,p} = -T\left(\frac{\partial S}{\partial \xi}\right)_{U,V} = -T\left(\frac{\partial S}{\partial \xi}\right)_{H,p} \tag{9.18}$$

式中各热力学以质量单位计。

在恒温恒压条件下，由式 (9.17) 得

$$\mathrm{d}G = A\mathrm{d}\xi \tag{9.19}$$

积分式 (9.19)，得

$$\Delta G = \int_{\xi_1}^{\xi_2} A\mathrm{d}\xi \tag{9.20}$$

式中

$$\Delta G = G_2 - G_1$$

以 A 为纵坐标，ξ 为横坐标，作图，如图 9.1 所示。在初始，整个面积是 $\Delta G_{(初始)}$，在平衡时面积为零，即 $\Delta G = 0$；在当前状态，$\xi_{当前}$，$A_{当前}$，$A_{平衡}$ 所围面积为 $\Delta G_{(当前)}$。

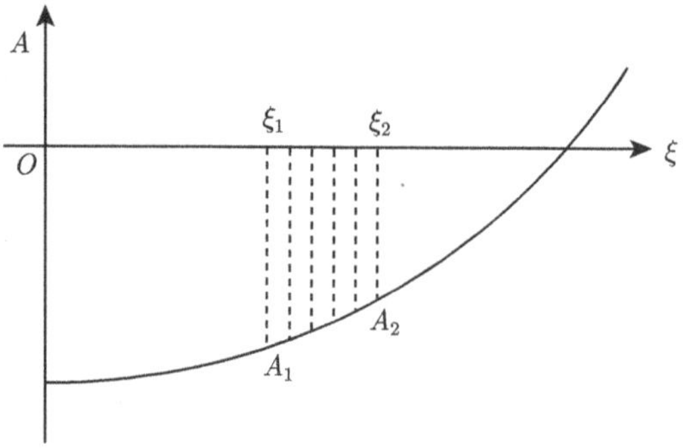

图 9.1　图解法计算 ΔG

2. 浓度以物质的量表示

化学反应方程式为

$$\sum_{i=1}^{n} \widetilde{\nu}_i A^i = 0 \tag{9.21}$$

式中，$\widetilde{\nu}_i$ 为以摩尔数表示的化学反应方程式的系数。

用物质的量浓度表示浓度，有

$$\frac{\mathrm{d}c_1}{\widetilde{\nu}_1} = \frac{\mathrm{d}c_2}{\widetilde{\nu}_2} = \cdots = \frac{\mathrm{d}c_i}{\widetilde{\nu}_i} = \cdots = \frac{\mathrm{d}c_n}{\widetilde{\nu}_n}$$

如果浓度采用物质的量浓度表示，则

$$\frac{\mathrm{d}c_i}{\widetilde{\nu}_i}=\mathrm{d}\lambda \quad (i=1,2,\cdots,n) \tag{9.22a}$$

由化学反应方程 (9.1) 及式 (9.22a)，得

$$\frac{1}{\widetilde{\nu}_i}\frac{\mathrm{d}c_i}{\mathrm{d}t}=\frac{\mathrm{d}\lambda}{\mathrm{d}t} \quad (i=1,2,\cdots,n) \tag{9.22b}$$

质量守恒方程为

$$\frac{\mathrm{d}c_i}{\mathrm{d}t}=\widetilde{\nu}_i\widetilde{j} \quad (i=1,2,\cdots,n) \tag{9.23}$$

比较式 (9.22b) 和式 (9.23)，得

$$\widetilde{j}=\frac{\mathrm{d}\lambda}{\mathrm{d}t} \tag{9.24}$$

积分式 (9.22a)，得

$$\lambda(t)=\frac{c_i(t)-c_i^0}{\widetilde{\nu}_i} \tag{9.25}$$

式中，c_i^0 为组元 i 的初始浓度 (单位体积中的摩尔数)。

相应的基本热力学公式为

$$\mathrm{d}\widetilde{U}=T\mathrm{d}\widetilde{S}-p\mathrm{d}\widetilde{V}+\widetilde{A}\mathrm{d}\lambda \tag{9.26}$$

$$\mathrm{d}\widetilde{H}=T\mathrm{d}\widetilde{S}+\widetilde{V}\mathrm{d}p+\widetilde{A}\mathrm{d}\lambda \tag{9.27}$$

$$\mathrm{d}\widetilde{F}=-\widetilde{S}\mathrm{d}T-p\mathrm{d}\widetilde{V}+\widetilde{A}\mathrm{d}\lambda \tag{9.28}$$

$$\mathrm{d}\widetilde{G}=-\widetilde{S}\mathrm{d}T+\widetilde{V}\mathrm{d}p+\widetilde{A}\mathrm{d}\lambda \tag{9.29}$$

所以

$$\begin{aligned}\widetilde{A}&=\left(\frac{\partial\widetilde{U}}{\partial\lambda}\right)_{S,V}=\left(\frac{\partial\widetilde{H}}{\partial\lambda}\right)_{S,p}=\left(\frac{\partial\widetilde{F}}{\partial\lambda}\right)_{T,V}=\left(\frac{\partial\widetilde{G}}{\partial\lambda}\right)_{T,p}\\&=-T\left(\frac{\partial\widetilde{S}}{\partial\lambda}\right)_{U,V}=-T\left(\frac{\partial\widetilde{S}}{\partial\lambda}\right)_{H,p}\end{aligned} \tag{9.30}$$

式中各热力学分量以摩尔单位计。

在恒温恒压条件下，由式 (9.30) 得

$$\mathrm{d}\widetilde{G}=\widetilde{A}\mathrm{d}\lambda$$

积分上式，始态为当前状态，末态为平衡状态，得

$$\Delta\widetilde{G}=\int_{\lambda_1}^{\lambda_2}\widetilde{A}\mathrm{d}\lambda$$

式中

$$\Delta\widetilde{G}=\widetilde{G}_2-\widetilde{G}_1$$

以 $\widetilde{A}$ 为纵坐标，λ 为横坐标，用图解法 (将图 9.1 中的 ξ 换为 λ)，可求得 $\Delta\widetilde{G}$。

9.1.2 多个化学反应共存的多元系中化学反应的进度

1. 浓度以质量分数表示

多元体系中，有 r 个化学反应，第 j 个化学反应一般写作

$$\sum_{i=1}^{n}\nu_{ji}A^i=0 \tag{9.31}$$

式中，ν_{ji} 为第 j 个化学反应方程式的系数，A^i 表示组元 i 的分子式。

并有

$$\frac{\mathrm{d}w_{ij}}{\nu_{ij}}=\mathrm{d}\xi_j \quad (i=1,2,\cdots,n;j=1,2,\cdots,r) \tag{9.32a}$$

及

$$\frac{1}{\nu_{ij}}\frac{\mathrm{d}w_{ij}}{\mathrm{d}t}=\frac{\mathrm{d}\xi_j}{\mathrm{d}t} \quad (i=1,2,\cdots,n;j=1,2,\cdots,r) \tag{9.32b}$$

式中，ξ_j 为第 j 个化学反应的反应进度。ν_{ij} 与 $\widetilde{\nu}_{ij}$ 的关系同前述。

将式 (9.32a) 和式 (9.32b) 对 j 求和，得

$$\mathrm{d}w_i=\sum_{j=1}^{r}\nu_{ij}\mathrm{d}\xi_j \quad (i=1,2,\cdots,n) \tag{9.33}$$

及

$$\frac{\partial w_i}{\partial t}=\sum_{j=1}^{r}\nu_{ij}\frac{\partial\xi_j}{\partial t} \quad (i=1,2,\cdots,n) \tag{9.34}$$

将式 (9.34) 与质量守恒方程

$$\rho\frac{\partial w_i}{\partial t}=\sum_{j=1}^{r}\nu_{ij}j_j$$

相比较，得

$$j_j=\rho\frac{\partial\xi_j}{\partial t} \quad (j=1,2,\cdots,r) \tag{9.35}$$

积分式 (9.33)，得

$$w_i(t)-w_i^0=\sum_{j=1}^{r}\nu_{ij}\xi_j(t) \quad (i=1,2,\cdots,n) \tag{9.36}$$

因为

$$\sum_{j=1}^{r} w_i = 1$$

式 (9.35) 所给的方程中最多只有 $r-1$ 个是独立的，所以由式 (9.35) 至多只能解出 $r-1$ 个参量 ξ_j，因而最多有 $r-1$ 个独立的化学反应。ξ_j 可以作为热力学状态变量。利用

$$0 \leqslant w_i \leqslant 1$$

可得到 ξ_j 的变化范围同于仅有一个化学反应的情况。

将式 (9.33) 乘以总质量 W 代入基本热力学公式 (9.26)~(9.29) 中，得

$$\mathrm{d}U = T\mathrm{d}S - p\mathrm{d}V + \sum_{j=1}^{r} A_i \mathrm{d}\xi_j \tag{9.37}$$

$$\mathrm{d}H = T\mathrm{d}S + V\mathrm{d}p + \sum_{j=1}^{r} A_i \mathrm{d}\xi_j \tag{9.38}$$

$$\mathrm{d}F = -S\mathrm{d}T - p\mathrm{d}V + \sum_{j=1}^{r} A_i \mathrm{d}\xi_j \tag{9.39}$$

$$\mathrm{d}G = -S\mathrm{d}T + V\mathrm{d}p + \sum_{j=1}^{r} A_i \mathrm{d}\xi_j \tag{9.40}$$

所以

$$\begin{aligned} A &= \left(\frac{\partial U}{\partial \xi_j}\right)_{S,V,\xi_k} = \left(\frac{\partial H}{\partial \xi_j}\right)_{S,p,\xi_k} \\ &= \left(\frac{\partial F}{\partial \xi_j}\right)_{T,V,\xi_k} = \left(\frac{\partial G}{\partial \xi_j}\right)_{T,p,\xi_k} \\ &= -T\left(\frac{\partial S}{\partial \xi_j}\right)_{U,V,\xi_k} = -T\left(\frac{\partial S}{\partial \xi_j}\right)_{H,p,\xi_k} \quad (j = 1, 2, \cdots, r) \end{aligned} \tag{9.41}$$

在恒温恒压条件下，由式 (9.40) 得

$$\mathrm{d}G = \sum_{j=1}^{r} \mathrm{d}G_j = \sum_{j=1}^{r} A_j \mathrm{d}\xi_j \tag{9.42}$$

积分上式，得

$$\Delta G = \sum_{j=1}^{r} \Delta G_j = \sum_{j=1}^{r} \int_{\xi_{j1}}^{\xi_{j2}} A_j \mathrm{d}\xi_j \tag{9.43}$$

式中

$$\Delta G = G_2 - G_1, \quad \Delta G_j = G_{j2} - G_{j1}$$

2. 浓度以物质的量表示

第 j 个化学反应方程为

$$\sum_{i=1}^{n}\widetilde{\nu}_{ji}A^{i}=0 \tag{9.44}$$

式中，$\widetilde{\nu}_{ji}$ 为第 j 个化学反应方程的系数。

浓度采用物质的量浓度表示，有

$$\frac{\mathrm{d}c_{ij}}{\widetilde{\nu}_{ij}}=\mathrm{d}\lambda_j \quad (i=1,2,\cdots,n;j=1,2,\cdots,r) \tag{9.45a}$$

及

$$\frac{1}{\widetilde{\nu}_{ij}}\frac{\partial c_{ij}}{\partial t}=\frac{\partial \lambda_j}{\partial t} \quad (i=1,2,\cdots,n;j=1,2,\cdots,r) \tag{9.45b}$$

$$\frac{\partial c_i}{\partial t}=\sum_{j=1}^{r}\frac{\partial c_{ij}}{\partial t}=\sum_{j=1}^{r}\widetilde{\nu}_{ij}\frac{\partial \lambda_j}{\partial t} \quad (i=1,2,\cdots,n) \tag{9.46}$$

$$\widetilde{j}_j=\frac{\mathrm{d}\lambda_j}{\mathrm{d}t} \tag{9.47}$$

积分式 (9.45a)，得

$$c_{ij}(t)-c_{ij}^{0}=\sum_{j=1}^{r}\widetilde{\nu}_{ij}\lambda_j \quad (i=1,2,\cdots,n) \tag{9.48}$$

与式 (9.26)～式 (9.29) 相应的基本热力学公式为

$$\mathrm{d}\widetilde{U}=T\mathrm{d}\widetilde{S}-p\mathrm{d}\widetilde{V}+\sum_{j=1}^{r}\widetilde{A}_j\mathrm{d}\lambda_j \tag{9.49}$$

$$\mathrm{d}\widetilde{H}=T\mathrm{d}\widetilde{S}+\widetilde{V}\mathrm{d}p+\sum_{j=1}^{r}\widetilde{A}_j\mathrm{d}\lambda_j \tag{9.50}$$

$$\mathrm{d}\widetilde{F}=-\widetilde{S}\mathrm{d}T-p\mathrm{d}\widetilde{V}+\sum_{j=1}^{r}\widetilde{A}_j\mathrm{d}\lambda_j \tag{9.51}$$

$$\mathrm{d}\widetilde{G}=-\widetilde{S}\mathrm{d}T+\widetilde{V}\mathrm{d}p+\sum_{j=1}^{r}\widetilde{A}_j\mathrm{d}\lambda_j \tag{9.52}$$

所以

$$\begin{aligned}\widetilde{A}_j &= \left(\frac{\partial \widetilde{U}}{\partial \lambda_j}\right)_{S,V,\lambda_k} = \left(\frac{\partial \widetilde{H}}{\partial \lambda_j}\right)_{S,p,\lambda_k} \\ &= \left(\frac{\partial \widetilde{F}}{\partial \lambda_j}\right)_{T,V,\lambda_k} = \left(\frac{\partial \widetilde{G}}{\partial \lambda_j}\right)_{T,p,\lambda_k} \\ &= -T\left(\frac{\partial \widetilde{S}}{\partial \lambda_j}\right)_{U,V,\lambda_k} = -T\left(\frac{\partial \widetilde{S}}{\partial \lambda_j}\right)_{H,p,\lambda_k}\end{aligned} \tag{9.53}$$

在恒温恒压条件下，由式 (9.52) 得

$$\mathrm{d}\widetilde{G} = \sum_{j=1}^{r} \mathrm{d}\widetilde{G}_j = \sum_{j=1}^{r} \widetilde{A}_j \mathrm{d}\lambda_j \tag{9.54}$$

积分上式，得

$$\Delta\widetilde{G} = \sum_{j=1}^{r} \Delta\widetilde{G}_j = \sum_{j=1}^{r} \int_{\lambda_1}^{\lambda_2} \widetilde{A}_j \mathrm{d}\lambda_j \tag{9.55}$$

式中

$$\Delta\widetilde{G} = \widetilde{G}_2 - \widetilde{G}_1, \quad \Delta\widetilde{G}_j = \widetilde{G}_{j2} - \widetilde{G}_{j1} \tag{9.56}$$

用图解或数值积分可求得 $\Delta\widetilde{G}$。

9.2 化学反应耦合的热力学

在有多个化学反应进行的体系中，各个化学反应之间会发生相互作用，彼此相互影响，即耦合。

9.2.1 浓度以质量分数表示

将 r 个化学反应中的第 l 个反应的亲和力 A_l 对第 h 个化学反应的反应进度 ξ_h 求导，第 h 个化学反应的亲和力 A_h 对第 l 个化学反应的反应进度 ξ_l 求导，得

$$\left(\frac{\partial A_l}{\partial \xi_h}\right)_{T,p,\xi_k} = \left[\frac{\partial}{\partial \xi_h}\left(\frac{\partial G}{\partial \xi_l}\right)_{T,p,\xi_k}\right]_{T,p,\xi_k} = \left(\frac{\partial^2 G}{\partial \xi_h \partial \xi_l}\right)_{T,p,\xi_k} \tag{9.57}$$

和

$$\left(\frac{\partial A_h}{\partial \xi_l}\right)_{T,p,\xi_k} = \left[\frac{\partial}{\partial \xi_l}\left(\frac{\partial G}{\partial \xi_h}\right)_{T,p,\xi_k}\right]_{T,p,\xi_k} = \left(\frac{\partial^2 G}{\partial \xi_l \partial \xi_h}\right)_{T,p,\xi_k} \tag{9.58}$$

比较式 (9.57) 和式 (9.58) 得

$$\left(\frac{\partial A_l}{\partial \xi_h}\right)_{T,p,\xi_k} = \left(\frac{\partial A_h}{\partial \xi_l}\right)_{T,p,\xi_k} \quad (l,h=1,2,\cdots,r) \tag{9.59}$$

式 (9.59) 表明，在同一体系中一个化学反应的亲和力与其他所有反应的进度有关。

将式 (9.59) 对 h 求和，得

$$\begin{aligned}\sum_{h=1}^{r}\left(\frac{\partial A_l}{\partial \xi_h}\right)_{T,p,\xi_k} &= \sum_{h=1}^{r}\left(\frac{\partial A_h}{\partial \xi_l}\right)_{T,p,\xi_k} = \left[\frac{\partial\left(\sum\limits_{h=1}^{r} A_h\right)}{\partial \xi_l}\right]_{T,p,\xi_k} \\ &= \left[\frac{\partial}{\partial \xi_l}(\Delta G)\right]_{T,p,\xi_k} \quad (l,h=1,2,\cdots,r)\end{aligned} \tag{9.60}$$

式 (9.60) 表明，第 l 个反应的亲和力对每个反应的进度变化率之和等于体系总亲和力 (总自由能变化) 对第 l 个反应进度的变化率。

在多个反应同时共存的体系中，各化学反应的平衡常数虽然仍与只有单一化学反应的情况相同，但其平衡浓度却与只有一个化学反应存在的情况不同，甚至反应方向都会发生变化。

在恒温恒压条件下，多个化学反应同时共存的体系的吉布斯自由能变化为

$$\mathrm{d}G = \sum_{j=1}^{r} \mathrm{d}G_j = \sum_{j=1}^{r} A_j \mathrm{d}\xi_j \tag{9.61}$$

该体系自发变化的条件为

$$\mathrm{d}G = \sum_{j=1}^{r} \mathrm{d}G_j = \sum_{j=1}^{r} A_j \mathrm{d}\xi_j < 0$$

该体系不能自发变化的条件为

$$\mathrm{d}G = \sum_{j=1}^{r} \mathrm{d}G_j = \sum_{j=1}^{r} A_j \mathrm{d}\xi_j > 0$$

该体系达成平衡的条件为

$$\mathrm{d}G = \sum_{j=1}^{r} \mathrm{d}G_j = \sum_{j=1}^{r} A_j \mathrm{d}\xi_j = 0$$

也就是说，体系发生变化与否由体系中所有化学反应的总亲和力决定。只要体系的总亲和力为负，则亲和力负得多的反应就能携带亲和力负得少的反应进行，甚至可以使亲和力为正的反应向与其自发方向相反的方向进行。

对上述情况可以进行以下讨论。由于

$$\Delta G = \sum_{j=1}^{r} \Delta G_j = \sum_{j=1}^{r} \int_{\xi_1}^{\xi_2} A_j \mathrm{d}\xi_j \tag{9.62}$$

即体系总吉布斯自由能变化是各独立化学反应的吉布斯自由能变化与反应进度变化乘积积分之和。体系能否自发变化由总吉布斯自由能变化决定，即

$$\Delta G = \sum_{j=1}^{r} \Delta G_j = \sum_{j=1}^{r} \int_{\xi_1}^{\xi_2} A_j \mathrm{d}\xi_j < 0$$

过程可以自发进行。

$$\Delta G = \sum_{j=1}^{r} \Delta G_j = \sum_{j=1}^{r} \int_{\xi_1}^{\xi_2} A_j \mathrm{d}\xi_j > 0$$

过程不能自发进行，其相反方向可以自发进行。

$$\Delta G = \sum_{j=1}^{r} \Delta G_j = \sum_{j=1}^{r} \int_{\xi_1}^{\xi_2} A_j \mathrm{d}\xi_j = 0$$

体系达成平衡。体系只有在各个化学反应的吉布斯自由能之和

$$\sum_{j=1}^{r} \int_{\xi_1}^{\xi_2} A_j \mathrm{d}\xi_j = 0$$

即体系的总吉布斯自由能变化为零时，才能达成平衡；否则只是部分平衡，而部分平衡会由于其他反应的进行而被破坏。

体系的总吉布斯自由能为零可由两种方式实现。一是体系中每个化学反应的吉布斯自由能变化 ΔG_j 为零，即每个化学反应的亲和力为零；二是体系中各个化学反应的吉布斯自由能变化 ΔG_j(或亲和力 A_j) 变化有正有负，但它们与反应进度变化乘积的积分的和为零。而各个化学反应的吉布斯自由能变化 ΔG_j(或亲和力 A_j) 与反应进度变化乘积积分的正负的多少则由化学反应的本质所决定，但同时发生的各化学反应会相互影响，即耦合。而耦合程度是由相互耦合的各化学反应的本质特征及相互关系所决定的。

9.2.2 浓度以物质的量浓度表示

与以质量分数表示浓度的情况相同的处理，有

$$\left(\frac{\partial \widetilde{A}_l}{\partial \lambda_h}\right)_{T,p,\lambda_k} = \left[\frac{\partial}{\partial \lambda_h}\left(\frac{\partial \widetilde{G}}{\partial \lambda_l}\right)_{T,p,\lambda_k}\right]_{T,p,\lambda_k} = \left(\frac{\partial^2 \widetilde{G}}{\partial \lambda_h \partial \lambda_l}\right)_{T,p,\lambda_k} \tag{9.63}$$

和

$$\left(\frac{\partial \widetilde{A}_h}{\partial \lambda_l}\right)_{T,p,\lambda_k} = \left[\frac{\partial}{\partial \lambda_l}\left(\frac{\partial \widetilde{G}}{\partial \lambda_h}\right)_{T,p,\lambda_k}\right]_{T,p,\lambda_k} = \left(\frac{\partial^2 \widetilde{G}}{\partial \lambda_l \partial \lambda_h}\right)_{T,p,\lambda_k} \tag{9.64}$$

比较式 (9.63) 和式 (9.64) 得

$$\left(\frac{\partial \widetilde{A}_l}{\partial \lambda_h}\right)_{T,p,\lambda_k} = \left(\frac{\partial \widetilde{A}_h}{\partial \lambda_l}\right)_{T,p,\lambda_k} \quad (l,h=1,2,\cdots,r) \tag{9.65}$$

将式 (9.65) 对 h 求和，得

$$\begin{aligned}\sum_{h=1}^{r}\left(\frac{\partial \widetilde{A}_l}{\partial \lambda_h}\right)_{T,p,\lambda_k} &= \left[\frac{\partial\left(\sum\limits_{h=1}^{r}\widetilde{A}_h\right)}{\partial \lambda_l}\right]_{T,p,\lambda_k} \\ &= \left[\frac{\partial}{\partial \lambda_l}(\Delta \widetilde{G})\right]_{T,p,\lambda_k} \quad (l,h=1,2,\cdots,r)\end{aligned} \tag{9.66}$$

在恒温恒压条件下，多个化学反应同时共存的体系的吉布斯自由能变化为

$$\mathrm{d}\widetilde{G} = \sum_{j=1}^{r}\mathrm{d}\widetilde{G}_j = \sum_{j=1}^{r}\widetilde{A}_j\mathrm{d}\lambda_j \tag{9.67}$$

该体系自发变化的条件为

$$\mathrm{d}\widetilde{G}_\lambda = \sum_{j=1}^{r}\mathrm{d}\widetilde{G}_j = \sum_{j=1}^{r}\widetilde{A}_j\mathrm{d}\lambda_j < 0$$

该体系不能自发变化的条件为

$$\mathrm{d}\widetilde{G} = \sum_{j=1}^{r}\mathrm{d}\widetilde{G}_j = \sum_{j=1}^{r}\widetilde{A}_j\mathrm{d}\lambda_j > 0$$

若

$$\mathrm{d}\widetilde{G} = \sum_{j=1}^{r}\mathrm{d}\widetilde{G}_j = \sum_{j=1}^{r}\widetilde{A}_j\mathrm{d}\lambda_j = 0$$

则该体系达成平衡。

上述情况也可以作如下讨论：

在存在多个化学反应的多相体系中，有

$$\Delta\widetilde{G} = \sum_{j=1}^{r}\Delta\widetilde{G}_j = \sum_{j=1}^{r}\int_{\lambda_{j1}}^{\lambda_{j2}}\widetilde{A}_j\mathrm{d}\lambda_j \tag{9.68}$$

多个化学反应同时共存的多相体系能够自发进行的条件是

$$\Delta\widetilde{G}=\sum_{j=1}^{r}\Delta\widetilde{G}_j=\sum_{j=1}^{r}\int_{\lambda_{j1}}^{\lambda_{j2}}\widetilde{A}_j\mathrm{d}\lambda_j<0$$

不能自发进行的条件是

$$\Delta\widetilde{G}=\sum_{j=1}^{r}\Delta\widetilde{G}_j=\sum_{j=1}^{r}\int_{\lambda_{j1}}^{\lambda_{j2}}\widetilde{A}_j\mathrm{d}\lambda_j>0$$

而若

$$\Delta\widetilde{G}=\sum_{j=1}^{r}\Delta\widetilde{G}_j=\sum_{j=1}^{r}\int_{\lambda_{j1}}^{\lambda_{j2}}\widetilde{A}_j\mathrm{d}\lambda_j=0$$

则体系达成平衡。

体系总亲和力为各化学反应亲和力之和，即

$$A_t=\sum_{j=1}^{r}A_j \tag{9.69}$$

或

$$\widetilde{A}_t=\sum_{j=1}^{r}\widetilde{A}_j \tag{9.70}$$

9.3 化学反应耦合的动力学

9.3.1 浓度以质量分数表示的动力学方程

考虑没有体积黏滞性、没有传质、n 个组元间有 r 个独立的化学反应的体系。熵增率为

$$\sigma_t=\sum_{j=1}^{r}\sigma_j=-\sum_{j=1}^{r}j_j\frac{A_j}{T} \tag{9.71}$$

式中，J_j 为第 j 个化学反应的速率。

$$A_j=\Delta G_j=\sum_{i=1}^{n}\nu_{ij}\mu_i\quad(j=1,2,\cdots,r) \tag{9.72}$$

基于通量和热力学力之间存在函数关系的假设，有

$$j_j=f\left(\left\{\frac{A_k}{T},k=1,2,\cdots,r\right\}\right)\quad(j=1,2,\cdots,r) \tag{9.73}$$

将式 (9.73) 对热力学平衡态作泰勒展开，得

$$j_j = -\sum_{k=1}^{r} l_{jk}\left(\frac{A_k}{T}\right) - \sum_{k=1}^{r}\sum_{l=1}^{r} l_{jkl}\left(\frac{A_k}{T}\right)\left(\frac{A_l}{T}\right) - \sum_{k=1}^{r}\sum_{l=1}^{r}\sum_{h=1}^{r} l_{jklh}\left(\frac{A_k}{T}\right)\left(\frac{A_l}{T}\right)\left(\frac{A_h}{T}\right) - \cdots \quad (j=1,2,\cdots,r) \tag{9.74}$$

式中，l_{jk}、l_{jkl}、l_{jklh} 分别为一级、二级、三级泰勒展开系数。在近平衡区，只需取一级近似，则

$$j_j = -\sum_{k=1}^{r} l_{jk}\left(\frac{A_k}{T}\right) \quad (j=1,2,\cdots,r) \tag{9.75}$$

且有昂萨格关系

$$l_{jk} = l_{kj} \quad (j,k=1,2,\cdots,r) \tag{9.76}$$

在远离平衡区则需要考虑高次项。

该体系的质量守恒方程为

$$\rho\frac{\partial w_{ij}}{\partial t} = \sum_{j=1}^{r} \nu_{ij} j_j \quad (j=1,2,\cdots,r) \tag{9.77}$$

将式 (9.73) 代入式 (9.77)，得

$$\rho\frac{\partial w_{ij}}{\partial t} = -\sum_{j=1}^{r} \nu_{ij}\left[\sum_{k=1}^{r} l_{jk}\left(\frac{A_k}{T}\right) + \sum_{k=1}^{r}\sum_{l=1}^{r} l_{jkl}\left(\frac{A_k}{T}\right)\left(\frac{A_l}{T}\right) + \sum_{k=1}^{r}\sum_{l=1}^{r}\sum_{h=1}^{r} l_{jklh}\left(\frac{A_k}{T}\right)\left(\frac{A_l}{T}\right)\left(\frac{A_h}{T}\right) + \cdots\right] (j=1,2,\cdots,r) \tag{9.78}$$

方程 (9.78) 是适用于任何没有体积黏滞性、没有传质、多个化学反应共存的多元均相体系的动力学方程，是普适方程。由方程 (9.78) 可见，组元 i 的反应速率不仅与其直接参加的化学反应的亲和力有关，还与其没直接参加的化学反应的亲和力有关，即与体系中所有的化学反应都有关。

9.3.2　浓度以物质的量浓度表示的动力学方程

采用物质的量浓度 c_i，熵增率式 (9.71) 成为

$$\widetilde{\sigma}_t = \sum_{j=1}^{r} \widetilde{\sigma}_j = -\sum_{j=1}^{r} \widetilde{j}_j \frac{\widetilde{A}_j}{T} \tag{9.79}$$

相应于以质量分数表示浓度的各公式分别有

$$\widetilde{A}_j = \Delta\widetilde{G}_j = \sum_{i=1}^{n} \widetilde{\nu}_{ij}\widetilde{\mu}_i \quad (j=1,2,\cdots,r) \tag{9.80}$$

$$\widetilde{j}_j = f\left(\left\{\frac{\widetilde{A}_k}{T}, k=1,2,\cdots,r\right\}\right) \quad (j=1,2,\cdots,r) \tag{9.81}$$

$$\begin{aligned}\widetilde{j}_j =& -\sum_{k=1}^{r}\widetilde{l}_{jk}\left(\frac{\widetilde{A}_k}{T}\right) - \sum_{k=1}^{r}\sum_{l=1}^{r}\widetilde{l}_{jkl}\left(\frac{\widetilde{A}_k}{T}\right)\left(\frac{\widetilde{A}_l}{T}\right) \\ &-\sum_{k=1}^{r}\sum_{l=1}^{r}\sum_{h=1}^{r}\widetilde{l}_{jklh}\left(\frac{\widetilde{A}_k}{T}\right)\left(\frac{\widetilde{A}_l}{T}\right)\left(\frac{\widetilde{A}_h}{T}\right) - \cdots \quad (j=1,2,\cdots,r)\end{aligned} \tag{9.82}$$

取一级近似，则

$$\widetilde{j}_j = -\sum_{k=1}^{r}\widetilde{l}_{jk}\left(\frac{\widetilde{A}_k}{T}\right) \quad (j=1,2,\cdots,r) \tag{9.83}$$

且有昂萨格关系

$$\widetilde{l}_{jk} = \widetilde{l}_{kj} \quad (j,k=1,2,\cdots,r) \tag{9.84}$$

质量守恒方程为

$$\frac{\partial c_i}{\partial t} = \sum_{j=1}^{r}\widetilde{\nu}_{ij}\widetilde{j}_j \quad (i=1,2,\cdots,n) \tag{9.85}$$

将式 (9.82) 代入式 (9.85) 得

$$\begin{aligned}\frac{\partial c_i}{\partial t} =& -\sum_{j=1}^{r}\widetilde{\nu}_{ij}\left[\sum_{k=1}^{r}\widetilde{l}_{jk}\left(\frac{\widetilde{A}_k}{T}\right) + \sum_{k=1}^{r}\sum_{l=1}^{r}\widetilde{l}_{jkl}\left(\frac{\widetilde{A}_k}{T}\right)\left(\frac{\widetilde{A}_l}{T}\right)\right. \\ &\left.+\sum_{k=1}^{r}\sum_{l=1}^{r}\sum_{h=1}^{r}\widetilde{l}_{jklh}\left(\frac{\widetilde{A}_k}{T}\right)\left(\frac{\widetilde{A}_l}{T}\right)\left(\frac{\widetilde{A}_h}{T}\right) + \cdots\right] \quad (i=1,2,\cdots,n)\end{aligned} \tag{9.86}$$

由式 (9.78) 和式 (9.86) 可见，第 i 个组元的反应速率不仅与第 i 个组元所参与的化学反应有关，还与该体系中所有的独立化学反应有关。也就是说，每个化学反应的速率都与同一体系中所有的化学反应的亲和力有关，这些化学反应是相互耦合的。

两种浓度单位的各量有关系式

$$\widetilde{j}_j = \frac{j_j}{\alpha_j} \quad (j=1,2,\cdots,r) \tag{9.87}$$

$$\widetilde{A}_j = \alpha_j A_j = \alpha_j\sum_{i=1}^{n}\widetilde{\nu}_{ji}\widetilde{\mu}_i \tag{9.88}$$

$$\widetilde{l}_{jk} = \frac{l_{jk}}{\alpha_j\alpha_k}, \quad \widetilde{l}_{jkl} = \frac{l_{jkl}}{\alpha_j\alpha_k\alpha_l}, \quad \widetilde{l}_{jklh} = \frac{l_{jklh}}{\alpha_j\alpha_k\alpha_l\alpha_h} \tag{9.89}$$

下面以同时存在两个化学反应的多元系为例，讨论化学反应的耦合。化学反应方程式为

$$aA + bB = cC + dD \tag{9.90}$$

$$eE + fF = gG + hH \tag{9.91}$$

$$\widetilde{A}_1 = c\widetilde{\mu}_C + d\widetilde{\mu}_D - a\widetilde{\mu}_A - b\widetilde{\mu}_B = \Delta\mu_1^\theta + RT\ln Q_1 = RT\ln\frac{Q_1}{K_1} \tag{9.92}$$

$$\widetilde{A}_2 = g\widetilde{\mu}_G + h\widetilde{\mu}_H - e\widetilde{\mu}_E - f\widetilde{\mu}_F = \Delta\mu_2^\theta + RT\ln Q_2 = RT\ln\frac{Q_2}{K_2} \tag{9.93}$$

$$\begin{aligned}\frac{\partial c_A}{\partial t} =& -a\Bigg[-\widetilde{l}_{11}\left(\frac{\widetilde{A}_1}{T}\right) - \widetilde{l}_{12}\left(\frac{\widetilde{A}_2}{T}\right) - \widetilde{l}_{111}\left(\frac{\widetilde{A}_1}{T}\right)^2 - \widetilde{l}_{112}\left(\frac{\widetilde{A}_1}{T}\right)\left(\frac{\widetilde{A}_2}{T}\right) \\ & - \widetilde{l}_{122}\left(\frac{\widetilde{A}_2}{T}\right)^2 - \cdots\Bigg] \\ =& -a\Bigg[-\widetilde{l}_{11}\left(R\ln\frac{Q_1}{K_1}\right) - \widetilde{l}_{12}\left(R\ln\frac{Q_2}{K_2}\right) - \widetilde{l}_{111}\left(R\ln\frac{Q_1}{K_1}\right)^2 \\ & - \widetilde{l}_{112}\left(R\ln\frac{Q_1}{K_1}\right)\left(R\ln\frac{Q_2}{K_2}\right) \\ & - \widetilde{l}_{122}\left(R\ln\frac{Q_2}{K_2}\right)^2 - \cdots\Bigg]\end{aligned} \tag{9.94}$$

$$\begin{aligned}\frac{\partial c_E}{\partial t} =& -a\Bigg[-\widetilde{l}_{21}\left(\frac{\widetilde{A}_1}{T}\right) - \widetilde{l}_{22}\left(\frac{\widetilde{A}_2}{T}\right) - \widetilde{l}_{211}\left(\frac{\widetilde{A}_1}{T}\right)^2 - \widetilde{l}_{212}\left(\frac{\widetilde{A}_1}{T}\right)\left(\frac{\widetilde{A}_2}{T}\right) \\ & - \widetilde{l}_{222}\left(\frac{\widetilde{A}_2}{T}\right)^2 - \cdots\Bigg] \\ =& -a\Bigg[-\widetilde{l}_{21}\left(R\ln\frac{Q_1}{K_1}\right) - \widetilde{l}_{22}\left(R\ln\frac{Q_2}{K_2}\right) - \widetilde{l}_{211}\left(R\ln\frac{Q_1}{K_1}\right)^2 \\ & - \widetilde{l}_{212}\left(R\ln\frac{Q_1}{K_1}\right)\left(R\ln\frac{Q_2}{K_2}\right) \\ & - \widetilde{l}_{222}\left(R\ln\frac{Q_2}{K_2}\right)^2 - \cdots\Bigg]\end{aligned} \tag{9.95}$$

可见，同一体系的两个化学反应相互耦合。每个化学反应的速率都与自身的以及另一个化学反应的亲和力有关。

9.4　在多个子体系中，独自进行化学反应的耦合的动力学

9.4.1　在多个子体系中，各自进行一个化学反应

1. 以质量分数表示

在多个子体系中，没有体积黏滞性，没有扩散，各自进行一个化学反应，每个子体系的熵增率为

$$\sigma^{\alpha_i} = -j^{\alpha_i}\left(\frac{A^{\alpha_i}}{T}\right) \quad (i=1,2,\cdots,m) \tag{9.96}$$

总熵增率为

$$\sigma_t^{\alpha_i} = -\sum_{\alpha_i=1}^{m} j^{\alpha_i}\left(\frac{A^{\alpha_i}}{T}\right) \tag{9.97}$$

式中，α_i 表示第 i 个子体系，并有

$$j^{\alpha_i} = f\left(\frac{A^{\alpha_i}}{T}\right) \quad (i=1,2,\cdots,m)$$

不考虑子体系间耦合，单位体积内的化学反应速率为

$$j^{\alpha_i} = -l_1^{\alpha_i}\left(\frac{A^{\alpha_i}}{T}\right) - l_2^{\alpha_i}\left(\frac{A^{\alpha_i}}{T}\right)^2 - l_3^{\alpha_i}\left(\frac{A^{\alpha_i}}{T}\right)^3 - \cdots \quad (i=1,2,\cdots,m) \tag{9.98}$$

考虑子体系间的耦合

$$\begin{aligned} j^{\alpha_i} = & -\sum_{\beta_i=1}^{m} l^{\alpha_i\beta_i}\left(\frac{A^{\beta_i}}{T}\right) - \sum_{\beta_i=1}^{m}\sum_{\gamma_i=1}^{m} l^{\alpha_i\beta_i\gamma_i}\left(\frac{A^{\beta_i}}{T}\right)\left(\frac{A^{\gamma_i}}{T}\right) \\ & -\sum_{\beta_i=1}^{m}\sum_{\gamma_i=1}^{m}\sum_{\delta_i=1}^{m} l^{\alpha_i\beta_i\gamma_i\delta_i}\left(\frac{A^{\beta_i}}{T}\right)\left(\frac{A^{\gamma_i}}{T}\right)\left(\frac{A^{\delta_i}}{T}\right) - \cdots \end{aligned} \tag{9.99}$$

该体系的质量守恒方程为

$$\rho\frac{\partial w_i}{\partial t} = \sum_{\alpha_i=1}^{r} \nu_i j^{\alpha_i} \tag{9.100}$$

将式 (9.99) 代入质量守恒方程 (9.100)，得组元 i 的变化速率为

$$\begin{aligned} \rho\frac{\partial w_i}{\partial t} = & -\sum_{\alpha_i=1}^{r} \nu_i \Bigg[\sum_{\beta_i=1}^{m} l^{\alpha_i\beta_i}\left(\frac{A^{\beta_i}}{T}\right) + \sum_{\beta_i=1}^{m}\sum_{\gamma_i=1}^{m} l^{\alpha_i\beta_i\gamma_i}\left(\frac{A^{\beta_i}}{T}\right)\left(\frac{A^{\gamma_i}}{T}\right) \\ & + \sum_{\beta_i=1}^{m}\sum_{\gamma_i=1}^{m}\sum_{\delta_i=1}^{m} l^{\alpha_i\beta_i\gamma_i\delta_i}\left(\frac{A^{\beta_i}}{T}\right)\left(\frac{A^{\gamma_i}}{T}\right)\left(\frac{A^{\delta_i}}{T}\right) + \cdots \Bigg] \\ & (i=1,2,\cdots,n) \end{aligned} \tag{9.101}$$

2. 以物质的量浓度表示

组成用物质的量浓度表示，每个子体系的熵增率为

$$\widetilde{\sigma}^{\alpha_i}=-\widetilde{j}^{\alpha_i}\left(\frac{\widetilde{A}^{\alpha_i}}{T}\right)\quad(i=1,2,\cdots,m)\tag{9.102}$$

总熵增率为

$$\widetilde{\sigma}_t^{\alpha_i}=-\sum_{\alpha_i=1}^{m}\widetilde{j}^{\alpha_i}\left(\frac{\widetilde{A}^{\alpha_i}}{T}\right)\tag{9.103}$$

不考虑子体系间耦合，单位体积内的化学反应速率为

$$\widetilde{j}^{\alpha_i}=-\widetilde{l}_1^{\alpha_i}\left(\frac{\widetilde{A}^{\alpha_i}}{T}\right)-\widetilde{l}_2^{\alpha_i}\left(\frac{\widetilde{A}^{\alpha_i}}{T}\right)^2-\widetilde{l}_3^{\alpha_i}\left(\frac{\widetilde{A}^{\alpha_i}}{T}\right)^3-\cdots\quad(i=1,2,\cdots,m)\tag{9.104}$$

考虑子体系间的耦合

$$\begin{aligned}\widetilde{j}^{\alpha_i}=&-\sum_{\beta_i=1}^{m}\widetilde{l}^{\alpha_i\beta_i}\left(\frac{\widetilde{A}^{\beta_i}}{T}\right)-\sum_{\beta_i=1}^{m}\sum_{\gamma_i=1}^{m}\widetilde{l}^{\alpha_i\beta_i\gamma_i}\left(\frac{\widetilde{A}^{\beta_i}}{T}\right)\left(\frac{\widetilde{A}^{\gamma_i}}{T}\right)\\&-\sum_{\beta_i=1}^{m}\sum_{\gamma_i=1}^{m}\sum_{\delta_i=1}^{m}\widetilde{l}^{\alpha_i\beta_i\gamma_i\delta_i}\left(\frac{\widetilde{A}^{\beta_i}}{T}\right)\left(\frac{\widetilde{A}^{\gamma_i}}{T}\right)\left(\frac{\widetilde{A}^{\delta_i}}{T}\right)-\cdots\end{aligned}\tag{9.105}$$

该体系物质的量浓度的守恒方程为

$$\frac{\partial c_i}{\partial t}=\sum_{\alpha_i=1}^{r}\widetilde{\nu}_i\widetilde{j}^{\alpha_i}\tag{9.106}$$

将式 (9.105) 代入式 (9.106)，得用组元 i 表示化学反应速率为

$$\begin{aligned}\frac{\partial c_i}{\partial t}=&-\sum_{\alpha_i=1}^{r}\widetilde{\nu}_i\left[\sum_{\beta_i=1}^{m}\widetilde{l}^{\alpha_i\beta_i}\left(\frac{\widetilde{A}^{\beta_i}}{T}\right)+\sum_{\beta_i=1}^{m}\sum_{\gamma_i=1}^{m}\widetilde{l}^{\alpha_i\beta_i\gamma_i}\left(\frac{\widetilde{A}^{\beta_i}}{T}\right)\left(\frac{\widetilde{A}^{\gamma_i}}{T}\right)\right.\\&+\sum_{\beta_i=1}^{m}\sum_{\gamma_i=1}^{m}\sum_{\delta_i=1}^{m}\widetilde{l}^{\alpha_i\beta_i\gamma_i\delta_i}\left(\frac{\widetilde{A}^{\beta_i}}{T}\right)\left(\frac{\widetilde{A}^{\gamma_i}}{T}\right)\left(\frac{\widetilde{A}^{\delta_i}}{T}\right)\\&\left.+\cdots\right]\quad(i=1,2,\cdots,n)\end{aligned}\tag{9.107}$$

9.4.2　在多个子体系中，各自进行多个化学反应

1. 以质量分数表示

在多个子体系中，没有体积黏滞性，没有扩散，各自进行多个化学反应，体系的熵增率为

$$\sigma_t=\sum_{\alpha_i=1}^{m}\sigma^{\alpha_i}=-\sum_{\alpha_i=1}^{m}\sum_{j=1}^{r}j_j^{\alpha_i}\left(\frac{A_j^{\alpha_i}}{T}\right)\tag{9.108}$$

有

$$j_j^{\alpha_i} = \left(\left\{\frac{A_k^{\beta_i}}{T}, \beta_i = \beta_1, \beta_2, \cdots, \beta_m; k = 1, 2, \cdots, r\right\}\right)$$

不考虑子体系间耦合，化学反应速率为

$$\begin{aligned} j_j^{\alpha_i} =& -\sum_{k=1}^{r} l_{jk}^{\alpha_i}\left(\frac{A_k^{\alpha_i}}{T}\right) - \sum_{k=1}^{r}\sum_{l=1}^{r} l_{jkl}^{\alpha_i}\left(\frac{A_k^{\alpha_i}}{T}\right)\left(\frac{A_l^{\alpha_i}}{T}\right) \\ & -\sum_{k=1}^{r}\sum_{l=1}^{r}\sum_{h=1}^{r} l_{jklh}^{\alpha_i}\left(\frac{A_k^{\alpha_i}}{T}\right)\left(\frac{A_l^{\alpha_i}}{T}\right)\left(\frac{A_h^{\alpha_i}}{T}\right) - \cdots \end{aligned} \tag{9.109}$$

考虑子体系间耦合，单位体积内的化学反应速率为

$$\begin{aligned} j_j^{\alpha_i} =& -\sum_{\beta_i=1}^{m}\sum_{k=1}^{r} l_{jk}^{\alpha_i\beta_i}\left(\frac{A_k^{\beta_i}}{T}\right) - \sum_{\beta_i=1}^{m}\sum_{\gamma_i=1}^{m}\sum_{k=1}^{r}\sum_{l=1}^{r} l_{jkl}^{\alpha_i\beta_i\gamma_i}\left(\frac{A_k^{\beta_i}}{T}\right)\left(\frac{A_l^{\gamma_i}}{T}\right) \\ & -\sum_{\beta_i=1}^{m}\sum_{\gamma_i=1}^{m}\sum_{\delta_i=1}^{m}\sum_{k=1}^{r}\sum_{l=1}^{r}\sum_{h=1}^{r} l_{jklh}^{\alpha_i\beta_i\gamma_i\delta_i}\left(\frac{A_k^{\beta_i}}{T}\right)\left(\frac{A_l^{\gamma_i}}{T}\right)\left(\frac{A_h^{\delta_i}}{T}\right) - \cdots \end{aligned} \tag{9.110}$$

质量守恒方程为

$$\rho\frac{\partial w_i}{\partial t} = \sum_{\alpha_i=1}^{m}\sum_{j=1}^{r} \nu_{ji} j_j^{\alpha_i} \tag{9.111}$$

将式 (9.110) 代入质量守恒方程 (9.111)，得组元 i 的变化速率为

$$\begin{aligned} \rho\frac{\partial w_i}{\partial t} =& -\sum_{\alpha_i=1}^{m}\sum_{j=1}^{r}\nu_{ji}\left[\sum_{\beta_i=1}^{m}\sum_{k=1}^{r} l_{jk}^{\alpha_i\beta_i}\left(\frac{A_k^{\beta_i}}{T}\right) + \sum_{\beta_i=1}^{m}\sum_{\gamma_i=1}^{m}\sum_{k=1}^{r}\sum_{l=1}^{r} l_{jkl}^{\alpha_i\beta_i\gamma_i}\left(\frac{A_k^{\beta_i}}{T}\right)\left(\frac{A_l^{\gamma_i}}{T}\right)\right. \\ & \left. +\sum_{\beta_i=1}^{m}\sum_{\gamma_i=1}^{m}\sum_{\delta_i=1}^{m}\sum_{k=1}^{r}\sum_{l=1}^{r}\sum_{h=1}^{r} l_{jklh}^{\alpha_i\beta_i\gamma_i\delta_i}\left(\frac{A_k^{\beta_i}}{T}\right)\left(\frac{A_l^{\gamma_i}}{T}\right)\left(\frac{A_h^{\delta_i}}{T}\right) + \cdots\right] \end{aligned} \tag{9.112}$$

2. 以物质的量浓度表示

组成用物质的量浓度表示，体系的总熵增率为

$$\widetilde{\sigma}_t = \sum_{\alpha_i=1}^{m}\widetilde{\sigma}^{\alpha_i} = -\sum_{\alpha_i=1}^{m}\sum_{j=1}^{r}\widetilde{j}_j^{\alpha_i}\left(\frac{\widetilde{A}_j^{\alpha_i}}{T}\right) \tag{9.113}$$

有

$$\widetilde{j}_j^{\alpha_i} = \left(\left\{\frac{\widetilde{A}_k^{\beta_i}}{T}, \beta_i = \beta_1, \beta_2, \cdots, \beta_m; k = 1, 2, \cdots, r\right\}\right)$$

不考虑子体系间耦合，化学反应速率为

$$\widetilde{j}_j^{\alpha_i} = -\sum_{k=1}^{r}\widetilde{l}_{jk}^{\alpha_i}\left(\frac{\widetilde{A}_k^{\alpha_i}}{T}\right) - \sum_{k=1}^{r}\sum_{l=1}^{r}\widetilde{l}_{jkl}^{\alpha_i}\left(\frac{\widetilde{A}_k^{\alpha_i}}{T}\right)\left(\frac{\widetilde{A}_l^{\alpha_i}}{T}\right) - \sum_{k=1}^{r}\sum_{l=1}^{r}\sum_{h=1}^{r}\widetilde{l}_{jklh}^{\alpha_i}\left(\frac{\widetilde{A}_k^{\alpha_i}}{T}\right)\left(\frac{\widetilde{A}_l^{\alpha_i}}{T}\right)\left(\frac{\widetilde{A}_h^{\alpha_i}}{T}\right) - \cdots \tag{9.114}$$

考虑子体系间耦合，化学反应速率为

$$\widetilde{j}_j^{\alpha_i} = -\sum_{\beta_i=1}^{m}\sum_{k=1}^{r}\widetilde{l}_{jk}^{\alpha_i\beta_i}\left(\frac{\widetilde{A}_k^{\beta_i}}{T}\right) - \sum_{\beta_i=1}^{m}\sum_{\gamma_i=1}^{m}\sum_{k=1}^{r}\sum_{l=1}^{r}\widetilde{l}_{jkl}^{\alpha_i\beta_i\gamma_i}\left(\frac{\widetilde{A}_k^{\beta_i}}{T}\right)\left(\frac{\widetilde{A}_l^{\gamma_i}}{T}\right) - \sum_{\beta_i=1}^{m}\sum_{\gamma_i=1}^{m}\sum_{\delta_i=1}^{m}\sum_{k=1}^{r}\sum_{l=1}^{r}\sum_{h=1}^{r}\widetilde{l}_{jklh}^{\alpha_i\beta_i\gamma_i\delta_i}\left(\frac{\widetilde{A}_k^{\beta_i}}{T}\right)\left(\frac{\widetilde{A}_l^{\gamma_i}}{T}\right)\left(\frac{\widetilde{A}_h^{\delta_i}}{T}\right) - \cdots \tag{9.115}$$

质量守恒方程为

$$\frac{\partial c_i}{\partial t} = \sum_{\alpha_i=1}^{m}\sum_{j=1}^{r}\widetilde{\nu}_{ji}\widetilde{j}_j^{\alpha_i} \tag{9.116}$$

将式 (9.115) 代入质量守恒方程 (9.116)，得组元 i 的变化速率为

$$\frac{\partial c_i}{\partial t} = -\sum_{\alpha_i=1}^{m}\sum_{j=1}^{r}\widetilde{\nu}_{ji}\Bigg[\sum_{\beta_i=1}^{m}\sum_{k=1}^{r}\widetilde{l}_{jk}^{\alpha_i\beta_i}\left(\frac{\widetilde{A}_k^{\beta_i}}{T}\right) + \sum_{\beta_i=1}^{m}\sum_{\gamma_i=1}^{m}\sum_{k=1}^{r}\sum_{l=1}^{r}\widetilde{l}_{jkl}^{\alpha_i\beta_i\gamma_i}\left(\frac{\widetilde{A}_k^{\beta_i}}{T}\right)\left(\frac{\widetilde{A}_l^{\gamma_i}}{T}\right) + \sum_{\beta_i=1}^{m}\sum_{\gamma_i=1}^{m}\sum_{\delta_i=1}^{m}\sum_{k=1}^{r}\sum_{l=1}^{r}\sum_{h=1}^{r}\widetilde{l}_{jklh}^{\alpha_i\beta_i\gamma_i\delta_i}\left(\frac{\widetilde{A}_k^{\beta_i}}{T}\right)\left(\frac{\widetilde{A}_l^{\gamma_i}}{T}\right)\left(\frac{\widetilde{A}_h^{\delta_i}}{T}\right) + \cdots\Bigg] \tag{9.117}$$

第10章 化学反应

化学动力学研究化学反应的速率和机理，通常化学反应方程表示由哪些反应物生成何种产物以及反应物和产物之间的数量关系，并不表示化学反应的途径和机制。反应物是化学反应的始态，产物是化学反应的终态。因此，可以说一般化学反应方程是化学反应的热力学方程，而不是化学反应的动力学方程。只有基元反应才表示化学反应的途径和机理，也只有基元反应才可以用质量作用定律写出其化学反应速率和反应物浓度的方次乘积成正比的关系式。对于反应机理尚不清楚的化学反应，按照化学反应方程写出的反应速率和反应物浓度方次的乘积成正比的速率方程只是形式上的模仿，方次需要通过实验确定，方次之和也不代表真正的反应级数。所以，可以说对于一般的化学反应还没有一个建立在严格理论意义上的化学反应速率的描述方法，还没有一个普适的方程可以统一描述化学反应速率，只能对每个化学反应具体分析、分别描述。非平衡态热力学提供了这种可能，然而，此前非平衡态热力学给出的只是关于近平衡态发生变化时物理量间呈线性关系的描述。而化学反应通常都是远离平衡的，只有在接近达成平衡时才处在近平衡区，才能用线性关系式描述。为了描述远离平衡的化学反应，需要将近平衡态的理论推广到远离平衡体系，建立化学反应速率的通用方程。本章就作这种尝试。与通常的化学动力学的研究一样，主要考虑恒温、恒压条件的化学反应。

10.1 气相反应

10.1.1 只有一个化学反应

化学反应为

$$aA(g) + bB(g) = cC(g) + dD(g) \tag{10.1}$$

1. *浓度以质量分数表示的动力学方程*

在没有体积黏滞性，没有扩散的多元均相体系中只有一个化学反应，熵增率为

$$\sigma = -J\frac{A}{T} \tag{10.2}$$

其中，J 为化学反应速率。根据非平衡态热力学理论关于通量和热力学力间有函数关系的假设，有

$$J = f\left(\frac{A}{T}\right) \tag{10.3}$$

式中，A 为亲和力，即产物和反应物的化学势差，也就是化学反应的吉布斯自由能变化

$$A = \Delta G = \sum_{i=1}^{n} \nu_i \mu_i \tag{10.4}$$

式中，μ_i 为组元 i 的化学势。系数 ν_i 被组元 i 的相对分子质量 M_i 除后正比于化学反应方程中第 i 个组元的化学计量系数，即式中 μ_i 为 i 组元的化学势。系数 v_i 被组元 i 的相对分子质量除后正比于化学反应方程中第 i 个组元的化学计量系数 $\tilde{\nu}_i$，即

$$\tilde{\nu}_i = \frac{\alpha \nu_i}{M_i} \tag{10.5}$$

其中，α 为比例常数。规定在化学反应方程左边 ν_i 为负，右边 ν_i 为正。

把式 (10.2) 对热力学平衡态作泰勒展开，得

$$j = -l_1 \left(\frac{A}{T}\right) - l_2 \left(\frac{A}{T}\right)^2 - l_3 \left(\frac{A}{T}\right)^3 - \cdots \tag{10.6a}$$

式中，l_i 为唯象系数，即泰勒展开系数。对于近平衡区，即化学反应接近平衡时，只需取一级近似，得

$$j = -l \left(\frac{A}{T}\right) \tag{10.6b}$$

可见，在近平衡区化学反应速率正比于亲和力，式 (10.6a) 和式 (10.6b) 似乎不符合经典热力学。在经典热力学中，恒温恒压条件下，吉布斯自由能变化仅决定过程的方向和限度，不能决定过程的速率。实际上，在一定条件下吉布斯自由能的变化能够决定过程的快慢。例如，对于扩散传质过程，$\Delta\mu$ 是推动力，既可以决定扩散的方向和限度，也可以决定扩散的速度。在扩散已经进行的前提下，如果扩散系数相同，$\Delta\mu$ 越负，扩散速度越快。对于化学反应也是如此。在没有克服能垒时，虽然反应物的自由能大于产物的自由能，但化学反应也不一定进行。这时，ΔG 不能决定反应的快慢。但是，一旦克服了能垒，化学反应进行了，这时 ΔG 就能决定化学反应速率。在同一体系中，同一化学反应，ΔG 越负，化学反应速率越快。

化学反应仅在离平衡很近的情况下才服从式 (10.6b)。化学反应大部分过程是处于远离平衡的状态。因此，需要用高次展开式，即式 (10.6a) 描写。至于取多少次方，对于不同的化学反应是不同的，这取决于其远离平衡的程度。

该体系的质量守恒方程为

$$\rho \frac{\partial w_i}{\partial t} = \nu_i j \tag{10.7}$$

其中，ρ 为体系的密度；w_i 为组元 i 的质量分数。将式 (10.6a) 代入式 (10.7)，得化

学反应速率为

$$\rho\frac{\partial w_i}{\partial t}=-\nu_i\left[l_1\left(\frac{A}{T}\right)+l_2\left(\frac{A}{T}\right)^2+l_3\left(\frac{A}{T}\right)^3+\cdots\right]\quad(i=1,2,\cdots,n)\tag{10.8}$$

方程 (10.8) 适用于恒温、恒压条件下，任何没有体积黏滞性、没有传质，只有一个化学反应的多组元气相体系的化学反应动力学方程，是普适方程。方程左边是物质的质量随时间的变化速率，方程右边是亲和力，即吉布斯自由能变化的不同方次之和。式 (10.6a)、式 (10.7)、式 (10.8) 沟通了热力学和动力学的联系。组元 i 是反应物，ν_i 为负，组元 i 是产物，ν_i 为正。

2. *以物质的量浓度表示的动力学方程*

用物质的量浓度 c_i 代替质量分数 w_i，式 (10.2) 成为

$$\tilde{\sigma}=-\tilde{j}\frac{\tilde{A}}{T}\tag{10.9}$$

相应于以质量分数表示浓度的各式分别为

$$\tilde{j}=f\left(\frac{\tilde{A}}{T}\right)\tag{10.10}$$

$$\tilde{A}=\Delta\tilde{G}_m=\sum_{i=1}^{n}\tilde{\nu}_i\tilde{\mu}_i\tag{10.11}$$

式中，$\tilde{\mu}_i$ 为组元 i 的摩尔化学势。

$$\tilde{j}=-\tilde{l}_1\left(\frac{\tilde{A}}{T}\right)-\tilde{l}_2\left(\frac{\tilde{A}}{T}\right)^2-\tilde{l}_3\left(\frac{\tilde{A}}{T}\right)^3-\cdots\tag{10.12}$$

在近平衡区

$$\tilde{j}=-\tilde{l}\left(\frac{\tilde{A}}{T}\right)$$

两种浓度单位的各量间有关系式

$$\tilde{j}=\frac{j}{\alpha}\tag{10.13}$$

$$\tilde{A}=\alpha A=\alpha\sum_{i=1}^{n}\nu_i\mu_i\tag{10.14}$$

$$\tilde{l}_i=\frac{l_i}{\alpha^{i+1}}\quad(i=1,2,\cdots,m)\tag{10.15}$$

物质的量的守恒方程为

$$\frac{\partial c_i}{\partial t}=\tilde{\nu}_i\tilde{j}\tag{10.16}$$

化学反应速率为

$$\frac{\partial c_i}{\partial t}=\tilde{\nu}_i\tilde{j}=-\tilde{\nu}_i\left[\tilde{l}_1\left(\frac{\tilde{A}}{T}\right)+\tilde{l}_2\left(\frac{\tilde{A}}{T}\right)^2+\tilde{l}_3\left(\frac{\tilde{A}}{T}\right)^3+\cdots\right] \tag{10.17}$$

式中，组元 i 是反应物，$\tilde{\nu}_i$ 为负，组元 i 是产物，$\tilde{\nu}_i$ 为正。

对于理想气体的化学反应亲和力为

$$\tilde{A}=\Delta\tilde{G}_m=c\tilde{\mu}_C+d\tilde{\mu}_D-a\tilde{\mu}_A-b\tilde{\mu}_B=\Delta\tilde{G}_m^\theta+RT\ln Q_p=RT\ln\frac{Q_p}{K_p} \tag{10.18}$$

其中

$$Q_p=\frac{\left(\dfrac{p_C}{p^\theta}\right)^c\left(\dfrac{p_D}{p^\theta}\right)^d}{\left(\dfrac{p_A}{p^\theta}\right)^a\left(\dfrac{p_B}{p^\theta}\right)^b}$$

式中，p_C、p_D、p_A 和 p_B 分别为反应体系中 C、D、A 和 B 的分压；K_p 为平衡常数。化学反应达到平衡时，此式的值即为 K_p。

$$\Delta\tilde{G}_m^\theta=c\tilde{\mu}_C^\theta+d\tilde{\mu}_D^\theta-a\tilde{\mu}_A^\theta-b\tilde{\mu}_B^\theta=-RT\ln K_p$$

式中，$\tilde{\mu}_C^\theta$、$\tilde{\mu}_D^\theta$、$\tilde{\mu}_A^\theta$ 和 $\tilde{\mu}_B^\theta$ 分别为反应体系中 C、D、A 和 B 的标准化学势。对于理想气体

$$\tilde{\mu}_i=\tilde{\mu}_i^\theta+RT\ln\frac{p_i}{p^\theta} \tag{10.19}$$

式中，$\tilde{\mu}_i$ 是 $\dfrac{p_i}{p^\theta}=1$ 的化学势，p^θ 为一个标准压力。

将式 (10.18) 代入式 (10.17)，得

$$\begin{aligned}\frac{\partial c_i}{\partial t}=&-\tilde{\nu}_i\left[\tilde{l}_1\left(\frac{\Delta\tilde{G}_m^\theta+RT\ln Q_p}{T}\right)+\tilde{l}_2\left(\frac{\Delta\tilde{G}_m^\theta+RT\ln Q_p}{T}\right)^2\right.\\&\left.+\tilde{l}_3\left(\frac{\Delta\tilde{G}_m^\theta+RT\ln Q_p}{T}\right)^3+\cdots\right]\\=&-\tilde{\nu}_i\left[\tilde{l}_1\left(R\ln\frac{Q_p}{K_p}\right)+\tilde{l}_2\left(R\ln\frac{Q_p}{K_p}\right)^2+\tilde{l}_3\left(R\ln\frac{Q_p}{K_p}\right)^3+\cdots\right]\end{aligned} \tag{10.20}$$

10.1.2 同时发生多个化学反应

在没有体积黏滞性，没有扩散的多元均相体系，有多个化学反应同时发生，熵增率为

$$\tilde{\sigma}=-\sum_{j=1}^{r}\tilde{j}_j\frac{\tilde{A}_i}{T} \tag{10.21}$$

物质的量的守恒方程为

$$\frac{\partial c_i}{\partial t}=\sum_{j=1}^{r}\tilde{\nu}_{ji}\tilde{j}_j \tag{10.22}$$

在多个气相体系中，n 个组元之间同时发生 r 个化学反应，表示为

$$\sum_{i=1}^{n}\tilde{\nu}_{ji}A^i(g)=0 \quad (j=1,2,\cdots,r) \tag{10.23}$$

式中，i 表示参加化学反应的组元；$\tilde{\nu}_{ji}$ 表示第 j 个化学反应中第 i 个组元的化学反应计量系数，反应物为负，产物为正；n 表示一个化学反应方程式中全部组元数。

当气相组元以一个标准大气压为标准状态时，摩尔吉布斯自由能变化，即化学亲和力为

$$\tilde{A}_j=\Delta\tilde{G}_{m,j}=\Delta\tilde{G}_{m,j}^{\theta}+RT\ln\prod_{i=1}^{m}\left(\frac{p_{ji}}{p^{\theta}}\right)^{\tilde{\nu}_{ji}} \tag{10.24}$$

式中

$$\Delta\tilde{G}_{m,j}^{\theta}=\sum_{i=1}^{n}\tilde{\nu}_{ji}\tilde{\mu}_i^{\theta}$$

单位体积内的化学反应速率为

$$\begin{aligned}\tilde{j}_j=&-\sum_{k=1}^{r}\tilde{l}_{jk}\left(\frac{\tilde{A}_k}{T}\right)-\sum_{k=1}^{r}\sum_{l=1}^{r}\tilde{l}_{jkl}\left(\frac{\tilde{A}_k}{T}\right)\left(\frac{\tilde{A}_l}{T}\right)\\&-\sum_{k=1}^{r}\sum_{l=1}^{r}\sum_{h=1}^{r}\tilde{l}_{jklh}\left(\frac{\tilde{A}_k}{T}\right)\left(\frac{\tilde{A}_l}{T}\right)\left(\frac{\tilde{A}_h}{T}\right)-\cdots\end{aligned} \tag{10.25}$$

代入物质的量的守恒方程，得

$$\begin{aligned}\frac{\partial c_{ji}}{\partial t}=&-\tilde{\nu}_{ji}\left[\sum_{k=1}^{r}\tilde{l}_{jk}\left(\frac{\tilde{A}_k}{T}\right)+\sum_{k=1}^{r}\sum_{l=1}^{r}\tilde{l}_{jkl}\left(\frac{\tilde{A}_k}{T}\right)\left(\frac{\tilde{A}_l}{T}\right)\right.\\&\left.+\sum_{k=1}^{r}\sum_{l=1}^{r}\sum_{h=1}^{r}\tilde{l}_{jklh}\left(\frac{\tilde{A}_k}{T}\right)\left(\frac{\tilde{A}_l}{T}\right)\left(\frac{\tilde{A}_h}{T}\right)+\cdots\right]\\&(j=1,2,\cdots,r;\quad i=1,2,\cdots,n)\end{aligned} \tag{10.26}$$

10.1.3 应用实例

1. 水煤气反应

对于水煤气反应

$$CO_2(g)+H_2(g)=\!=\!=CO(g)+H_2O(g) \tag{10.27}$$

令 i 为 CO_2，$\tilde{\nu}_{CO_2}=-1$，方程 (10.22) 成为

$$\frac{\partial c_{CO_2}}{\partial t}=\tilde{l}_1\left(R\ln\frac{Q_p}{K_p}\right)+\tilde{l}_2\left(R\ln\frac{Q_p}{K_p}\right)^2+\tilde{l}_3\left(R\ln\frac{Q_p}{K_p}\right)^3+\cdots \tag{10.28}$$

水煤气反应在截面积为 21.7cm^2 的燃烧炉中进行。反应物组成为 1mol H_2，0.26mol O_2，1.00mol CO_2，燃烧速率为 37.4cm/s。用石英热电偶测温，通过石英探测器采样，用质谱仪进行分析。已知 1300K 水煤气反应的平衡常数 K 为 1.85。根据不同时刻各气体的浓度，计算得到 $\tilde{A}/T$ 的值。将这些数据代入动力学方程 (10.28)，计算得到唯象系数 $\tilde{l}_i$ 的值。将得到的 $\tilde{l}_i$ 的值代入方程 (10.28)，得到水煤气反应的动力学方程。将 $\mathrm{d}c_{CO_2}/\mathrm{d}t$ 对 $\tilde{A}/T$ 作图，得到图 10.1。

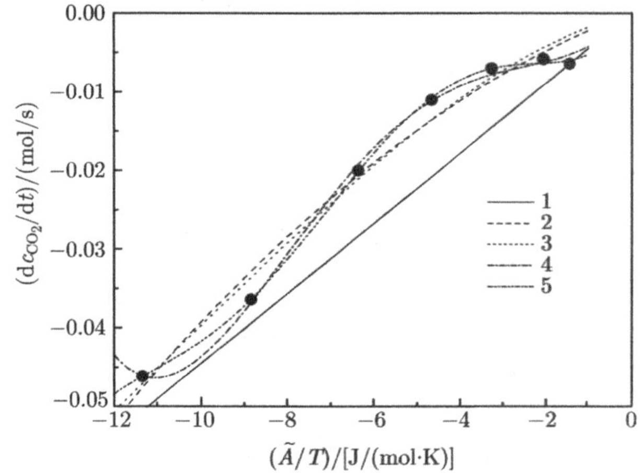

图 10.1　水煤气反应速率随 $\tilde{A}/T$ 变化的数据拟合

1 一次关系式拟合曲线；2 二次关系式拟合曲线；3 三次关系式拟合曲线；4 四次关系式拟合曲线；5 五次关系式拟合曲线

$$\frac{\mathrm{d}c_{CO_2}}{\mathrm{d}t}=4.46\times10^{-3}\left(R\ln\frac{Q_p}{K_p}\right)$$

$$\frac{\mathrm{d}c_{CO_2}}{\mathrm{d}t}=2.02\times10^{-3}\left(R\ln\frac{Q_p}{K_p}\right)-1.92\times10^{-4}\left(R\ln\frac{Q_p}{K_p}\right)^2$$

$$\frac{\mathrm{d}c_{CO_2}}{\mathrm{d}t}=1.4\times10^{-3}\left(R\ln\frac{Q_p}{K_p}\right)-3.76\times10^{-4}\left(R\ln\frac{Q_p}{K_p}\right)^2-1.17\times10^{-5}\left(R\ln\frac{Q_p}{K_p}\right)^3$$

$$\frac{\mathrm{d}c_{CO_2}}{\mathrm{d}t}=6.02\times10^{-3}\left(R\ln\frac{Q_p}{K_p}\right)+2.16\times10^{-3}\left(R\ln\frac{Q_p}{K_p}\right)^2$$

$$
+3.8\times 10^{-4}\left(R\ln\frac{Q_p}{K_p}\right)^3+1.81\times 10^{-5}\left(R\ln\frac{Q_p}{K_p}\right)^4
$$

$$
\begin{aligned}
\frac{\mathrm{d}c_{\mathrm{CO_2}}}{\mathrm{d}t}=&8.88\times 10^{-3}\left(R\ln\frac{Q_p}{K_p}\right)+4.62\times 10^{-3}\left(R\ln\frac{Q_p}{K_p}\right)^2\\
&+1.05\times 10^{-3}\left(R\ln\frac{Q_p}{K_p}\right)^3\\
&+9.05\times 10^{-5}\left(R\ln\frac{Q_p}{K_p}\right)^4+2.66\times 10^{-6}\left(R\ln\frac{Q_p}{K_p}\right)^5
\end{aligned}
$$

图 10.1 中曲线 1 选的是一次关系式，即化学反应速率正比于化学反应亲和力，这仅适用于化学反应离平衡很近的情况，不适用于化学反应从开始到终了的整个范围；曲线 2，3 分别选用二次、三次关系式，从图可见，吻合得比较好；曲线 4 选的是四次关系式，从图可见，吻合得已经相当好；曲线 5 选的是五次关系式，最大误差为 8%。考虑到实验点个数不够多和实验本身的误差就在 10%以上，这个结果还是令人满意的。

2. 一氧化氮的氧化反应

对于一氧化氮的氧化反应

$$
2\mathrm{NO(g)}+\mathrm{O_2(g)}=\!=\!=2\mathrm{NO_2(g)} \tag{10.29}
$$

化学亲和力为

$$
\tilde{A}=\Delta\tilde{G}_m=2\tilde{\mu}_{\mathrm{NO_2}}-2\tilde{\mu}_{\mathrm{NO}}-\tilde{\mu}_{\mathrm{O_2}}=\Delta\tilde{\mu}^\theta+RT\ln Q_p
$$

其中

$$
Q_p=\frac{\left(\dfrac{p_{\mathrm{NO_2}}}{p^\theta}\right)^2}{\left(\dfrac{p_{\mathrm{NO}}}{p^\theta}\right)^2\left(\dfrac{p_{\mathrm{O_2}}}{p^\theta}\right)}=\frac{x_{\mathrm{NO_2}}^2}{x_{\mathrm{NO}}^2x_{\mathrm{O_2}}}(p/p^\theta)^{-1}
$$

若 i 为 NO_2，则 $\tilde{\nu}_{\mathrm{NO_2}}=2$，式 (10.22) 成为

$$
\begin{aligned}
\frac{\partial c_{\mathrm{NO_2}}}{\partial t}=&-2\left[\tilde{l}_1\left(\frac{\Delta\tilde{\mu}^\theta+RT\ln Q_p}{T}\right)+\tilde{l}_2\left(\frac{\Delta\tilde{\mu}^\theta+RT\ln Q_p}{T}\right)^2\right.\\
&\left.+\tilde{l}_3\left(\frac{\Delta\tilde{\mu}^\theta+RT\ln Q_p}{T}\right)^3+\cdots\right]
\end{aligned} \tag{10.30}
$$

温度为 633K，NO 氧化反应在一个 20cm 长、内径为 3.4cm 的圆柱石英管中进行，用电炉加热。通过热电偶控温，测量精度为 ±0.7°。通过光度计测定 NO_2 的形成，

初始含量为 13.3kPa 的 NO、6.65kPa 的 O_2、26.6kPa 的 N_2。根据 NO_2 压力以及总压，可计算 NO_2 的浓度以及 $\tilde{A}/T$，将实验数据代入式 (10.27)，按照和处理水煤气反应相同的方法，计算得到唯象系数 $\tilde{l}_i$。将得到的 $\tilde{l}_i$ 代入式 (10.27)，得到 NO 氧化反应的动力学方程。将 $\mathrm{d}c_{NO_2}/\mathrm{d}t$ 对 $\tilde{A}/T$ 作图，得到图 10.2。

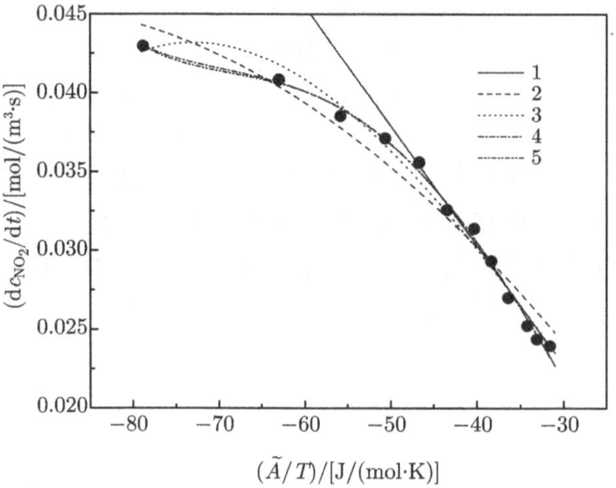

图 10.2　NO 氧化反应速率随 $\tilde{A}/T$ 变化的数据拟合

1 一次关系式拟合曲线；2 二次关系式拟合曲线；3 三次关系式拟合曲线；4 四次关系式拟合曲线；5 五次关系式拟合曲线

相应的动力学方程依次为

$$\frac{\mathrm{d}c_{NO_2}}{\mathrm{d}t} = -7.58\times10^{-4}\left(\frac{\tilde{A}}{T}\right)$$

$$\frac{\mathrm{d}c_{NO_2}}{\mathrm{d}t} = -9.55\times10^{-4}\left(\frac{\tilde{A}}{T}\right) -4.99\times10^{-6}\left(\frac{\tilde{A}}{T}\right)^2$$

$$\frac{\mathrm{d}c_{NO_2}}{\mathrm{d}t} = -6.59\times10^{-4}\left(\frac{\tilde{A}}{T}\right) + 6.26\times10^{-6}\left(\frac{\tilde{A}}{T}\right)^2 + 9.84\times10^{-8}\left(\frac{\tilde{A}}{T}\right)^3$$

$$\begin{aligned}\frac{\mathrm{d}c_{NO_2}}{\mathrm{d}t} = &1.06\times10^{-4}\left(\frac{\tilde{A}}{T}\right) + 5.15\times10^{-5}\left(\frac{\tilde{A}}{T}\right)^2 \\ &+ 9.45\times10^{-7}\left(\frac{\tilde{A}}{T}\right)^3 + 5.03\times10^{-9}\left(\frac{\tilde{A}}{T}\right)^4\end{aligned}$$

$$\frac{\mathrm{d}c_{NO_2}}{\mathrm{d}t} = -1.16\times10^{-4}\left(\frac{\tilde{A}}{T}\right) + 3.35\times10^{-5}\left(\frac{\tilde{A}}{T}\right)^2 + 4.17\times10^{-7}\left(\frac{\tilde{A}}{T}\right)^3$$

$$-1.63\times10^{-9}\left(\frac{\tilde{A}}{T}\right)^4-3.06\times10^{-11}\left(\frac{\tilde{A}}{T}\right)^5$$

图 10.2 中曲线 1 为一次关系式，即化学反应速率正比于化学反应亲和力，这仅适用于化学反应离平衡很近的情况，对于化学反应从开始到终了的整个范围是不合适的；曲线 2 为二次关系式，最大误差为 5.2%；曲线 3 为三次关系式，最大误差为 3.4%；曲线 4 为四次关系式，最大误差为 1.9%；曲线 5 为五次关系式，最大误差为 2.0%。这说明采用更高阶的多项式并不能明显提高精度，考虑实验本身的误差和数据处理过程中产生的误差，采用三次关系式就能够满足要求，就达到令人满意的结果。

10.2 均一液相反应

液相化学反应有单一液相化学反应，即反应物在同一液相；还有非单一相化学反应，即反应物在不同的液相。前者如水溶液中的化学反应，后者如萃取、渣–金反应等。

10.2.1 只有一个化学反应

单一液相，多个组元间只发生一个化学反应，可以表示为

$$a(\mathrm{A})+b(\mathrm{B})=\!=\!=c(\mathrm{C})+d(\mathrm{D}) \tag{10.31}$$

式中括号内为溶液中的组元。在恒温恒压条件下，化学反应亲和力即吉布斯自由能的变化如下计算。

各组元以纯固态为标准状态，浓度以摩尔分数表示，化学反应的亲和力为

$$\tilde{A}=\Delta\tilde{G}_m=\Delta\tilde{G}_m^*+RT\ln\frac{(a_{\mathrm{C}}^R)^c(a_{\mathrm{D}}^R)^d}{(a_{\mathrm{A}}^R)^a(a_{\mathrm{B}}^R)^b} \tag{10.32a}$$

式中

$$\Delta G_m^*=c\mu_{\mathrm{C}}^*+d\mu_{\mathrm{D}}^*-a\mu_{\mathrm{A}}^*-b\mu_{\mathrm{B}}^*$$

为纯固态组元 A、B、C、D 的化学势之差，即标准摩尔吉布斯自由能的变化。

各组元以符合亨利定律的假想的纯物质为标准状态，浓度以摩尔分数表示，化学反应的亲和力为

$$\tilde{A}=\Delta\tilde{G}_m=\Delta G_m^\theta+RT\ln\frac{(a_{\mathrm{C}}^H)^c(a_{\mathrm{D}}^H)^d}{(a_{\mathrm{A}}^H)^a(a_{\mathrm{B}}^H)^b} \tag{10.32b}$$

式中

$$\Delta\tilde{G}_m^\theta = c\tilde{\mu}_C^\theta + d\tilde{\mu}_D^\theta - a\tilde{\mu}_A^\theta - b\tilde{\mu}_B^\theta$$

为符合亨利定律的假想的纯物质 A、B、C、D 的化学势之差。

各组元以符合亨利定律的假想的 1%溶液为标准状态，浓度以质量分数表示，化学反应的亲和力为

$$\tilde{A} = \Delta\tilde{G}_m = \Delta\tilde{G}_m^\theta + RT\ln\frac{(a_C^w)^c(a_D^w)^d}{(a_A^w)^a(a_B^w)^b} \tag{10.32c}$$

式中

$$\Delta\tilde{G}_m^\theta = c\tilde{\mu}_C^\theta + d\tilde{\mu}_D^\theta - a\tilde{\mu}_A^\theta - b\tilde{\mu}_B^\theta$$

为符合亨利定律的假想的 1%溶液的 A、B、C、D 的化学势之差。

单位体积内的化学反应速率为

$$\tilde{j} = -\tilde{l}_1\left(\frac{\tilde{A}}{T}\right) - \tilde{l}_2\left(\frac{\tilde{A}}{T}\right)^2 - \tilde{l}_3\left(\frac{\tilde{A}}{T}\right)^3 - \cdots$$

代入质量守恒方程，化学反应速率为

$$\frac{\partial c_i}{\partial t} = \tilde{\nu}_i\tilde{j} = -\tilde{\nu}_i\left[\tilde{l}_1\left(\frac{\tilde{A}}{T}\right) + \tilde{l}_2\left(\frac{\tilde{A}}{T}\right)^2 + \tilde{l}_3\left(\frac{\tilde{A}}{T}\right)^3 + \cdots\right] \tag{10.33}$$

式中，i 为反应物或生成物组元 A、B、C、D；$\tilde{\nu}_i$ 为组元 i 的化学反应计量系数 a、b、c、d。

$$\tilde{A} = \Delta\tilde{G}_m$$

可以为式 (10.32a)、式 (10.32b) 或式 (10.32c)。

10.2.2　同时发生多个化学反应

在均匀液相，n 个组元间发生 r 个化学反应，可以表示为

$$\sum_{i=1}^{n}\tilde{\nu}_{ji}A^i = 0 \quad (j = 1, 2, \cdots, r) \tag{10.34}$$

式中，A^i 表示参加化学反应的组元 i 的分子式；$\tilde{\nu}_{ji}$ 表示第 j 个化学反应中第 i 个组元的化学反应计量系数，反应物为负，产物为正；n 表示一个化学反应方程中的全部组元数，$m \leqslant n$。

各组元都以其纯固态为标准状态，浓度以摩尔分数表示，化学反应的亲和力为

$$\tilde{A}_j = \Delta\tilde{G}_{m,j} = \Delta\tilde{G}_{m,j}^* + RT\ln\Pi(a_i^R)^{\tilde{\nu}_{ji}} \tag{10.35a}$$

式中

$$\Delta\tilde{G}_{m,j}^{*}=\sum_{i=1}^{n}\tilde{\nu}_{ji}\tilde{\mu}_{i}^{*}$$

各组元以符合亨利定律的假想的纯固态为标准状态，浓度以摩尔分数表示，化学亲和力为

$$\tilde{A}_j=\Delta\tilde{G}_{m,j}=\Delta\tilde{G}_{m,j}^{\theta}+RT\ln\prod_{i=1}^{n}(a_i^H)^{\tilde{\nu}_{ji}} \tag{10.35b}$$

式中

$$\Delta\tilde{G}_{m,j}^{\theta}=\sum_{i=1}^{n}\tilde{\nu}_{ji}\tilde{\mu}_{i}^{\theta}$$

各组元以符合亨利定律的假想的质量分数浓度为 1 的溶液为标准状态，浓度以质量分数表示，化学亲和力为

$$\tilde{A}_j=\Delta\tilde{G}_{m,j}=\Delta\tilde{G}_{m,j}^{\theta}+RT\ln\Pi(a_i^H)^{\tilde{\nu}_{ji}} \tag{10.35c}$$

式中

$$\Delta\tilde{G}_{m,j}^{\theta}=\sum_{i=1}^{n}\tilde{\nu}_{ji}\tilde{\mu}_{i}^{\theta}$$

单位体积内的化学反应速率为

$$\begin{aligned}\tilde{j}_j=&-\sum_{k=1}^{r}\tilde{l}_{jk}\left(\frac{\tilde{A}_k}{T}\right)-\sum_{k=1}^{r}\sum_{l=1}^{r}\tilde{l}_{jkl}\left(\frac{\tilde{A}_k}{T}\right)\left(\frac{\tilde{A}_l}{T}\right)\\&-\sum_{k=1}^{r}\sum_{l=1}^{r}\sum_{h=1}^{r}\tilde{l}_{jklh}\left(\frac{\tilde{A}_k}{T}\right)\left(\frac{\tilde{A}_l}{T}\right)\left(\frac{\tilde{A}_h}{T}\right)-\cdots\quad(j=1,2,\cdots,r)\end{aligned}$$

代入物质的量守恒方程，得

$$\begin{aligned}\frac{\partial c_{ji}}{\partial t}=\tilde{\nu}_{ji}\tilde{j}_j=-\tilde{\nu}_{ji}\Bigg[&\sum_{k=1}^{r}\tilde{l}_{jk}\left(\frac{\tilde{A}_k}{T}\right)+\sum_{k=1}^{r}\sum_{l=1}^{r}\tilde{l}_{jkl}\left(\frac{\tilde{A}_k}{T}\right)\left(\frac{\tilde{A}_l}{T}\right)\\&+\sum_{k=1}^{r}\sum_{l=1}^{r}\sum_{h=1}^{r}\tilde{l}_{jklh}\left(\frac{\tilde{A}_k}{T}\right)\left(\frac{\tilde{A}_l}{T}\right)\left(\frac{\tilde{A}_h}{T}\right)+\cdots\Bigg]\\&(j=1,2,\cdots,r;\quad i=1,2,\cdots,n)\end{aligned} \tag{10.36}$$

式中，A_k、A_l、A_h 表示 r 个化学反应中第 k、l、h 个化学反应的亲和力，为式 (10.35a)、式 (10.35b) 或式 (10.35c)。

10.2.3 高锰酸钠氧化水中苯酚的动力学

高锰酸钠可将水中的苯酚氧化

$$3C_6H_5OH+4NaMnO_4=\!=\!=3C_6H_4O_2+4MnO_2+H_2O+4NaOH \tag{10.37}$$

令方程 (10.33) 中的 i 为 C_6H_5OH，则 $\tilde{\nu}_{C_6H_5OH}=-3$，得

$$\frac{\mathrm{d}c_{C_6H_5OH}}{\mathrm{d}t}=-3\left[\tilde{l}_1\left(\frac{\tilde{A}}{T}\right)+\tilde{l}_2\left(\frac{\tilde{A}}{T}\right)^2+\tilde{l}_3\left(\frac{\tilde{A}}{T}\right)^3+\cdots\right] \tag{10.38}$$

实验采用 300mL 带盖锥形瓶，在瓶中装入 100mL 待反应水样，并进行搅拌，在确定温度下加入高锰酸钠，反应达到预定时间后，立即用硫代硫酸钠终止反应。将水样重蒸消除颜色干扰，测定水中苯酚剩余浓度。对不同的苯酚初始浓度，不同的高锰酸钠加入量，测得不同反应时间苯酚的浓度。

根据实验数据计算得到 $\tilde{A}$，代入动力学方程 (10.38)，计算得到唯象系数 $\tilde{l}_i$。将得到的 $\tilde{l}_i$ 代入方程 (10.38)，得到高锰酸钠去除水中苯酚反应的动力学方程。高锰酸钠加入量为 $1\text{mmol}\cdot\text{L}^{-1}$，不同苯酚初始浓度的拟合结果如图 10.3 所示。高锰酸钠加入量为 $2\text{mmol}\cdot\text{L}^{-1}$，不同苯酚初始浓度的拟合结果如图 10.4 所示。

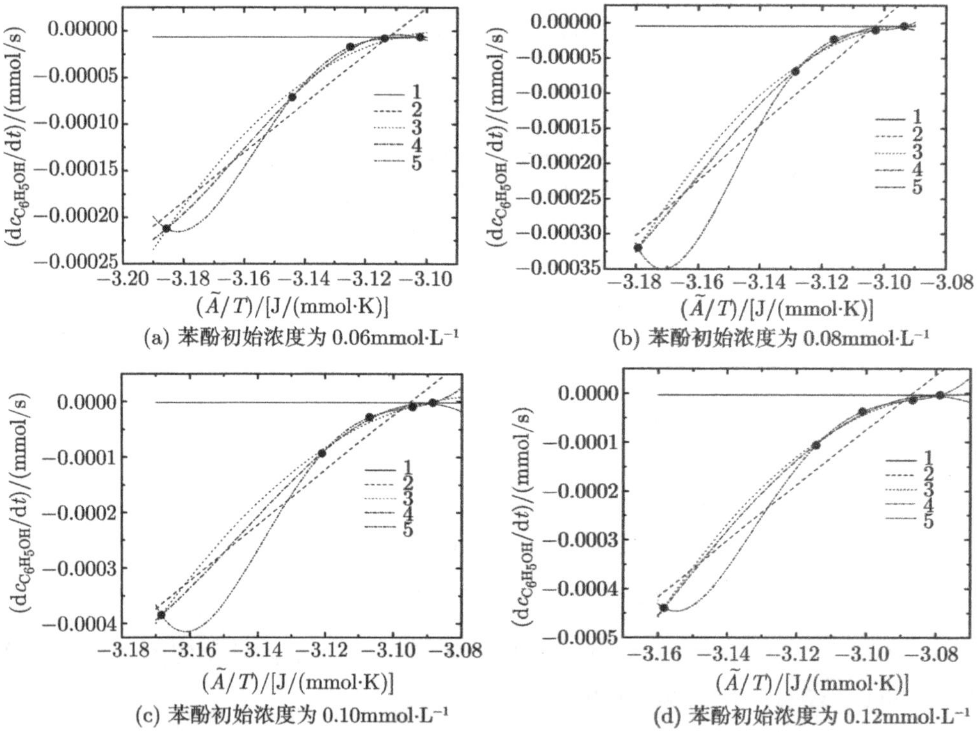

(a) 苯酚初始浓度为 $0.06\text{mmol}\cdot\text{L}^{-1}$　(b) 苯酚初始浓度为 $0.08\text{mmol}\cdot\text{L}^{-1}$

(c) 苯酚初始浓度为 $0.10\text{mmol}\cdot\text{L}^{-1}$　(d) 苯酚初始浓度为 $0.12\text{mmol}\cdot\text{L}^{-1}$

图 10.3　高锰酸钠加入量为 $1\text{mmol}\cdot\text{L}^{-1}$，反应速率随 $\tilde{A}/T$ 的变化

1 一次关系式拟合曲线；2 二次关系式拟合曲线；3 三次关系式拟合曲线；4 四次关系式拟合曲线；5 五次关系式拟合曲线

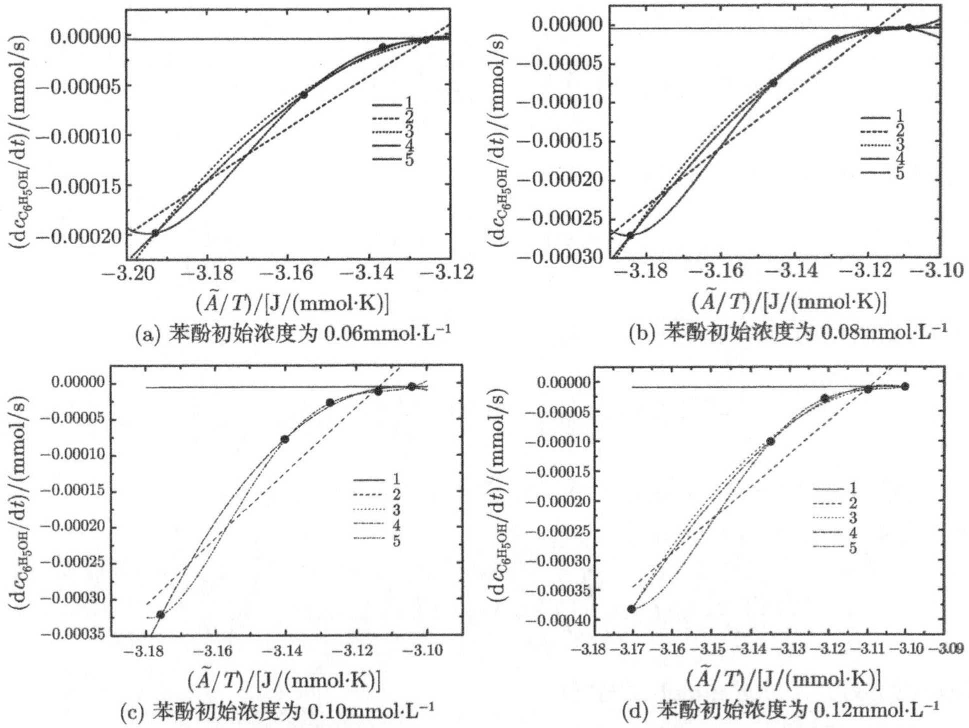

图 10.4 高锰酸钠加入量为 2mmol·L^{-1}，反应速率随 $\tilde{A}/T$ 的变化

1 一次关系式拟合曲线；2 二次关系式拟合曲线；3 三次关系式拟合曲线；4 四次关系式拟合曲线；5 五次关系式拟合曲线

由图 10.3 可以看出，一次关系式，即化学反应速率正比于化学反应亲和力，仅适用于化学反应离平衡很近的情况，对于化学反应从开始到终了的整个范围不适用；二次关系式误差仍较大；三次以上关系式误差较小，随着次数的增高，误差已不再减小。考虑到实验本身的误差，三次关系式符合要求。

由图 10.4 可见，其情况与图 10.3 相同，一次关系式和二次关系式误差较大，三次以上关系式的误差较小，随着次数的增高，误差已不再减小。考虑到实验本身的误差，取三次关系式。

高锰酸钠加入量为 1mmol·L^{-1}，相应的动力学方程分别为：

苯酚初始浓度为 0.06 mmol·L^{-1}，有

$$\frac{\mathrm{d}c_{C_6H_5OH}}{\mathrm{d}t}=0.0752\left(\frac{\tilde{A}}{T}\right)+0.0486\left(\frac{\tilde{A}}{T}\right)^2+0.00786\left(\frac{\tilde{A}}{T}\right)^3$$

苯酚初始浓度为 0.08 mmol·L^{-1}，有

$$\frac{\mathrm{d}c_{\mathrm{C_6H_5OH}}}{\mathrm{d}t}=0.117\left(\frac{\tilde{A}}{T}\right)+0.0755\left(\frac{\tilde{A}}{T}\right)^2+0.0122\left(\frac{\tilde{A}}{T}\right)^3$$

苯酚初始浓度为 0.10 mmol·L^{-1}，有

$$\frac{\mathrm{d}c_{\mathrm{C_6H_5OH}}}{\mathrm{d}t}=0.132\left(\frac{\tilde{A}}{T}\right)+0.0858\left(\frac{\tilde{A}}{T}\right)^2+0.0139\left(\frac{\tilde{A}}{T}\right)^3$$

苯酚初始浓度为 0.12 mmol·L^{-1}，有

$$\frac{\mathrm{d}c_{\mathrm{C_6H_5OH}}}{\mathrm{d}t}=0.186\left(\frac{\tilde{A}}{T}\right)+0.121\left(\frac{\tilde{A}}{T}\right)^2+0.0197\left(\frac{\tilde{A}}{T}\right)^3$$

高锰酸钠加入量为 2mmol·L^{-1}，相应的动力学方程分别为：

苯酚初始浓度为 0.06 mmol·L^{-1}，有

$$\frac{\mathrm{d}c_{\mathrm{C_6H_5OH}}}{\mathrm{d}t}=0.0971\left(\frac{\tilde{A}}{T}\right)+0.0624\left(\frac{\tilde{A}}{T}\right)^2+0.0100\left(\frac{\tilde{A}}{T}\right)^3$$

苯酚初始浓度为 0.08 mmol·L^{-1}，有

$$\frac{\mathrm{d}c_{\mathrm{C_6H_5OH}}}{\mathrm{d}t}=0.134\left(\frac{\tilde{A}}{T}\right)+0.0864\left(\frac{\tilde{A}}{T}\right)^2+0.0139\left(\frac{\tilde{A}}{T}\right)^3$$

苯酚初始浓度为 0.10 mmol·L^{-1}，有

$$\frac{\mathrm{d}c_{\mathrm{C_6H_5OH}}}{\mathrm{d}t}=0.207\left(\frac{\tilde{A}}{T}\right)+0.133\left(\frac{\tilde{A}}{T}\right)^2+0.0215\left(\frac{\tilde{A}}{T}\right)^3$$

苯酚初始浓度为 0.12 mmol·L^{-1}，有

$$\frac{\mathrm{d}c_{\mathrm{C_6H_5OH}}}{\mathrm{d}t}=0.240\left(\frac{\tilde{A}}{T}\right)+0.155\left(\frac{\tilde{A}}{T}\right)^2+0.0250\left(\frac{\tilde{A}}{T}\right)^3$$

10.3　气–液相反应

10.3.1　只有一个化学反应

气–液相反应是气体的反应物和液体的反应物发生的化学反应，在气–液相只发生一个化学反应可以表示为

$$a(\mathrm{A})_g+b(\mathrm{B})_l=c(\mathrm{C})_g+d(\mathrm{D})_l \tag{10.39}$$

组元 A 和 C 以其一个标准压力为标准状态，组元 B 和 D 以其纯液态物质为标准状态，浓度以摩尔分数表示。在恒温恒压条件下，化学反应亲和力即摩尔吉布斯自由能变化为

$$\tilde{A} = \Delta\tilde{G}_m = \Delta\tilde{G}_m^* + RT\ln\frac{(p_C/p^\theta)^c(a_D^R)^d}{(p_A/p^\theta)^a(a_B^R)^b} \tag{10.40a}$$

式中

$$\Delta\tilde{G}_m^* = c\tilde{\mu}_C^* + d\tilde{\mu}_D^* - a\tilde{\mu}_A^* - b\tilde{\mu}_B^*$$

组元 A 和 C 以一个标准压力为标准状态，组元 B 和 D 以符合亨利定律的假想的纯物质为标准状态，在恒温恒压条件下，化学反应亲和力即摩尔吉布斯自由能变化为

$$\tilde{A} = \Delta\tilde{G}_m = \Delta\tilde{G}_m^\theta + RT\ln\frac{(p_C/p^\theta)^c(a_D^H)^d}{(p_A/p^\theta)^a(a_B^H)^b} \tag{10.40b}$$

式中

$$\Delta\tilde{G}_m^\theta = c\tilde{\mu}_C^\theta + d\tilde{\mu}_D^\theta - a\tilde{\mu}_A^\theta - b\tilde{\mu}_B^\theta$$

组元 A 和 C 以一个标准压力为标准状态，组元 B 和 D 以符合亨利定律的假想的其质量分数浓度为 1 的溶液为标准状态，浓度以质量分数表示。在恒温恒压条件下，化学反应的亲和力即摩尔吉布斯自由能变化为

$$\tilde{A} = \Delta\tilde{G}_m = \Delta\tilde{G}_m^\theta + RT\ln\frac{(p_C/p^\theta)^c(a_D^w)^d}{(p_A/p^\theta)^a(a_B^w)^b} \tag{10.40c}$$

式中

$$\Delta\tilde{G}_m^\theta = c\tilde{\mu}_C^\theta + d\tilde{\mu}_D^\theta - a\tilde{\mu}_A^\theta - b\tilde{\mu}_B^\theta$$

单位界面上的化学反应的速率为

$$\tilde{J} = -\tilde{l}_1\left(\frac{\tilde{A}}{T}\right) - \tilde{l}_2\left(\frac{\tilde{A}}{T}\right)^2 - \tilde{l}_3\left(\frac{\tilde{A}}{T}\right)^3 - \cdots$$

代入质量守恒方程，得

$$\frac{\partial c_i}{\partial t} = \tilde{\nu}_i\tilde{J} = -\tilde{\nu}_i\left[\tilde{l}_1\left(\frac{\tilde{A}}{T}\right) + \tilde{l}_2\left(\frac{\tilde{A}}{T}\right)^2 + \tilde{l}_3\left(\frac{\tilde{A}}{T}\right)^3 + \cdots\right] \tag{10.41}$$

式中

$$\tilde{A} = \Delta\tilde{G}_m$$

为式 (10.40a)、式 (10.40b) 和式 (10.40c)。

10.3.2　同时发生多个化学反应

在气–液间，多个组元同时发生多个化学反应，表示为

$$a_j\mathrm{A}^j(\mathrm{g}) + b_j(\mathrm{B}^j) = c_j\mathrm{C}^j(\mathrm{g}) + d_j(\mathrm{D}^j) \tag{10.42}$$

式中，a_j、b_j、c_j 和 d_j 表示第 j 个化学反应方程式反应物和产物的系数；A^j、B^j、C^j 和 D^j 表示第 j 个化学反应方程式反应物和产物的分子式。

气体组元以一个标准压力为标准状态，液体组元以其纯液态物质为标准状态，浓度以摩尔分数表示。在恒温恒压条件下，该化学反应的亲和力即摩尔吉布斯自由能变化为

$$\tilde{A}_j = \Delta G_{m,j} = \Delta G^*_{m,j} + RT\ln\frac{(p_{\mathrm{C}^j}/p^\theta)^{c_j}(a^R_{\mathrm{D}^j})^{d_j}}{(p_{\mathrm{A}^j}/p^\theta)^{a_j}(a^R_{\mathrm{B}^j})^{b_j}} \tag{10.43a}$$

式中

$$\Delta G^*_{m,j} = c_j\mu^*_{\mathrm{C}^j} + d_j\mu^*_{\mathrm{D}^j} - a_j\mu^*_{\mathrm{A}^j} - b_j\mu^*_{\mathrm{B}^j}$$

式中，$p_{\mathrm{C}^j}/p^\theta$、$p_{\mathrm{A}^j}/p^\theta$ 为第 j 个反应中组元 C^j、A^j 的分压；$a^R_{\mathrm{D}^j}$、$a^R_{\mathrm{B}^j}$ 为第 j 个反应中组元 D^j、B^j 的活度。

气体中的组元以一个标准压力为标准状态，液体中的组元以符合亨利定律的假想的纯物质为标准状态，浓度以摩尔分数表示，在恒温恒压条件下，该化学反应的亲和力即摩尔吉布斯自由能变化为

$$\tilde{A}_j = \Delta G_{m,j} = \Delta G^\theta_{m,j} + RT\ln\frac{(p_{\mathrm{C}^j}/p^\theta)^{c_j}(a^H_{\mathrm{D}^j})^{d_j}}{(p_{\mathrm{A}^j}/p^\theta)^{a_j}(a^H_{\mathrm{B}^j})^{b_j}} \tag{10.43b}$$

式中

$$\Delta G^\theta_{m,j} = c_j\mu^*_{\mathrm{C}^j} + d_j\mu^\theta_{\mathrm{D}^j} - a_j\mu^*_{\mathrm{A}^j} - b_j\mu^\theta_{\mathrm{B}^j}$$

气体中的组元以一个标准压力为标准状态，液体中的组元以符合亨利定律的假想的质量分数浓度为 1 的溶液为标准状态，浓度以质量分数表示，在恒温恒压条件下，该化学反应的亲和力即摩尔吉布斯自由能变化为

$$\tilde{A}_j = \Delta G_{m,j} = \Delta G^\theta_{m,j} + RT\ln\frac{(p_{\mathrm{C}^j}/p^\theta)^{c_j}(a^w_{\mathrm{D}^j})^{d_j}}{(p_{\mathrm{A}^j}/p^\theta)^{a_j}(a^w_{\mathrm{B}^j})^{b_j}} \tag{10.43c}$$

式中

$$\Delta G^\theta_{m,j} = c_j\mu^*_{\mathrm{C}^j} + d_j\mu^\theta_{\mathrm{D}^j} - a_j\mu^*_{\mathrm{A}^j} - b_j\mu^\theta_{\mathrm{B}^j}$$

单位界面上，第 j 个化学反应的速率为

$$\tilde{j}_j = -\sum_{k=1}^{r}\tilde{l}_{jk}\left(\frac{\tilde{A}_k}{T}\right) - \sum_{k=1}^{r}\sum_{l=1}^{r}\tilde{l}_{jkl}\left(\frac{\tilde{A}_k}{T}\right)\left(\frac{\tilde{A}_l}{T}\right)$$

$$-\sum_{k=1}^{r}\sum_{l=1}^{r}\sum_{h=1}^{r}\tilde{l}_{jklh}\left(\frac{\tilde{A}_k}{T}\right)\left(\frac{\tilde{A}_l}{T}\right)\left(\frac{\tilde{A}_h}{T}\right)-\cdots \quad (j=1,2,\cdots,r)$$

代入物质的量守恒方程，得

$$\frac{\partial c_{ji}}{\partial t}=\tilde{\nu}_{ji}\tilde{j}_j=-\tilde{\nu}_{ji}\left[\sum_{k=1}^{r}\tilde{l}_{jk}\left(\frac{\tilde{A}_k}{T}\right)+\sum_{k=1}^{r}\sum_{l=1}^{r}\tilde{l}_{jkl}\left(\frac{\tilde{A}_k}{T}\right)\left(\frac{\tilde{A}_l}{T}\right)\right.$$
$$\left.+\sum_{k=1}^{r}\sum_{l=1}^{r}\sum_{h=1}^{r}\tilde{l}_{jklh}\left(\frac{\tilde{A}_k}{T}\right)\left(\frac{\tilde{A}_l}{T}\right)\left(\frac{\tilde{A}_h}{T}\right)+\cdots\right]$$
$$(j=1,2,\cdots,r;\quad i=1,2,\cdots,n) \tag{10.44}$$

10.4 气–固相反应

10.4.1 只有一个化学反应

气–固相反应是气体反应物和固体反应物之间发生的化学反应。在组元之间只发生一个化学反应，可以表示为

$$a\mathrm{A(g)}+b\mathrm{(B)_s}=c\mathrm{C(g)}+d\mathrm{(D)_s} \tag{10.45}$$

组元 A 和 C 以一个标准压力为标准状态，组元 B 和 D 以纯固态为标准状态，浓度以摩尔分数表示。在恒温恒压条件下，化学反应亲和力即摩尔吉布斯自由能变化为

$$\tilde{A}=\Delta\tilde{G}_m=\Delta\tilde{G}_m^{*}+RT\ln\frac{(p_{\mathrm{C}}/p^{\theta})^{c}(a_{\mathrm{D}}^{R})^{d}}{(p_{\mathrm{A}}/p^{\theta})^{a}(a_{\mathrm{B}}^{R})^{b}} \tag{10.46a}$$

式中

$$\Delta\tilde{G}_m^{*}=c\tilde{\mu}_{\mathrm{C}}^{*}+d\tilde{\mu}_{\mathrm{D}}^{*}-a\tilde{\mu}_{\mathrm{A}}^{*}-b\tilde{\mu}_{\mathrm{B}}^{*}$$

组元 A 和 C 以一个标准压力为标准状态，组元 B 和 D 以符合亨利定律的假想的纯物质为标准状态，浓度以摩尔分数表示。在恒温恒压条件下，化学反应亲和力即摩尔吉布斯自由能变化为

$$\tilde{A}=\Delta\tilde{G}_m=\Delta\tilde{G}_m^{\theta}+RT\ln\frac{(p_{\mathrm{C}}/p^{\theta})^{c}(a_{\mathrm{D}}^{H})^{d}}{(p_{\mathrm{A}}/p^{\theta})^{a}(a_{\mathrm{B}}^{H})^{b}} \tag{10.46b}$$

式中

$$\Delta\tilde{G}_m^{\theta}=c\tilde{\mu}_{\mathrm{C}}^{*}+d\tilde{\mu}_{\mathrm{D}}^{\theta}-a\tilde{\mu}_{\mathrm{A}}^{*}-b\tilde{\mu}_{\mathrm{B}}^{\theta}$$

组元 A 和 C 以一个标准压力为标准状态，组元 B 和 D 以假想符合亨利定律的质量分数浓度为 1 的固溶体为标准状态，浓度以摩尔分数表示。在恒温恒压条件下，化学反应的亲和力即摩尔吉布斯自由能变化为

$$\tilde{A} = \Delta\tilde{G}_m = \Delta\tilde{G}_m^\theta + RT\ln\frac{(p_C/p^\theta)^c(a_D^w)^d}{(p_A/p^\theta)^a(a_B^w)^b} \tag{10.46c}$$

式中

$$\Delta\tilde{G}_m^\theta = c\tilde{\mu}_C^* + d\tilde{\mu}_D^\theta - a\tilde{\mu}_A^* - b\tilde{\mu}_B^\theta$$

在单位界面上的化学反应的速率为

$$\tilde{j} = -\tilde{l}_1\left(\frac{\tilde{A}}{T}\right) - \tilde{l}_2\left(\frac{\tilde{A}}{T}\right)^2 - \tilde{l}_3\left(\frac{\tilde{A}}{T}\right)^3 - \cdots$$

代入质量守恒方程，得

$$\frac{\partial c_i}{\partial t} = \tilde{\nu}_i\tilde{j} = -\tilde{\nu}_i\left[\tilde{l}_1\left(\frac{\tilde{A}}{T}\right) + \tilde{l}_2\left(\frac{\tilde{A}}{T}\right)^2 + \tilde{l}_3\left(\frac{\tilde{A}}{T}\right)^3 + \cdots\right] \tag{10.47}$$

式中

$$\tilde{A} = \Delta\tilde{G}_m$$

为式 (10.46a)、式 (10.46b) 和式 (10.46c)。

10.4.2　同时发生多个化学反应

在多个组元间，同时发生多个化学反应可以表示为

$$a_j A^j(g) + b_j(B^j)_s = c_j C^j(g) + d_j(D^j)_s \tag{10.48}$$

气体组元以一个标准压力为标准状态，固体组元以纯物质为标准状态，浓度以摩尔分数表示。在恒温恒压条件下，该化学反应的亲和力即摩尔吉布斯自由能变化为

$$\tilde{A}_j = \Delta\tilde{G}_{m,j} = \Delta\tilde{G}_{m,j}^* + RT\ln\frac{(p_{C^j}/p^\theta)^{c_j}(a_{D^j}^R)^{d_j}}{(p_{A^j}/p^\theta)^{a_j}(a_{B^j}^R)^{b_j}} \tag{10.49a}$$

式中

$$\Delta\tilde{G}_{m,j}^* = c_j\tilde{\mu}_{C^j}^* + d_j\tilde{\mu}_{D^j}^* - a_j\tilde{\mu}_{A^j}^* - b_j\tilde{\mu}_{B^j}^*$$

气体组元以一个标准压力为标准状态，固体组元以符合亨利定律的假想的纯物质为标准状态，浓度以摩尔分数表示。在恒温恒压条件下，该化学反应的亲和力即摩尔吉布斯自由能变化为

$$\tilde{A}_j = \Delta\tilde{G}_{m,j} = \Delta\tilde{G}_{m,j}^\theta + RT\ln\frac{(p_{C^j}/p^\theta)^{c_j}(a_{D^j}^H)^{d_j}}{(p_{A^j}/p^\theta)^{a_j}(a_{B^j}^H)^{b_j}} \tag{10.49b}$$

式中

$$\Delta\tilde{G}_{m,j}^{\theta}= c_j\tilde{\mu}_{\mathrm{C}^j}^{*}+d_j\tilde{\mu}_{\mathrm{D}^j}^{\theta}-a_j\tilde{\mu}_{\mathrm{A}^j}^{*}-b_j\tilde{\mu}_{\mathrm{B}^j}^{\theta}$$

气体组元以一个标准压力为标准状态，固体组元以符合亨利定律的假想的质量分数为 1 的固溶体为标准状态，浓度以质量分数表示。在恒温恒压条件下，该化学反应的亲和力即摩尔吉布斯自由能变化为

$$\tilde{A}_j= \Delta\tilde{G}_{m,j}= \Delta\tilde{G}_{m,j}^{\theta}+RT\ln\frac{(p_{\mathrm{C}^j}/p^{\theta})^{c_j}(a_{\mathrm{D}^j}^{w})^{d_j}}{(p_{\mathrm{A}^j}/p^{\theta})^{a_j}(a_{\mathrm{B}^j}^{w})^{b_j}} \tag{10.49c}$$

式中

$$\Delta\tilde{G}_{m,j}^{\theta}= c_j\tilde{\mu}_{\mathrm{C}^j}^{*}+d_j\tilde{\mu}_{\mathrm{D}^j}^{\theta}-a_j\tilde{\mu}_{\mathrm{A}^j}^{*}-b_j\tilde{\mu}_{\mathrm{B}^j}^{\theta}$$

单位界面上，第 j 个化学反应的速率为

$$\begin{aligned}\tilde{j}_j =& -\sum_{k=1}^{r}\tilde{l}_{jk}\left(\frac{\tilde{A}_k}{T}\right)-\sum_{k=1}^{r}\sum_{l=1}^{r}\tilde{l}_{jkl}\left(\frac{\tilde{A}_k}{T}\right)\left(\frac{\tilde{A}_l}{T}\right)\\ &-\sum_{k=1}^{r}\sum_{l=1}^{r}\sum_{h=1}^{r}\tilde{l}_{jklh}\left(\frac{\tilde{A}_k}{T}\right)\left(\frac{\tilde{A}_l}{T}\right)\left(\frac{\tilde{A}_h}{T}\right)-\cdots \quad (j=1,2,\cdots,r)\end{aligned}$$

代入物质的量守恒方程，得

$$\begin{aligned}\frac{\partial c_{ji}}{\partial t}=\tilde{\nu}_{ji}\tilde{j}_j =& -\tilde{\nu}_{ji}\left[\sum_{k=1}^{r}\tilde{l}_{jk}\left(\frac{\tilde{A}_k}{T}\right)+\sum_{k=1}^{r}\sum_{l=1}^{r}\tilde{l}_{jkl}\left(\frac{\tilde{A}_k}{T}\right)\left(\frac{\tilde{A}_l}{T}\right)\right.\\ &\left.+\sum_{k=1}^{r}\sum_{l=1}^{r}\sum_{h=1}^{r}\tilde{l}_{jklh}\left(\frac{\tilde{A}_k}{T}\right)\left(\frac{\tilde{A}_l}{T}\right)\left(\frac{\tilde{A}_h}{T}\right)+\cdots\right]\\ &(j=1,2,\cdots,r;\quad i=1,2,\cdots,n)\end{aligned} \tag{10.50}$$

式中

$$\tilde{A}_k= \Delta\tilde{G}_{m,k}$$

$$\tilde{A}_l= \Delta\tilde{G}_{m,l}$$

$$\tilde{A}_h= \Delta\tilde{G}_{m,h}$$

为式 (10.49a)、式 (10.49b) 和式 (10.49c)。

10.4.3　二氧化钛加碳氯化反应

四氯化钛是生产钛白或海绵钛的重要中间产品。目前工业上，四氯化钛是通过金红石等富钛料的加碳氯化进行生产。反应方程如下：

$$\mathrm{TiO_2(s) + 2Cl_2(g) + 2C(s) = TiCl_4(g) + 2CO(g)} \tag{10.51}$$

实验是在内径为 32.5mm，壁厚为 2.5mm，长为 610mm 的 Lindberg 管炉内进行的，样品放在一个长 50mm，宽 12mm，深 9mm 的石英舟中，TiO_2 与 C 质量比为 1:1，气体流速为 537mL/min，体系总压为 102.1kPa，使用分析天平测量反应前后物质的质量，天平的最大精度为 0.0001g。将装有样品的石英舟缓慢放入封闭的炉中，通入氩气，缓慢升温，达到设定温度后关闭氩气，通入反应气体，记录数据。根据实验条件，反应气流足够大，不存在气流膜内的扩散，也没有固体产物生成，所以也不存在固体产物层内的扩散，其过程主要由气–固之间的化学反应控制。

对于化学反应控制的气–固相反应，有

$$-\frac{\mathrm{d}W_{\mathrm{Cl_2}}}{\mathrm{d}t} = 4\pi r^2 \nu_{\mathrm{Cl_2}} j \tag{10.52a}$$

式中，$\nu_{\mathrm{Cl_2}}$ 被 Cl_2 分子质量除后正比于化学反应方程 (10.51) 中氯气的化学计量系数。

由

$$\frac{\mathrm{d}W_{\mathrm{TiO_2}}}{\mathrm{d}t} = \frac{\mathrm{d}}{\mathrm{d}t}\left(\frac{4}{3}\pi r^3 \rho_{\mathrm{TiO_2}}\right) = 4\pi r^2 \rho_{\mathrm{TiO_2}} \frac{\mathrm{d}r}{\mathrm{d}t} \tag{10.52b}$$

及

$$\frac{\mathrm{d}W_{\mathrm{Cl_2}}}{-2M_{\mathrm{Cl_2}}\mathrm{d}t} = \frac{\mathrm{d}W_{\mathrm{TiO_2}}}{-1M_{\mathrm{TiO_2}}\mathrm{d}t}$$

故有

$$\rho_{\mathrm{TiO_2}} \frac{\mathrm{d}r}{\mathrm{d}t} = -\frac{M_{\mathrm{TiO_2}}}{2M_{\mathrm{Cl_2}}} \nu_{\mathrm{Cl_2}} j \tag{10.53}$$

其中

$$j = -\left[l_1 \frac{A}{T} + l_2 \left(\frac{A}{T}\right)^2 + l_3 \left(\frac{A}{T}\right)^3 + \cdots\right]$$

及

$$A = \Delta G = \Delta G^\theta + RT\ln Q = \Delta G^\theta + RT\ln \frac{\left(\frac{p_{\mathrm{CO}}}{p^\theta}\right)^2 \frac{p_{\mathrm{TiCl_4}}}{p^\theta}}{\left(\frac{p_{\mathrm{Cl_2}}}{p^\theta}\right)^2} \tag{10.54}$$

热力学数据

$$\Delta G^\theta = -48100 - 255.5T\ (\mathrm{J/mol})$$

将式 (10.53) 代入式 (10.54)，得

$$\frac{\mathrm{d}r}{\mathrm{d}t}=\frac{M_{\mathrm{TiO_2}}}{2\rho_{\mathrm{TiO_2}}M_{\mathrm{Cl_2}}}\nu_{\mathrm{Cl_2}}\left[l_1\frac{A}{T}+l_2\left(\frac{A}{T}\right)^2+l_3\left(\frac{A}{T}\right)^3+\cdots\right]$$

由于二氧化钛的转化率为

$$\alpha=1-\left(\frac{r}{r_0}\right)^3$$

因此

$$\frac{\mathrm{d}\alpha}{\mathrm{d}t}=-\frac{3(1-\alpha)^{\frac{2}{3}}M_{\mathrm{TiO_2}}}{2\rho_{\mathrm{TiO_2}}M_{\mathrm{Cl_2}}r_0}\nu_{\mathrm{Cl_2}}\left[l_1\frac{A}{T}+l_2\left(\frac{A}{T}\right)^2+l_3\left(\frac{A}{T}\right)^3+\cdots\right] \tag{10.55}$$

将温度为 1273K 及 1073K，实验得到的金红石氯化反应不同时刻的转化率数据代入式 (10.54) 和动力学方程 (10.55)，计算出唯象系数 l_i 的值，得到金红石氯化反应的动力学方程。在 1073K、1273K 将转化率 α 对时间 t 作图，分别得到图 10.5 和图 10.6。

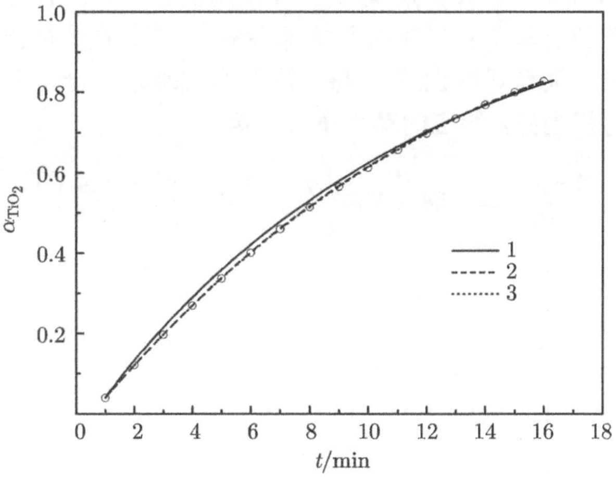

图 10.5 1073K TiO_2 转化率随时间变化

1 一次关系式拟合曲线；2 二次关系式拟合曲线；3 三次关系式拟合曲线

从图 10.5 可以看出，一次关系式即曲线 1 与反应后期的实验值符合较好，这是因为一次关系式化学反应通量正比于化学反应亲和力，适用于化学反应离平衡很近的情况；二次关系式即曲线 2 与实验值符合得很好，最大误差为 0.46%；三次关系式即曲线 3 与二次关系式曲线 2 基本重合，这说明二次关系式与实验结果符合得相当好。相应的二次拟合动力学方程为

$$\frac{\mathrm{d}c_{\mathrm{TiO_2}}}{\mathrm{d}t}=1.35\times10^{-5}\frac{A}{T}+4.89\times10^{-6}\left(\frac{A}{T}\right)^2$$

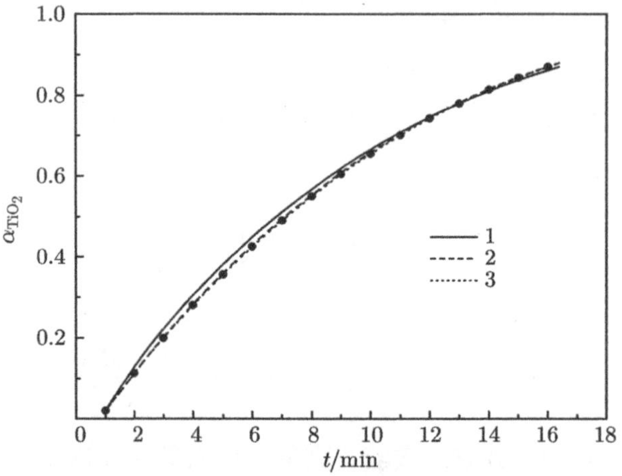

图 10.6　1273K TiO_2 转化率随时间变化

1 一次关系式拟合曲线；2 二次关系式拟合曲线；3 三次关系式拟合曲线

从图 10.6 可以看出，1273K 情况与 1073K 情况相似，一次关系式即曲线 1 也与反应后期实验值符合较好；二次关系式即曲线 2 与实验值符合得很好，最大误差仅为 0.78%；三次关系式即曲线 3 与二次关系式基本重合，这说明二次关系式与实验结果符合得相当好。相应的动力学方程为

$$\frac{\mathrm{d}c_{\mathrm{TiO_2}}}{\mathrm{d}t} = 1.54 \times 10^{-5}\frac{A}{T} + 5.61 \times 10^{-6}\left(\frac{A}{T}\right)^2 \tag{10.56}$$

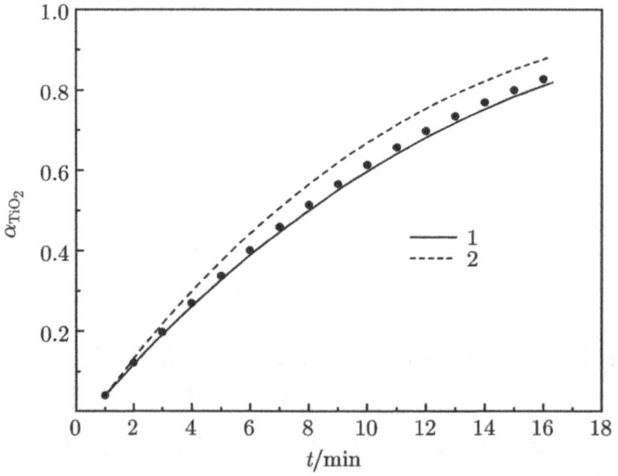

图 10.7　1073K TiO_2 转化率与时间的关系

1 不改变唯象系数值得到的拟合曲线；2 改变唯象系数值得到的拟合曲线

对于不同的温度，唯象系数不同，这是由于亲和力与温度成正比，相同浓度温

度越高，亲和力越大。唯象系数与温度有关，利用 1273K 得到的二次关系式 (10.56) 计算 1073K 的化学反应转化率，结果示于图 10.7，不改变唯象系数 l_i 的值，得到的曲线 1 与实验数据的最大偏差为 9.7%。但是改变唯象系数 l_i 的值，使之正比于温度 T，得到的曲线 2 与实验数据的最大偏差为 3.3%，在反应的初始阶段与实验值符合得很好。

10.5 液–液相反应

10.5.1 只有一个化学反应

在恒温恒压条件下，不同液相间，组元间发生一个化学反应，可以表示为

$$a(\mathrm{A})_{l_1} + b(\mathrm{B})_{l_2} = c(\mathrm{C})_{l_1} + d(\mathrm{D})_{l_2} \tag{10.57}$$

各组元以纯固态为标准状态，浓度以摩尔分数表示，化学反应的亲和力，即摩尔吉布斯自由能变化为

$$\tilde{A} = \Delta\tilde{G}_m = \Delta\tilde{G}_m^* + RT\ln\frac{(a_\mathrm{C}^R)^c(a_\mathrm{D}^R)^d}{(a_\mathrm{A}^R)^a(a_\mathrm{B}^R)^b} \tag{10.58a}$$

式中

$$\Delta\tilde{G}_m^* = c\tilde{\mu}_\mathrm{C}^* + d\tilde{\mu}_\mathrm{D}^* - a\tilde{\mu}_\mathrm{A}^* - b\tilde{\mu}_\mathrm{B}^*$$

各组元以符合亨利定律的假想的纯物质为标准状态，浓度以摩尔分数表示，化学反应的亲和力，即摩尔吉布斯自由能变化为

$$\tilde{A} = \Delta\tilde{G}_m = \Delta\tilde{G}_m^\theta + RT\ln\frac{(a_\mathrm{C}^H)^c(a_\mathrm{D}^H)^d}{(a_\mathrm{A}^H)^a(a_\mathrm{B}^H)^b} \tag{10.58b}$$

式中

$$\Delta\tilde{G}_m^\theta = c\tilde{\mu}_\mathrm{C}^\theta + d\tilde{\mu}_\mathrm{D}^\theta - a\tilde{\mu}_\mathrm{A}^\theta - b\tilde{\mu}_\mathrm{B}^\theta$$

各组元以符合亨利定律的假想的质量分数浓度为 1 的溶液为标准状态，浓度以质量分数表示，化学反应的亲和力，即摩尔吉布斯自由能变化为

$$\tilde{A} = \Delta\tilde{G}_m = \Delta\tilde{G}_m^\theta + RT\ln\frac{(a_\mathrm{C}^w)^c(a_\mathrm{D}^w)^d}{(a_\mathrm{A}^w)^a(a_\mathrm{B}^w)^b} \tag{10.58c}$$

式中

$$\Delta\tilde{G}_m^\theta = c\tilde{\mu}_\mathrm{C}^\theta + d\tilde{\mu}_\mathrm{D}^\theta - a\tilde{\mu}_\mathrm{A}^\theta - b\tilde{\mu}_\mathrm{B}^\theta$$

单位界面上的化学反应速率为

$$\tilde{j} = -\tilde{l}_1 \left(\frac{\tilde{A}}{T}\right) - \tilde{l}_2 \left(\frac{\tilde{A}}{T}\right)^2 - \tilde{l}_3 \left(\frac{\tilde{A}}{T}\right)^3 - \cdots$$

代入质量守恒方程，得

$$\frac{\partial c_i}{\partial t} = \tilde{\nu}_i \tilde{J} = -\tilde{\nu}_i \left[\tilde{l}_1 \left(\frac{\tilde{A}}{T}\right) + \tilde{l}_2 \left(\frac{\tilde{A}}{T}\right)^2 + \tilde{l}_3 \left(\frac{\tilde{A}}{T}\right)^3 + \cdots\right] \tag{10.59}$$

式中，i 为生成物或产物组元 A、B、C、D，$\tilde{\nu}_i$ 为组元 i 的化学反应计量系数 a、b、c、d。

10.5.2　同时有多个化学反应

在恒温恒压条件下，不同液相间多个组元同时发生多个化学反应可以表示为

$$a_j(\mathrm{A}^j)_{l_1} + b_j(\mathrm{B}^j)_{l_2} = c_j(\mathrm{C}^j)_{l_1} + d_j(\mathrm{D}^j)_{l_2} \tag{10.60}$$

各组元都以纯液态为标准状态，浓度以摩尔分数表示，化学反应的亲和力，即摩尔吉布斯自由能变化为

$$\tilde{A}_j = \Delta \tilde{G}_{m,j} = \Delta \tilde{G}^*_{m,j} + RT \ln \frac{(a^R_{\mathrm{C}^j})^{c_j} (a^R_{\mathrm{D}^j})^{d_j}}{(a^R_{\mathrm{A}^j})^{a_j} (a^R_{\mathrm{B}^j})^{b_j}} \tag{10.61a}$$

式中

$$\Delta \tilde{G}^*_{m,j} = c_j \tilde{\mu}^*_{\mathrm{C}^j} + d_j \tilde{\mu}^*_{\mathrm{D}^j} - a_j \tilde{\mu}^*_{\mathrm{A}^j} - b_j \tilde{\mu}^*_{\mathrm{B}^j}$$

各组元以符合亨利定律的假想的纯物质为标准状态，浓度以摩尔分数表示，化学反应的亲和力，即摩尔吉布斯自由能变化为

$$\tilde{A}_j = \Delta \tilde{G}_{m,j} = \Delta \tilde{G}^\theta_{m,j} + RT \ln \frac{(a^H_{\mathrm{C}^j})^{c_j} (a^H_{\mathrm{D}^j})^{d_j}}{(a^H_{\mathrm{A}^j})^{a_j} (a^H_{\mathrm{B}^j})^{b_j}} \tag{10.61b}$$

式中

$$\Delta \tilde{G}^\theta_{m,j} = c_j \tilde{\mu}^\theta_{\mathrm{C}^j} + d_j \tilde{\mu}^\theta_{\mathrm{D}^j} - a_j \tilde{\mu}^\theta_{\mathrm{A}^j} - b_j \tilde{\mu}^\theta_{\mathrm{B}^j}$$

各组元以符合亨利定律的假想的质量分数浓度为 1 的溶液为标准状态，浓度以质量分数表示，化学反应的亲和力，即摩尔吉布斯自由能变化为

$$\tilde{A}_j = \Delta \tilde{G}_{m,j} = \Delta \tilde{G}^\theta_{m,j} + RT \ln \frac{(a^w_{\mathrm{C}^j})^{c_j} (a^w_{\mathrm{D}^j})^{d_j}}{(a^w_{\mathrm{A}^j})^{a_j} (a^w_{\mathrm{B}^j})^{b_j}} \tag{10.61c}$$

式中

$$\Delta \tilde{G}^\theta_{m,j} = c_j \tilde{\mu}^\theta_{\mathrm{C}^j} + d_j \tilde{\mu}^\theta_{\mathrm{D}^j} - a_j \tilde{\mu}^\theta_{\mathrm{A}^j} - b_j \tilde{\mu}^\theta_{\mathrm{B}^j}$$

单位界面上，第 j 个化学反应的速率为

$$\widetilde{j}_j = -\sum_{k=1}^{r}\tilde{l}_{jk}\left(\frac{\tilde{A}_k}{T}\right) - \sum_{k=1}^{r}\sum_{l=1}^{r}\tilde{l}_{jkl}\left(\frac{\tilde{A}_k}{T}\right)\left(\frac{\tilde{A}_l}{T}\right) - \sum_{k=1}^{r}\sum_{l=1}^{r}\sum_{h=1}^{r}\tilde{l}_{jklh}\left(\frac{\tilde{A}_k}{T}\right)\left(\frac{\tilde{A}_l}{T}\right)\left(\frac{\tilde{A}_h}{T}\right) - \cdots \quad (j = 1, 2, \cdots, r)$$

代入物质的量守恒方程，得

$$\frac{\partial c_{ji}}{\partial t} = \tilde{\nu}_{ji}\widetilde{j}_j = -\tilde{\nu}_{ji}\left[\sum_{k=1}^{r}\tilde{l}_{jk}\left(\frac{\tilde{A}_k}{T}\right) + \sum_{k=1}^{r}\sum_{l=1}^{r}\tilde{l}_{jkl}\left(\frac{\tilde{A}_k}{T}\right)\left(\frac{\tilde{A}_l}{T}\right) + \sum_{k=1}^{r}\sum_{l=1}^{r}\sum_{h=1}^{r}\tilde{l}_{jklh}\left(\frac{\tilde{A}_k}{T}\right)\left(\frac{\tilde{A}_l}{T}\right)\left(\frac{\tilde{A}_h}{T}\right) + \cdots\right]$$

$$(j = 1, 2, \cdots, r; \quad i = 1, 2, \cdots, n) \tag{10.62}$$

10.5.3 渣–金反应——氧化锰还原反应

MnO 还原反应方程式为

$$[\mathrm{C}] + (\mathrm{MnO}) = [\mathrm{Mn}] + \mathrm{CO}_{(\mathrm{g})} \tag{10.63}$$

实验在电阻炉中氩气保护下进行，用 Pt-Rh/Pt-Rh 热电偶控温，温度精度范围为 ±1K。实验使用 12.06cm 高、11.43cm 深、直径为 5.72cm 的石墨坩埚。金相组成为 400g Fe、10g C；渣相组成为 90g CaO、20g MgO、70g SiO_2、20g Al_2O_3、10g MnO。每 1.5~2h 取样进行分析。实验测得 1823K 不同时刻渣金两相的组成。根据实验可知化学反应为速控步骤，方程 (10.59) 可改写为

$$\frac{\mathrm{d}c_{\mathrm{MnO}}}{\mathrm{d}t} = -\tilde{\nu}_{\mathrm{MnO}}\left[\tilde{l}_1\frac{\tilde{A}}{T} + \tilde{l}_2\left(\frac{\tilde{A}}{T}\right)^2 + \cdots\right] \tag{10.64}$$

其中

$$\tilde{A} = \Delta\tilde{G} = \Delta\tilde{G}^{\theta} + RT\ln Q \tag{10.65}$$

式中

$$\Delta\tilde{G}^{\theta} = \Delta_{\mathrm{f}}\tilde{G}^{\theta}_{\mathrm{CO}} - \Delta_f\tilde{G}^{\theta}_{\mathrm{MnO}} + \Delta\tilde{G}^{\theta}_{\mathrm{Mn}} - \Delta\tilde{G}^{\theta}_{[\mathrm{C}]}$$

$$Q = \frac{f_{\mathrm{MnO}}(w_{\mathrm{Mn}}/w^{\theta})(p_{\mathrm{CO}}/p^{\theta})}{\alpha^{\mathrm{R}}_{\mathrm{C}}\alpha^{\mathrm{R}}_{\mathrm{MnO}}} \tag{10.66}$$

将实验数据代入式 (10.65)、式 (10.66) 计算得到 c_{MnO} 和 $\tilde{A}/T$ 的值，根据反应方程式 $\tilde{\nu}_{\mathrm{MnO}} = -1$，将这些数据代入动力学方程 (10.64)，解方程得到唯象系数

$\tilde{l}_i$ 的值。将得到的 $\tilde{l}_i$ 值代入方程 (10.64)，得到 MnO 还原反应的动力学方程。将反应速率对时间作图，得到图 10.8。将反应速率对 $\tilde{A}/T$ 作图，得到图 10.9。

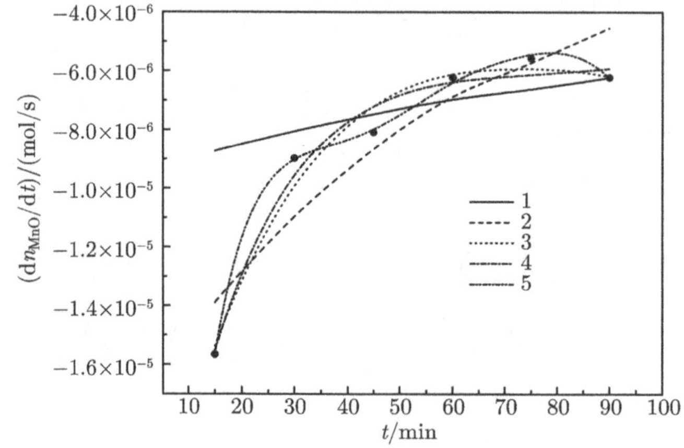

图 10.8　反应速率随时间变化的数据拟合

1 一次关系式拟合曲线；2 二次关系式拟合曲线；3 三次关系式拟合曲线；4 四次关系式拟合曲线；5 五次关系式拟合曲线

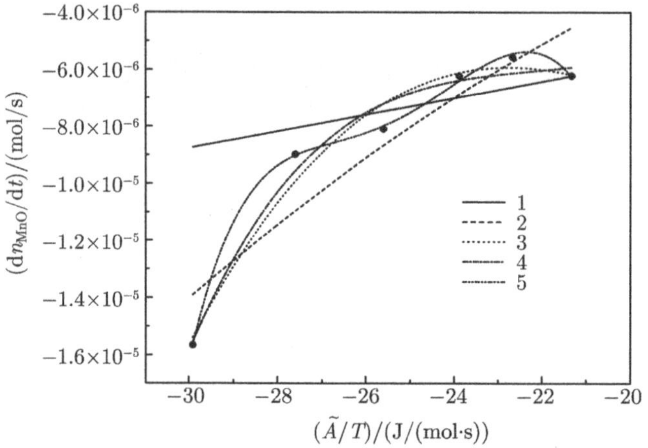

图 10.9　反应速率随 $\tilde{A}/T$ 变化的数据拟合

1 一次关系式拟合曲线；2 二次关系式拟合曲线；3 三次关系式拟合曲线；4 四次关系式拟合曲线；5 五次关系式拟合曲线

相应的动力学方程为

$$\frac{\mathrm{d}c_{\mathrm{MnO}}}{\mathrm{d}t}=2.92\times10^{-7}\frac{\tilde{A}}{T}$$

$$\frac{\mathrm{d}c_{\mathrm{MnO}}}{\mathrm{d}t}= -4.14\times10^{-7}\frac{\tilde{A}}{T}-2.94\times10^{-8}\left(\frac{\tilde{A}}{T}\right)^2$$

$$\frac{\mathrm{d}c_{\mathrm{MnO}}}{\mathrm{d}t}= 3.91\times10^{-6}\frac{\tilde{A}}{T}+3.09\times10^{-7}\left(\frac{\tilde{A}}{T}\right)^2+6.55\times10^{-9}\left(\frac{\tilde{A}}{T}\right)^3$$

$$\frac{\mathrm{d}c_{\mathrm{MnO}}}{\mathrm{d}t}= -5.6\times10^{-6}\frac{\tilde{A}}{T}-8.16\times10^{-7}\left(\frac{\tilde{A}}{T}\right)^2-3.75\times10^{-8}\left(\frac{\tilde{A}}{T}\right)^3-5.71\times10^{-10}\left(\frac{\tilde{A}}{T}\right)^4$$

$$\begin{aligned}\frac{\mathrm{d}c_{\mathrm{MnO}}}{\mathrm{d}t}=&2.81\times10^{-4}\frac{\tilde{A}}{T}+4.47\times10^{-5}\left(\frac{\tilde{A}}{T}\right)^2+2.66\times10^{-6}\left(\frac{\tilde{A}}{T}\right)^3\\&+7.01\times10^{-8}\left(\frac{\tilde{A}}{T}\right)^4+6.91\times10^{-10}\left(\frac{\tilde{A}}{T}\right)^5\end{aligned}$$

从图 10.8 和图 10.9 中可以看出，一次关系式拟合曲线 1 表示化学反应速率正比于化学反应亲和力，这仅适用于化学反应离平衡很近的情况，对于化学反应从开始到终了的整个范围内是不适合的；二次关系式拟合曲线 2 误差较大；由三次关系式拟合曲线 3 计算可知最大误差为 10.9%；四次关系式拟合曲线 4 与实验数据最大误差为 10.8%；五次关系式拟合曲线 5 与实验数据最大误差为 2%。考虑到实验点个数不算多、实验本身的误差以及随着方程级数的增加方程的重现性不好，并且从三次关系式到四次关系式，随着次数的增高，误差减少幅度很小，因此可以认为三次拟合已符合要求。

10.6 液–固相反应

液–固相反应是液体反应物和固体反应物之间发生的化学反应。

10.6.1 只有一个化学反应

在恒温恒压条件下，组元间只发生一个化学反应可以表示为

$$a(\mathrm{A})_l+b(\mathrm{B})_\mathrm{s} = c(\mathrm{C})_l+d(\mathrm{D})_\mathrm{s} \tag{10.67}$$

各组元都以其纯固态为标准状态，浓度以摩尔分数表示，在恒温恒压条件下，化学反应的亲和力，即摩尔吉布斯自由能变化为

$$\tilde{A}=\Delta\tilde{G}_m=\Delta\tilde{G}_m^*+RT\ln\frac{(a_\mathrm{C}^R)^c(a_\mathrm{D}^R)^d}{(a_\mathrm{A}^R)^a(a_\mathrm{B}^R)^b} \tag{10.68a}$$

式中

$$\Delta\tilde{G}_m^* = c\tilde{\mu}_{\mathrm{C}}^* + d\tilde{\mu}_{\mathrm{D}}^* - a\tilde{\mu}_{\mathrm{A}}^* - b\tilde{\mu}_{\mathrm{B}}^*$$

各组元都以符合亨利定律的假想的纯物质为标准状态，浓度以摩尔分数表示，在恒温恒压条件下，化学反应的亲和力，即摩尔吉布斯自由能变化为

$$\tilde{A} = \Delta\tilde{G}_m = \Delta\tilde{G}_m^\theta + RT\ln\frac{(a_{\mathrm{C}}^H)^c (a_{\mathrm{D}}^H)^d}{(a_{\mathrm{A}}^H)^a (a_{\mathrm{B}}^H)^b} \tag{10.68b}$$

式中

$$\Delta\tilde{G}_m^\theta = c\tilde{\mu}_{\mathrm{C}}^\theta + d\tilde{\mu}_{\mathrm{D}}^\theta - a\tilde{\mu}_{\mathrm{A}}^\theta - b\tilde{\mu}_{\mathrm{B}}^\theta$$

各组元都以符合亨利定律的假想的质量分数浓度为 1 的溶液为标准状态，浓度以质量分数表示，化学反应的亲和力，即摩尔吉布斯自由能变化为

$$\tilde{A} = \Delta\tilde{G}_m = \Delta\tilde{G}_m^\theta + RT\ln\frac{(a_{\mathrm{C}}^w)^c (a_{\mathrm{D}}^w)^d}{(a_{\mathrm{A}}^w)^a (a_{\mathrm{B}}^w)^b} \tag{10.68c}$$

式中

$$\Delta\tilde{G}_m^\theta = c\tilde{\mu}_{\mathrm{C}}^\theta + d\tilde{\mu}_{\mathrm{D}}^\theta - a\tilde{\mu}_{\mathrm{A}}^\theta - b\tilde{\mu}_{\mathrm{B}}^\theta$$

单位界面上的化学反应速率为

$$\tilde{j} = -\tilde{l}_1\left(\frac{\tilde{A}}{T}\right) - \tilde{l}_2\left(\frac{\tilde{A}}{T}\right)^2 - \tilde{l}_3\left(\frac{\tilde{A}}{T}\right)^3 - \cdots$$

代入质量守恒方程，得

$$\frac{\partial c_i}{\partial t} = \tilde{\nu}_i\tilde{j} = -\tilde{\nu}_i\left[\tilde{l}_1\left(\frac{\tilde{A}}{T}\right) + \tilde{l}_2\left(\frac{\tilde{A}}{T}\right)^2 + \tilde{l}_3\left(\frac{\tilde{A}}{T}\right)^3 + \cdots\right] \tag{10.69}$$

10.6.2　同时有多个化学反应

多组元间发生多个化学反应可以写作

$$a_j(\mathrm{A}^j)_l + b_j(\mathrm{B}^j)_{\mathrm{s}} = c_j(\mathrm{C}^j)_l + d_j(\mathrm{D}^j)_{\mathrm{s}} \tag{10.70}$$

各组元以纯固态物质为标准状态，浓度以摩尔分数表示，在恒温恒压条件下，该化学反应的亲和力，即摩尔吉布斯自由能变化为

$$\tilde{A}_j = \Delta\tilde{G}_{m,j} = \Delta\tilde{G}_{m,j}^* + RT\ln\frac{(a_{\mathrm{C}^j}^R)^{c_j} (a_{\mathrm{D}^j}^R)^{d_j}}{(a_{\mathrm{A}^j}^R)^{a_j} (a_{\mathrm{B}^j}^R)^{b_j}} \tag{10.71a}$$

式中

$$\Delta\tilde{G}_{m,j}^{*}=c_j\tilde{\mu}_{\mathrm{C}^j}^{*}+d_j\tilde{\mu}_{\mathrm{D}^j}^{*}-a_j\tilde{\mu}_{\mathrm{A}^j}^{*}-b_j\tilde{\mu}_{\mathrm{B}^j}^{*}$$

各组元以符合亨利定律的假想的纯物质为标准状态，浓度以摩尔分数表示，在恒温恒压条件下，该化学反应的亲和力，即摩尔吉布斯自由能变化为

$$\tilde{A}_j=\Delta\tilde{G}_{m,j}=\Delta\tilde{G}_{m,j}^{\theta}+RT\ln\frac{(a_{\mathrm{C}^j}^{H})^{c_j}(a_{\mathrm{D}^j}^{H})^{d_j}}{(a_{\mathrm{A}^j}^{H})^{a_j}(a_{\mathrm{B}^j}^{H})^{b_j}} \tag{10.71b}$$

式中

$$\Delta\tilde{G}_{m,j}^{\theta}=c_j\tilde{\mu}_{\mathrm{C}^j}^{\theta}+d_j\tilde{\mu}_{\mathrm{D}^j}^{\theta}-a_j\tilde{\mu}_{\mathrm{A}^j}^{\theta}-b_j\tilde{\mu}_{\mathrm{B}^j}^{\theta}$$

各组元以符合亨利定律的假想的质量分数浓度为 1 的溶液或固溶体为标准状态，浓度以质量分数表示，在恒温恒压条件下，化学反应的亲和力，即摩尔吉布斯自由能变化为

$$\tilde{A}_j=\Delta\tilde{G}_{m,j}=\Delta\tilde{G}_{m,j}^{\theta}+RT\ln\frac{(a_{\mathrm{C}^j}^{w})^{c_j}(a_{\mathrm{D}^j}^{w})^{d_j}}{(a_{\mathrm{A}^j}^{w})^{a_j}(a_{\mathrm{B}^j}^{w})^{b_j}} \tag{10.71c}$$

式中

$$\Delta\tilde{G}_{m,j}^{\theta}=c_j\tilde{\mu}_{\mathrm{C}^j}^{\theta}+d_j\tilde{\mu}_{\mathrm{D}^j}^{\theta}-a_j\tilde{\mu}_{\mathrm{A}^j}^{\theta}-b_j\tilde{\mu}_{\mathrm{B}^j}^{\theta}$$

单位界面上，第 j 个化学反应的速率为

$$\begin{aligned}\tilde{j}_j=&-\sum_{k=1}^{r}\tilde{l}_{jk}\left(\frac{\tilde{A}_k}{T}\right)-\sum_{k=1}^{r}\sum_{l=1}^{r}\tilde{l}_{jkl}\left(\frac{\tilde{A}_k}{T}\right)\left(\frac{\tilde{A}_l}{T}\right)\\&-\sum_{k=1}^{r}\sum_{l=1}^{r}\sum_{h=1}^{r}\tilde{l}_{jklh}\left(\frac{\tilde{A}_k}{T}\right)\left(\frac{\tilde{A}_l}{T}\right)\left(\frac{\tilde{A}_h}{T}\right)-\cdots\quad(j=1,2,\cdots,r)\end{aligned}$$

代入物质的量守恒方程，得

$$\begin{aligned}\frac{\partial c_{ji}}{\partial t}=\tilde{\nu}_{ji}\tilde{j}_j=&-\tilde{\nu}_{ji}\Bigg[\sum_{k=1}^{r}\tilde{l}_{jk}\left(\frac{\tilde{A}_k}{T}\right)+\sum_{k=1}^{r}\sum_{l=1}^{r}\tilde{l}_{jkl}\left(\frac{\tilde{A}_k}{T}\right)\left(\frac{\tilde{A}_l}{T}\right)\\&+\sum_{k=1}^{r}\sum_{l=1}^{r}\sum_{h=1}^{r}\tilde{l}_{jklh}\left(\frac{\tilde{A}_k}{T}\right)\left(\frac{\tilde{A}_l}{T}\right)\left(\frac{\tilde{A}_h}{T}\right)+\cdots\Bigg]\\&(j=1,2,\cdots,r;\quad i=1,2,\cdots,n)\end{aligned} \tag{10.72}$$

10.6.3 锌精矿的浸出

三氯化铁溶液浸出锌精矿的反应是湿法炼锌中的一个重要反应，其反应方程式为

$$\mathrm{ZnS}(s)+2\mathrm{FeCl_3}(l)=\!=\!=\mathrm{ZnCl_2}(l)+\mathrm{FeCl_2}(l)+\mathrm{S}(s) \tag{10.73}$$

实验浸出反应器为置于超级恒温水浴中的 500mL 三口烧瓶，中央进口装有双叶搅拌桨，其余两口分别插入温度计和冷凝器并兼作取样口。准确称量 3g 初始粒度为 100μm 的锌精矿和浓度为 0.4mol/L 的 $FeCl_3$ 溶液 300mL，一起加入反应器中，定时取样进行分析，得到了不同温度下浸出率与反应时间的数据。由浸出实验数据，用 $x = 1 - \left(\dfrac{r_c}{r_0}\right)^3$ 可以求出在一定浸出率 x 下的 r_c，即可知道 r_c 与反应时间的关系。实验表明锌精矿在溶液中的浓度为 10g/L，当搅拌速度大于 500r/min 时，可以忽略液膜层扩散影响。在这种情况下，锌精矿浸出过程由界面化学反应或内扩散控制，或者由两者共同控制。

当锌精矿的浸出过程由界面化学反应控制时，将实验数据代入式 (10.69)，计算得到唯象系数 l_i 的值，得到界面化学反应为控制步骤的动力学方程，将 r_c 对时间作图，得到图 10.10～ 图 10.14。

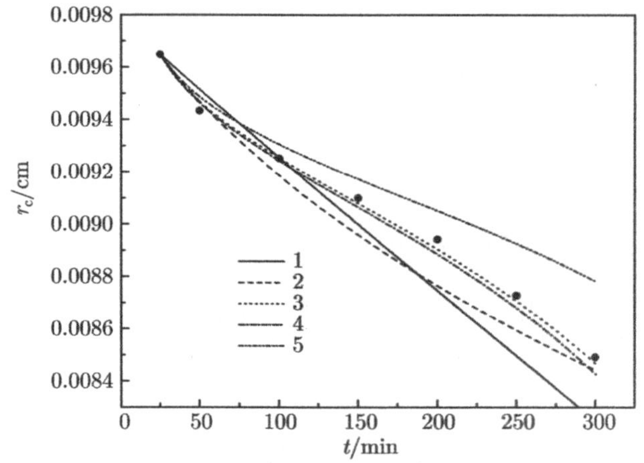

图 10.10　328K 未反应核半径 r_c 随时间变化图

1 一次关系式拟合曲线；2 二次关系式拟合曲线；3 三次关系式拟合曲线；4 四次关系式拟合曲线；5 五次关系式拟合曲线

图 10.10 为 328K 未反应核半径与时间曲线图。从图中可以看出，一次关系式拟合曲线 1 和二次关系式拟合曲线 2 与实验值误差很大；三次关系式拟合曲线 3 与实验值基本吻合；四次关系式拟合曲线 4 与实验值的差别开始变大；五次关系式拟合曲线 5 与实验数据的误差更大，可以认为三次关系式拟合符合要求，对应的动力学方程为

$$r_c - r_0 = \int_0^t \left[-1.72\times10^{-3}\frac{\tilde{A}}{T} - 7.51\times10^{-6}\left(\frac{\tilde{A}}{T}\right)^2 - 8.22\times10^{-9}\left(\frac{\tilde{A}}{T}\right)^3\right]\mathrm{d}t$$

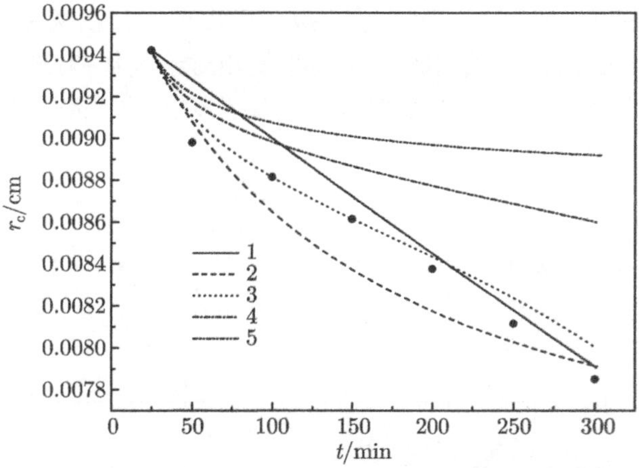

图 10.11 338K 未反应核半径 r_c 随时间变化图

1 一次关系式拟合曲线；2 二次关系式拟合曲线；3 三次关系式拟合曲线；4 四次关系式拟合曲线；5 五次关系式拟合曲线

图 10.11 中，一次关系式拟合曲线 1 与实验值误差很大；二次关系式拟合曲线 2 与实验数据误差也很大；三次关系式曲线 3 与实验数据基本吻合；四次关系式拟合曲线 4 和五次关系式拟合曲线 5 均与实验数据相差很大。因此，可以认为三次关系式是最佳选择，对应的动力学方程为

$$r_c - r_0 = \int_0^t \left[-4.54 \times 10^{-3} \frac{\tilde{A}}{T} - 2.08 \times 10^{-5} \left(\frac{\tilde{A}}{T}\right)^2 - 2.38 \times 10^{-8} \left(\frac{\tilde{A}}{T}\right)^3\right] \mathrm{d}t$$

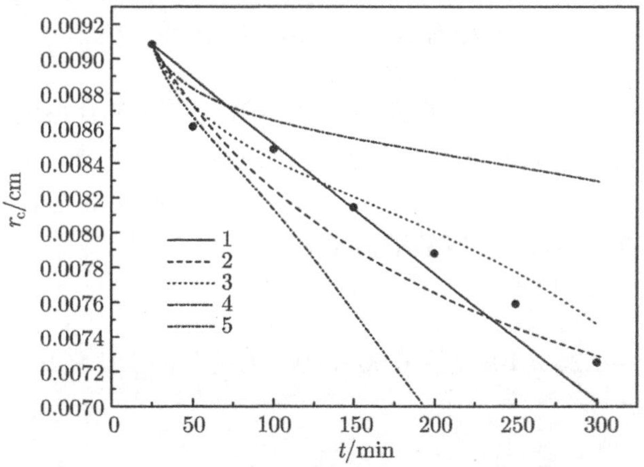

图 10.12 348K 未反应核半径 r_c 随时间变化图

1 一次关系式拟合曲线；2 二次关系式拟合曲线；3 三次关系式拟合曲线；4 四次关系式拟合曲线；5 五次关系式拟合曲线

从图 10.12 中可以看到，一次关系式拟合曲线 1 和二次关系式拟合曲线 2 与实验值误差很大；三次关系式曲线 3 与实验值相对于其他曲线吻合较好；四次关系式拟合曲线 4 和五次关系式拟合曲线 5 与实验数据的误差更大。因此，可以认为三次关系式拟合符合要求，对应的动力学方程为

$$r_c - r_0 = \int_0^t \left[-8.95 \times 10^{-3} \frac{\tilde{A}}{T} - 4.23 \times 10^{-5} \left(\frac{\tilde{A}}{T} \right)^2 - 4.99 \times 10^{-8} \left(\frac{\tilde{A}}{T} \right)^3 \right] \mathrm{d}t$$

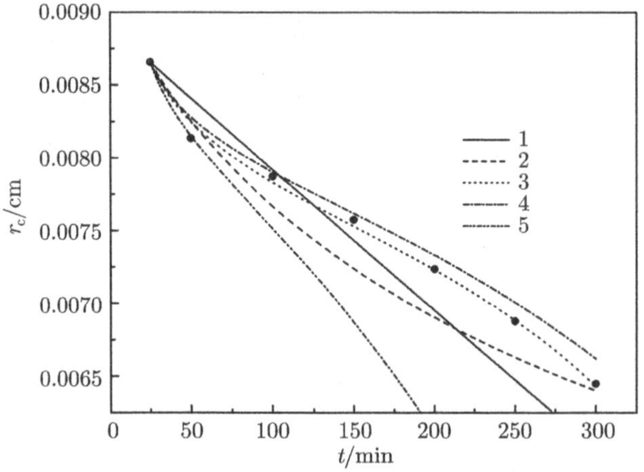

图 10.13 358K 未反应核半径 r_c 随时间变化图

1 一次关系式拟合曲线；2 二次关系式拟合曲线；3 三次关系式拟合曲线；4 四次关系式拟合曲线；5 五次关系式拟合曲线

图 10.13 中，一次关系式拟合曲线 1 和二次关系式拟合曲线 2 与实验数据误差很大；三次关系式曲线 3 与实验数据基本吻合；四次关系式拟合曲线 4 与实验数据误差比曲线 3 大；五次关系式拟合曲线 5 与实验数据误差很大。因此，可以认为三次关系式是最佳选择，对应的动力学方程为

$$r_c - r_0 = \int_0^t \left[-1.23 \times 10^{-2} \frac{\tilde{A}}{T} - 6.00 \times 10^{-5} \left(\frac{\tilde{A}}{T} \right)^2 - 7.33 \times 10^{-8} \left(\frac{\tilde{A}}{T} \right)^3 \right] \mathrm{d}t$$

从图 10.14 中可以看到，一次关系式拟合曲线 1 与实验值误差很大；二次关系式拟合曲线 2 对于其他曲线与实验值吻合较好；三次关系式曲线 3 和四次关系式拟合曲线 4 与实验数据误差逐渐增大；五次关系式拟合曲线 5 与实验数据的误差

更大。因此，可以认为二次关系式拟合符合要求，对应的动力学方程为

$$r_c - r_0 = \int_0^t \left[7.06 \times 10^{-5}\frac{\tilde{A}}{T} + 1.95 \times 10^{-7}\left(\frac{\tilde{A}}{T}\right)^2\right] dt$$

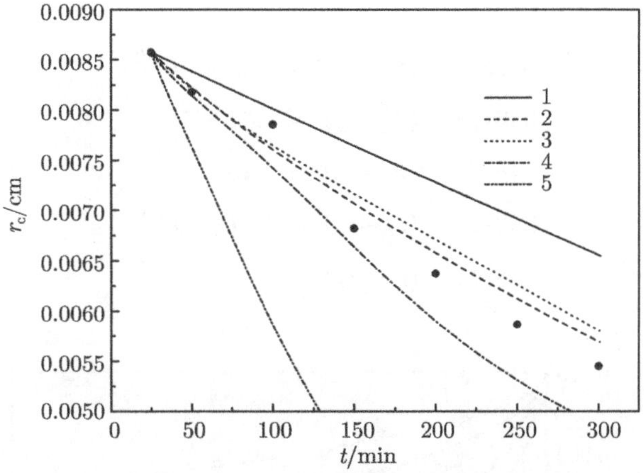

图 10.14　368K 未反应核半径 r_c 随时间变化图

1 一次关系式拟合曲线；2 二次关系式拟合曲线；3 三次关系式拟合曲线；4 四次关系式拟合曲线；5 五次关系式拟合曲线

将不同温度下界面化学反应为控制步骤时得到的最佳动力学方程放在一起，得到图 10.15。

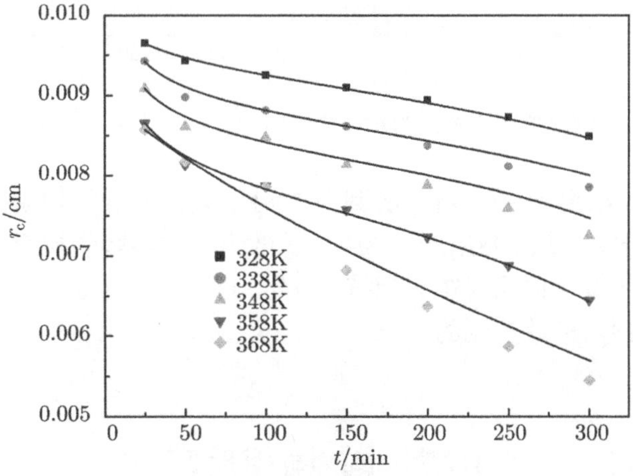

图 10.15　不同温度下化学反应为控制步骤时未反应核半径 r_c 随时间变化图

当浸出过程由内扩散控制时，将实验数据代入

$$\frac{1}{2}(r_0 - r_c)^2 = kt$$

得到内扩散为控制步骤的动力学方程，见图 10.16。对应的动力学方程为

$$328\text{K}: \quad (r_0 - r_c)^2 = 6.61 \times 10^{-9} t$$
$$338\text{K}: \quad (r_0 - r_c)^2 = 1.44 \times 10^{-8} t$$
$$348\text{K}: \quad (r_0 - r_c)^2 = 2.40 \times 10^{-8} t$$
$$358\text{K}: \quad (r_0 - r_c)^2 = 4.01 \times 10^{-8} t$$
$$368\text{K}: \quad (r_0 - r_c)^2 = 6.71 \times 10^{-8} t$$

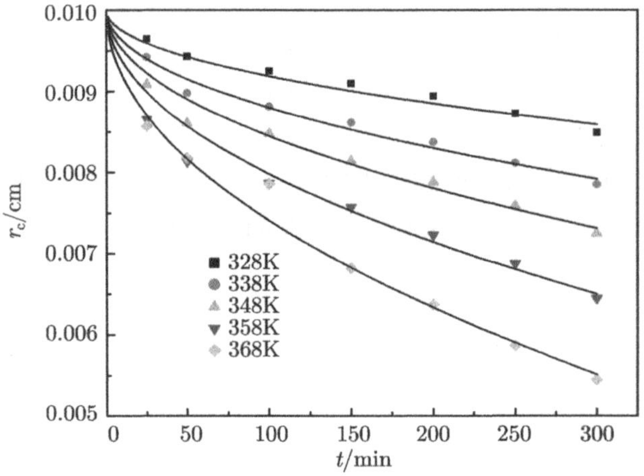

图 10.16　不同温度下内扩散为控制步骤时未反应核半径 r_c 随时间变化图

比较图 10.15 和图 10.16，可以看到在 328K，化学反应为控制步骤的拟合比内扩散为控制步骤的好，从 338K 到 368K 内扩散为控制步骤的拟合曲线明显比化学反应为控制步骤的拟合曲线与实际相符。因此，可以认为在 328~368K 是由化学反应控制逐渐过渡到内扩散控制的。

10.7　固–固相反应

固–固相反应是固体反应物和固体反应物之间发生的化学反应。

10.7.1 只有一个化学反应

1. 纯固相物质之间的反应

反应物都是纯固态物质，分别属于不同的相，则固相反应可以表示为

$$aA(s) + bB(s) = cC(s) + dD(s) \tag{10.74}$$

各组元都以其纯固态为标准状态，含量以摩尔分数表示，在恒温恒压条件下，化学反应的亲和力，即摩尔吉布斯自由能变化为

$$\tilde{A} = \Delta\tilde{G}_m = \Delta\tilde{G}_m^* + RT\ln\frac{(a_C^R)^c(a_D^R)^d}{(a_A^R)^a(a_B^R)^b} \tag{10.75}$$

式中

$$\Delta\tilde{G}_m^* = c\tilde{\mu}_C^* + d\tilde{\mu}_D^* - a\tilde{\mu}_A^* - b\tilde{\mu}_B^*$$

由于各组元均为纯固态物质，所以其活度都为 1，即

$$a_C^R = a_D^R = a_A^R = a_B^R = 1$$

因此，式 (10.68a) 右边第二项为零，而有

$$\tilde{A} = \Delta\tilde{G}_m = \Delta\tilde{G}_m^* = c\tilde{\mu}_C^* + d\tilde{\mu}_D^* - a\tilde{\mu}_A^* - b\tilde{\mu}_B^*$$

2. 固溶体中组元之间的反应

各组元都是固溶体中的物质，它们之间只发生一个化学反应，表示为

$$a(A)_s + b(B)_s = c(C)_s + d(D)_s \tag{10.76}$$

各组元都以其纯固态为标准状态，含量以摩尔分数表示，在恒温恒压条件下，化学反应的亲和力，即摩尔吉布斯自由能变化为

$$\tilde{A} = \Delta\tilde{G}_m = \Delta\tilde{G}_m^* + RT\ln\frac{(a_C^R)^c(a_D^R)^d}{(a_A^R)^a(a_B^R)^b} \tag{10.77}$$

式中

$$\Delta\tilde{G}_m^* = c\tilde{\mu}_C^* + d\tilde{\mu}_D^* - a\tilde{\mu}_A^* - b\tilde{\mu}_B^*$$

各组元以其符合亨利定律的假想的纯物质为标准状态，在恒温恒压条件下，化学反应的亲和力，即摩尔吉布斯自由能变化为

$$\tilde{A} = \Delta\tilde{G}_m = \Delta\tilde{G}_m^\theta + RT\ln\frac{(a_C^H)^c(a_D^H)^d}{(a_A^H)^a(a_B^H)^b} \tag{10.78}$$

式中

$$\Delta\tilde{G}_m^{\theta} = c\tilde{\mu}_{\mathrm{C}}^{\theta} + d\tilde{\mu}_{\mathrm{D}}^{\theta} - a\tilde{\mu}_{\mathrm{A}}^{\theta} - b\tilde{\mu}_{\mathrm{B}}^{\theta}$$

各组元以其符合亨利定律的假想的质量分数含量为 1 的固溶体为标准状态，浓度以质量分数表示，在恒温恒压条件下，该化学反应的亲和力，即摩尔吉布斯自由能变化为

$$\tilde{A} = \Delta\tilde{G}_m = \Delta\tilde{G}_m^{\theta} + RT\ln\frac{(a_{\mathrm{C}}^{w})^c (a_{\mathrm{D}}^{w})^d}{(a_{\mathrm{A}}^{w})^a (a_{\mathrm{B}}^{w})^b} \tag{10.79}$$

式中

$$\Delta\tilde{G}_m^{\theta} = c\tilde{\mu}_{\mathrm{C}}^{\theta} + d\tilde{\mu}_{\mathrm{D}}^{\theta} - a\tilde{\mu}_{\mathrm{A}}^{\theta} - b\tilde{\mu}_{\mathrm{B}}^{\theta}$$

在单位界面上，化学反应速率为

$$\tilde{j} = -\tilde{l}_1\left(\frac{\tilde{A}}{T}\right) - \tilde{l}_2\left(\frac{\tilde{A}}{T}\right)^2 - \tilde{l}_3\left(\frac{\tilde{A}}{T}\right)^3 - \cdots$$

代入质量守恒方程，得

$$\frac{\partial c_i}{\partial t} = \tilde{\nu}_i\tilde{j} = -\tilde{\nu}_i\left[\tilde{l}_1\left(\frac{\tilde{A}}{T}\right) + \tilde{l}_2\left(\frac{\tilde{A}}{T}\right)^2 + \tilde{l}_3\left(\frac{\tilde{A}}{T}\right)^3 + \cdots\right] \tag{10.80}$$

式中

$$\tilde{A} = \Delta\tilde{G}_m$$

为式 (10.77)、式 (10.78) 和式 (10.79)。

10.7.2　同时有多个化学反应

1. 各组元都是纯固态物质

各组元都是纯固态物质，同时发生多个化学反应，表示为

$$\sum_{i=1}^{n}\tilde{\nu}_{ji}A^{ji}(s) = 0 \quad (j = 1, 2, \cdots, r) \tag{10.81}$$

各组元都以其纯固态物质为标准状态，在恒温恒压条件下，该化学反应的亲和力，即摩尔吉布斯自由能变化为

$$\tilde{A}_j = \Delta\tilde{G}_{m,j} = \Delta\tilde{G}_{m,j}^{*} = c_j\tilde{\mu}_{\mathrm{C}^j}^{*} + d_j\tilde{\mu}_{\mathrm{D}^j}^{*} - a_j\tilde{\mu}_{\mathrm{A}^j}^{*} - b_j\tilde{\mu}_{\mathrm{B}^j}^{*} \tag{10.82}$$

在单位界面上，化学反应的速率为

$$\tilde{j}_j = -\sum_{k=1}^{r}\tilde{l}_{jk}\left(\frac{\tilde{A}_k}{T}\right) - \sum_{k=1}^{r}\sum_{l=1}^{r}\tilde{l}_{jkl}\left(\frac{\tilde{A}_k}{T}\right)\left(\frac{\tilde{A}_l}{T}\right)$$

$$-\sum_{k=1}^{r}\sum_{l=1}^{r}\sum_{h=1}^{r}\tilde{l}_{jklh}\left(\frac{\tilde{A}_k}{T}\right)\left(\frac{\tilde{A}_l}{T}\right)\left(\frac{\tilde{A}_h}{T}\right)-\cdots \quad (j=1,2,\cdots,r)$$

代入物质的量守恒方程，得

$$\begin{aligned}\frac{\partial c_{ji}}{\partial t}=\tilde{\nu}_{ji}\tilde{j}_j=&-\tilde{\nu}_{ji}\left[\sum_{k=1}^{r}\tilde{l}_{jk}\left(\frac{\tilde{A}_k}{T}\right)+\sum_{k=1}^{r}\sum_{l=1}^{r}\tilde{l}_{jkl}\left(\frac{\tilde{A}_k}{T}\right)\left(\frac{\tilde{A}_l}{T}\right)\right.\\&\left.+\sum_{k=1}^{r}\sum_{l=1}^{r}\sum_{h=1}^{r}\tilde{l}_{jklh}\left(\frac{\tilde{A}_k}{T}\right)\left(\frac{\tilde{A}_l}{T}\right)\left(\frac{\tilde{A}_h}{T}\right)+\cdots\right]\\&(j=1,2,\cdots,r;\quad i=1,2,\cdots,n)\end{aligned} \tag{10.83}$$

式中

$$\tilde{A}_j=\Delta\tilde{G}_{m,j}=\Delta\tilde{G}_{m,j}^{*}$$

为式 (10.82)。

2. 各组元是固溶体中的物质

多元多相体系，同时发生多个化学反应，可以表示为

$$\sum_{i=1}^{n}\tilde{\nu}_{ji}(A^{ji})_{\mathrm{s}}=0 \quad (j=1,2,\cdots,r) \tag{10.84}$$

各组元都以其纯固态物质为标准状态，浓度以摩尔分数表示，在恒温恒压条件下，该化学反应的亲和力，即摩尔吉布斯自由能变化为

$$\tilde{A}_j=\Delta\tilde{G}_{m,j}=\Delta\tilde{G}_{m,j}^{*}+RT\ln\prod_{i=1}^{n}(a_{A^{ji}}^{R})^{\tilde{\nu}_{ji}} \tag{10.85}$$

式中

$$\Delta\tilde{G}_{m,j}^{*}=\sum_{i=1}^{n}\tilde{\nu}_{ji}\tilde{\mu}_{A^{ji}}^{*}$$

各组元以其符合亨利定律的假想的纯物质为标准状态，浓度以摩尔分数表示。该化学反应的亲和力，即摩尔吉布斯自由能变化为

$$\tilde{A}_j=\Delta\tilde{G}_{m,j}=\Delta\tilde{G}_{m,j}^{\theta}+RT\ln\prod_{i=1}^{n}(a_{A^{ji}}^{H})^{\tilde{\nu}_{ji}} \tag{10.86}$$

式中

$$\Delta\tilde{G}_{m,j}^{\theta}=\sum_{i=1}^{n}\tilde{\nu}_{ji}\tilde{\mu}_{A^{ji}}^{\theta}$$

各组元以其符合亨利定律的假想的质量分数含量为 1 的固溶体为标准状态，含量以质量分数表示。该化学反应的亲和力，即摩尔吉布斯自由能变化为

$$\tilde{A}_j = \Delta\tilde{G}_{m,j} = \Delta\tilde{G}_{m,j}^{\theta} + RT\ln\prod_{i=1}^{n}(a_{\mathrm{A}ji}^{w})^{\tilde{\nu}_{ji}} \tag{10.87}$$

式中

$$\Delta\tilde{G}_{m,j}^{\theta} = \sum_{i=1}^{n}\tilde{\nu}_{ji}\tilde{\mu}_{\mathrm{A}ji}^{\theta}$$

单位界面上，化学反应的速率为

$$\begin{aligned}\tilde{j}_j =& -\sum_{k=1}^{r}\tilde{l}_{jk}\left(\frac{\tilde{A}_k}{T}\right) - \sum_{k=1}^{r}\sum_{l=1}^{r}\tilde{l}_{jkl}\left(\frac{\tilde{A}_k}{T}\right)\left(\frac{\tilde{A}_l}{T}\right)\\ &-\sum_{k=1}^{r}\sum_{l=1}^{r}\sum_{h=1}^{r}\tilde{l}_{jklh}\left(\frac{\tilde{A}_k}{T}\right)\left(\frac{\tilde{A}_l}{T}\right)\left(\frac{\tilde{A}_h}{T}\right) - \cdots \quad (j = 1, 2, \cdots, r)\end{aligned}$$

代入物质的量守恒方程，得

$$\begin{aligned}\frac{\partial c_{ji}}{\partial t} = \tilde{\nu}_{ji}\tilde{j}_j = & -\tilde{\nu}_{ji}\left[\sum_{k=1}^{r}\tilde{l}_{jk}\left(\frac{\tilde{A}_k}{T}\right) + \sum_{k=1}^{r}\sum_{l=1}^{r}\tilde{l}_{jkl}\left(\frac{\tilde{A}_k}{T}\right)\left(\frac{\tilde{A}_l}{T}\right)\right.\\ &\left. + \sum_{k=1}^{r}\sum_{l=1}^{r}\sum_{h=1}^{r}\tilde{l}_{jklh}\left(\frac{\tilde{A}_k}{T}\right)\left(\frac{\tilde{A}_l}{T}\right)\left(\frac{\tilde{A}_h}{T}\right) + \cdots\right]\\ &(j = 1, 2, \cdots, r; \quad i = 1, 2, \cdots, n)\end{aligned} \tag{10.88}$$

式中

$$\tilde{A}_j = \Delta\tilde{G}_{m,j}$$

为式 (10.85)、式 (10.86) 和式 (10.87)。

10.7.3　SiO_2 与 $BaCO_3$ 反应

硅酸盐材料的制备过程是典型的固–固相反应，固相合成硅酸钡的化学反应为

$$\mathrm{BaCO_3(s) + SiO_2(s) = BaSiO_3(s) + CO_2(g)} \tag{10.89}$$

实验在电阻丝炉中进行。将摩尔比为 1 比 1 的 SiO_2 和 $BaCO_3$ 混合试样，放入铂金坩埚内，将铂金坩埚用金属丝挂在挂钩上，放入石英反应管中，接通电源，使炉温升到设定温度，将金属丝脱钩，使铂金坩埚落于反应管内，同时按动秒表，记录时间读取放出气体体积。过程的控制步骤可能是界面化学反应，也可能是反应物 $BaCO_3$ 和 SiO_2 通过产物层 $BaSiO_3$ 的扩散。

化学亲和力 A 为

$$A = \Delta G = \Delta G^{\theta} + RT\ln Q = \Delta G^{\theta} + RT\ln\frac{p_{CO_2}}{p^{\theta}}$$

由热力学数据手册得

$$\Delta G^{\theta} = 101750 - 153.35T$$

$$1-(1-\alpha)^{1/3} = -\nu_i F\left[l_1\left(\frac{A}{T}\right) + l_2\left(\frac{A}{T}\right)^2 + l_3\left(\frac{A}{T}\right)^3 + \cdots\right]t$$

式中，α 为转化率，ν_i 是以质量为单位的化学反应方程，A 是以质量为单位的化学亲和力，F 是以质量为单位计算转化率引进的参数。

根据实验可知 F=1.7589，将实验得到的 870 ℃不同时间的转化率代入上式，计算得到唯象方程的系数 l_i 的值，再将得到的唯象系数代回上式，得到界面化学反应为速率控制步骤的动力学方程。应用积分原理绘图，得到转化率随时间变化曲线图，见图 10.17。

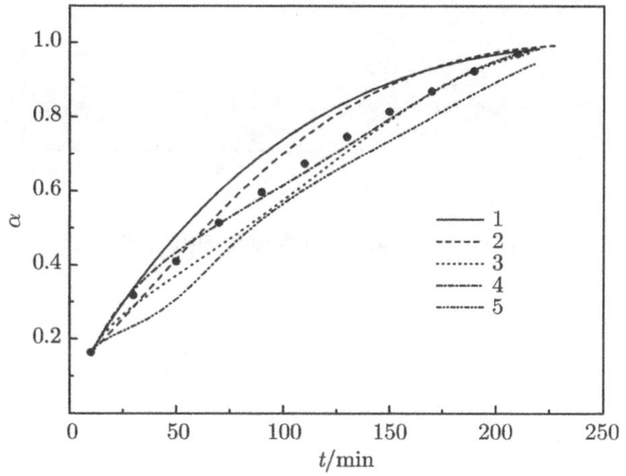

图 10.17 1207K 界面化学反应控制转化率随时间变化图

1 一次关系式拟合曲线；2 二次关系式拟合曲线；3 三次关系式拟合曲线；4 四次关系式拟合曲线；5 五次关系式拟合曲线

从图 10.17 中可以看到，一次关系式拟合曲线 1 与实验值的误差很大，而二次关系式拟合曲线 2 与实验值的误差有所减少，但是在反应的后期仍有很大的误差；三次关系式拟合曲线 3 从整体上来说比曲线 1 和曲线 2 的拟合程度高，但是与实验值的误差仍然很大；四次关系式拟合曲线 4 与实验值吻合得较好；而五次关系式曲线 5 与实验值的误差又有所增加。因此，可以认为四次关系式的拟合是最好

的，对应的动力学方程为

$$1-(1-\alpha)^{\frac{1}{3}}=-1.35\times\left[99.17\left(\frac{A}{T}\right)+529\left(\frac{A}{T}\right)^2+940.5\left(\frac{A}{T}\right)^3+556.9\left(\frac{A}{T}\right)^4\right]t$$

如果反应的控制步骤为扩散过程，则将所得到的数据代入方程

$$1-\frac{2}{3}\alpha-(1-\alpha)^{\frac{2}{3}}=kt$$

由计算得到 k_l 的值得到扩散控制的动力学方程，如图 10.18 所示。从图中可以看到，对于扩散控制来讲，拟合结果并不好，这说明此反应是由化学反应控制的。

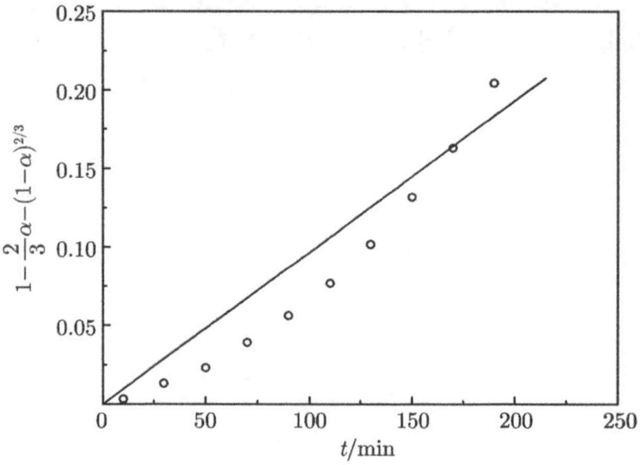

图 10.18　1207K 扩散控制的拟合图

第 11 章　化学反应和扩散共存的体系中的耦合

11.1　单一化学反应和扩散同时存在的体系

11.1.1　组成以质量分数表示

在体系中有一个化学反应发生，同时有扩散；熵增率为

$$\sigma = -\sum_{i=1}^{n} \boldsymbol{J}_i \cdot \frac{\nabla \mu_i}{T} - J\frac{A}{T} \tag{11.1}$$

通量和力间有函数关系

$$\boldsymbol{J}_i = f\left(\left\{\frac{\nabla \mu_k}{T}, k = 1, 2, \cdots, n\right\}\right)$$

$$J = \left(\left\{\frac{A}{T}\right\}\right)$$

质量守恒方程为

$$\rho\frac{\partial w_i}{\partial t} = \nu_i J - \nabla \cdot \boldsymbol{J}_i \tag{11.2}$$

式中

$$j = -l_1\left(\frac{A}{T}\right) - l_2\left(\frac{A}{T}\right) - l_3\left(\frac{A}{T}\right) - \cdots \tag{11.3}$$

$$\begin{aligned}\boldsymbol{J}_i = &-\sum_{k=1}^{n} l_{ik}\left(\frac{\nabla \mu_k}{T}\right) - \sum_{k=1}^{n}\sum_{l=1}^{n} l_{ikl}\left[\left(\frac{\nabla \mu_k}{T}\right)\cdot\left(\frac{\nabla \mu_l}{T}\right)\right]\boldsymbol{n} \\ &-\sum_{k=1}^{n}\sum_{l=1}^{n}\sum_{h=1}^{n} l_{iklh}\left[\left(\frac{\nabla \mu_k}{T}\right)\cdot\left(\frac{\nabla \mu_l}{T}\right)\right]\left(\frac{\nabla \mu_h}{T}\right) - \cdots\end{aligned} \tag{11.4}$$

将式 (11.3) 和式 (11.4) 代入式 (11.2)，得组元 i 的变化速率为

$$\begin{aligned}\rho\frac{\partial w_i}{\partial t} = &-\nu_i\left[l_1\left(\frac{A}{T}\right) + l_2\left(\frac{A}{T}\right) + l_3\left(\frac{A}{T}\right) + \cdots\right] \\ &+\nabla \cdot \left\{\sum_{k=1}^{n} l_{ik}\left(\frac{\nabla \mu_k}{T}\right) + \sum_{k=1}^{n}\sum_{l=1}^{n} l_{ikl}\left[\left(\frac{\nabla \mu_k}{T}\right)\cdot\left(\frac{\nabla \mu_l}{T}\right)\right]\boldsymbol{n}\right. \\ &\left.+\sum_{k=1}^{n}\sum_{l=1}^{n}\sum_{h=1}^{n} l_{iklh}\left[\left(\frac{\nabla \mu_k}{T}\right)\cdot\left(\frac{\nabla \mu_l}{T}\right)\right]\left(\frac{\nabla \mu_h}{T}\right) + \cdots\right\}\end{aligned} \tag{11.5}$$

11.1.2　组成以物质的量浓度表示

在体系中，化学反应和扩散同时存在，熵增率为

$$\tilde{\sigma} = -\sum_{i=1}^{n} \tilde{\boldsymbol{J}}_i \cdot \left(\frac{\nabla \tilde{\mu}_i}{T}\right) - \tilde{j}\frac{\tilde{A}}{T} \tag{11.6}$$

有

$$\tilde{\boldsymbol{J}}_i = f\left(\left\{\frac{\nabla \tilde{\mu}_k}{T}, k = 1, 2, \cdots, n\right\}\right)$$

$$\tilde{\boldsymbol{j}} = \left(\left\{\frac{\tilde{A}}{T}\right\}\right)$$

物质的量守恒方程为

$$\frac{\partial c_i}{\partial t} = \tilde{\nu}_i \tilde{j} - \nabla \cdot \tilde{\boldsymbol{j}}_i \tag{11.7}$$

式中

$$\tilde{j} = -\tilde{l}_1\left(\frac{\tilde{A}}{T}\right) - \tilde{l}_2\left(\frac{\tilde{A}}{T}\right) - \tilde{l}_3\left(\frac{\tilde{A}}{T}\right) - \cdots \tag{11.8}$$

$$\begin{aligned}\tilde{\boldsymbol{J}}_i = & -\sum_{k=1}^{n} \tilde{l}_{ik}\left(\frac{\nabla \tilde{\mu}_k}{T}\right) - \sum_{k=1}^{n}\sum_{l=1}^{n} \tilde{l}_{ikl}\left[\left(\frac{\nabla \tilde{\mu}_k}{T}\right) \cdot \left(\frac{\nabla \tilde{\mu}_l}{T}\right)\right]\boldsymbol{n} \\ & - \sum_{k=1}^{n}\sum_{l=1}^{n}\sum_{h=1}^{n} \tilde{l}_{iklh}\left[\left(\frac{\nabla \tilde{\mu}_k}{T}\right) \cdot \left(\frac{\nabla \tilde{\mu}_l}{T}\right)\right]\left(\frac{\nabla \tilde{\mu}_h}{T}\right) - \cdots\end{aligned} \tag{11.9}$$

将式 (11.8) 和式 (11.9) 代入守恒方程 (11.7)，得

$$\begin{aligned}\frac{\partial c_i}{\partial t} = & -\tilde{\nu}_i\left[\tilde{l}_1\left(\frac{\tilde{A}}{T}\right) + \tilde{l}_2\left(\frac{\tilde{A}}{T}\right) + \tilde{l}_3\left(\frac{\tilde{A}}{T}\right) + \cdots\right] \\ & + \nabla \cdot \left\{\sum_{k=1}^{n} \tilde{l}_{ik}\left(\frac{\nabla \tilde{\mu}_k}{T}\right) + \sum_{k=1}^{n}\sum_{l=1}^{n} \tilde{l}_{ikl}\left[\left(\frac{\nabla \tilde{\mu}_k}{T}\right) \cdot \left(\frac{\nabla \tilde{\mu}_l}{T}\right)\right]\boldsymbol{n}\right. \\ & \left. + \sum_{k=1}^{n}\sum_{l=1}^{n}\sum_{h=1}^{n} \tilde{l}_{iklh}\left[\left(\frac{\nabla \tilde{\mu}_k}{T}\right) \cdot \left(\frac{\nabla \tilde{\mu}_l}{T}\right)\right]\left(\frac{\nabla \tilde{\mu}_h}{T}\right) + \cdots\right\}\end{aligned} \tag{11.10}$$

11.2 多个化学反应和扩散同时发生的体系

11.2.1 浓度以质量分数表示

多个化学反应和扩散同时发生，熵增率为

$$\sigma = -\sum_{i=1}^{n} \boldsymbol{J}_i \cdot \left(\frac{\nabla \mu_i}{T}\right) - \sum_{j=1}^{r} J_j \frac{A_j}{T} \tag{11.11}$$

通量和力间有函数关系

$$\boldsymbol{J}_i = f\left(\left\{\frac{\nabla \mu_k}{T},\ k=1,2,\cdots,n\right\}\right)$$

$$j_j = f\left(\left\{\frac{A_k}{T},\ k=1,2,\cdots,n\right\}\right)$$

质量守恒方程为

$$\rho \frac{\partial w_i}{\partial t} = \sum_{j=1}^{r} \nu_{ji} j_j - \nabla \cdot \boldsymbol{J}_i \tag{11.12}$$

式中

$$\begin{aligned} j_j =& -\sum_{k=1}^{r} l_{ik}\left(\frac{A_k}{T}\right) - \sum_{k=1}^{r}\sum_{l=1}^{r} l_{ikl}\left(\frac{A_k}{T}\right)\left(\frac{A_l}{T}\right) \\ & - \sum_{k=1}^{r}\sum_{l=1}^{r}\sum_{h=1}^{r} l_{iklh}\left(\frac{A_k}{T}\right)\left(\frac{A_l}{T}\right)\left(\frac{A_h}{T}\right) - \cdots \end{aligned} \tag{11.13}$$

$$\begin{aligned} \boldsymbol{J}_i =& -\sum_{k=1}^{n} l_{ik}\left(\frac{\nabla\mu_k}{T}\right) - \sum_{k=1}^{n}\sum_{l=1}^{n} l_{ikl}\left[\left(\frac{\nabla\mu_k}{T}\right)\cdot\left(\frac{\nabla\mu_l}{T}\right)\right]\boldsymbol{n} \\ & - \sum_{k=1}^{n}\sum_{l=1}^{n}\sum_{h=1}^{n} l_{iklh}\left[\left(\frac{\nabla\mu_k}{T}\right)\cdot\left(\frac{\nabla\mu_l}{T}\right)\right]\left(\frac{\nabla\mu_h}{T}\right) - \cdots \end{aligned} \tag{11.14}$$

将式 (11.13) 和式 (11.14) 代入式 (11.12)，得组元 i 的变化量为

$$\begin{aligned} \rho \frac{\partial w_i}{\partial t} =& -\sum_{j=1}^{r} \nu_{ji}\left[\sum_{k=1}^{r} l_{ik}\left(\frac{A_k}{T}\right) + \sum_{k=1}^{r}\sum_{l=1}^{r} l_{ikl}\left(\frac{A_k}{T}\right)\left(\frac{A_l}{T}\right)\right. \\ & \left. + \sum_{k=1}^{r}\sum_{l=1}^{r}\sum_{h=1}^{r} l_{iklh}\left(\frac{A_k}{T}\right)\left(\frac{A_l}{T}\right)\left(\frac{A_h}{T}\right) + \cdots\right] \\ & + \nabla \cdot \left\{\sum_{k=1}^{n} l_{ik}\left(\frac{\nabla\mu_k}{T}\right) + \sum_{k=1}^{n}\sum_{l=1}^{n} l_{ikl}\left[\left(\frac{\nabla\mu_k}{T}\right)\cdot\left(\frac{\nabla\mu_l}{T}\right)\right]\boldsymbol{n}\right. \\ & \left. + \sum_{k=1}^{n}\sum_{l=1}^{n}\sum_{h=1}^{n} l_{iklh}\left[\left(\frac{\nabla\mu_k}{T}\right)\cdot\left(\frac{\nabla\mu_l}{T}\right)\right]\left(\frac{\nabla\mu_h}{T}\right) + \cdots\right\} \end{aligned} \tag{11.15}$$

11.2.2 组成以物质的量浓度表示

体系中同时有 γ 个化学反应，并有扩散，熵增率为

$$\tilde{\sigma} = -\sum_{i=1}^{n} \tilde{\boldsymbol{J}}_i \cdot \left(\frac{\nabla \tilde{\mu}_i}{T}\right) - \sum_{j=i}^{r} \tilde{j}_j \frac{\tilde{A}_j}{T} \tag{11.16}$$

有

$$\tilde{\boldsymbol{J}}_i = f\left(\left\{\frac{\nabla \tilde{\mu}_k}{T},\ k = 1, 2, \cdots, n\right\}\right)$$

$$\tilde{j}_j = f\left(\left\{\frac{\tilde{A}_k}{T},\ k = 1, 2, \cdots, n\right\}\right)$$

物质的量的守恒方程为

$$\frac{\partial c_i}{\partial t} = \sum_{j=i}^{r} \tilde{\nu}_{ji} \tilde{J}_j - \nabla \cdot \tilde{\boldsymbol{J}}_i \tag{11.17}$$

式中

$$\begin{aligned} \tilde{j}_j = & -\sum_{k=1}^{r} \tilde{l}_{ik} \left(\frac{\tilde{A}_k}{T}\right) - \sum_{k=1}^{r} \sum_{l=1}^{r} \tilde{l}_{ikl} \left(\frac{\tilde{A}_k}{T}\right) \left(\frac{\tilde{A}_l}{T}\right) \\ & - \sum_{k=1}^{r} \sum_{l=1}^{r} \sum_{h=1}^{r} \tilde{l}_{iklh} \left(\frac{\tilde{A}_k}{T}\right) \left(\frac{\tilde{A}_l}{T}\right) \left(\frac{\tilde{A}_h}{T}\right) - \cdots \end{aligned} \tag{11.18}$$

$$\begin{aligned} \tilde{\boldsymbol{J}}_i = & -\sum_{k=1}^{n} \tilde{l}_{ik} \left(\frac{\nabla \tilde{\mu}_k}{T}\right) - \sum_{k=1}^{n} \sum_{l=1}^{n} \tilde{l}_{ikl} \left[\left(\frac{\nabla \tilde{\mu}_k}{T}\right) \cdot \left(\frac{\nabla \tilde{\mu}_l}{T}\right)\right] \boldsymbol{n} \\ & - \sum_{k=1}^{n} \sum_{l=1}^{n} \sum_{h=1}^{n} \tilde{l}_{iklh} \left[\left(\frac{\nabla \tilde{\mu}_k}{T}\right) \cdot \left(\frac{\nabla \tilde{\mu}_l}{T}\right)\right] \left(\frac{\nabla \tilde{\mu}_h}{T}\right) - \cdots \end{aligned} \tag{11.19}$$

将式 (11.18) 和式 (11.19) 代入式 (11.17)，得

$$\begin{aligned} \frac{\partial c_i}{\partial t} = & -\sum_{j=1}^{r} \tilde{\nu}_{ji} \Bigg[\sum_{k=1}^{r} \tilde{l}_{ik} \left(\frac{\tilde{A}_k}{T}\right) + \sum_{k=1}^{r} \sum_{l=1}^{r} \tilde{l}_{ikl} \left(\frac{\tilde{A}_k}{T}\right) \left(\frac{\tilde{A}_l}{T}\right) \\ & + \sum_{k=1}^{r} \sum_{l=1}^{r} \sum_{h=1}^{r} \tilde{l}_{iklh} \left(\frac{\tilde{A}_k}{T}\right) \left(\frac{\tilde{A}_l}{T}\right) \left(\frac{\tilde{A}_h}{T}\right) + \cdots \Bigg] \\ & + \nabla \cdot \Bigg\{\sum_{k=1}^{n} \tilde{l}_{ik} \left(\frac{\nabla \tilde{\mu}_k}{T}\right) + \sum_{k=1}^{n} \sum_{l=1}^{n} \tilde{l}_{ikl} \left[\left(\frac{\nabla \tilde{\mu}_k}{T}\right) \cdot \left(\frac{\nabla \tilde{\mu}_l}{T}\right)\right] \boldsymbol{n} \\ & + \sum_{k=1}^{n} \sum_{l=1}^{n} \sum_{h=1}^{n} \tilde{l}_{iklh} \left[\left(\frac{\nabla \tilde{\mu}_k}{T}\right) \cdot \left(\frac{\nabla \tilde{\mu}_l}{T}\right)\right] \left(\frac{\nabla \tilde{\mu}_h}{T}\right) + \cdots \Bigg\} \end{aligned} \tag{11.20}$$

11.3 在多个子体系中，各自独立地进行一个化学反应，同时有扩散

11.3.1 浓度以质量分数表示

在多个子体系中，各自有一个化学反应发生，同时有扩散。熵增率为

$$\sigma_t = \sum_{\alpha_i=1}^{m} \sigma^{\alpha_i} = \sum_{\alpha_i=1}^{m} \left[-\sum_{i=1}^{n} \boldsymbol{J}_i^{\alpha_i} \cdot \left(\frac{\nabla \mu_i^{\alpha_i}}{T} \right) - J^{\alpha_i} \frac{A^{\alpha_i}}{T} \right] \tag{11.21}$$

有

$$\boldsymbol{J}_i^{\alpha_i} = f\left(\left\{ \frac{\nabla \mu_k^{\alpha_i}}{T}, i=1,2,\cdots,m;\ k=1,2,\cdots,n \right\} \right)$$

$$J = f\left(\left\{ \frac{A^{\alpha_i}}{T},\ i=1,2,\cdots,m \right\} \right)$$

质量守恒方程为

$$\rho \frac{\partial w_i}{\partial t} = \sum_{\alpha_i=1}^{m} (\nu_i^{\alpha_i} J^{\alpha_i} - \nabla \cdot \boldsymbol{J}_i^{\alpha_i}) \tag{11.22}$$

式中

$$\begin{aligned} j^{\alpha_i} =& -\sum_{\beta_i=1}^{m} l^{\alpha_i\beta_i} \left(\frac{A^{\beta_i}}{T} \right) - \sum_{\beta_i=1}^{m} \sum_{\gamma_i=1}^{m} l^{\alpha_i\beta_i\gamma_i} \left(\frac{A^{\beta_i}}{T} \right) \left(\frac{A^{\gamma_i}}{T} \right) \\ & -\sum_{\beta_i=1}^{m} \sum_{\gamma_i=1}^{m} \sum_{\delta_i=1}^{m} l^{\alpha_i\beta_i\gamma_i\delta_i} \left(\frac{A^{\beta_i}}{T} \right) \left(\frac{A^{\gamma_i}}{T} \right) \left(\frac{A^{\delta_i}}{T} \right) - \cdots \end{aligned} \tag{11.23}$$

$$\begin{aligned} \boldsymbol{J}_i^{\alpha_i} =& -\sum_{\beta_i=1}^{m} \sum_{k=1}^{m} l_{ik}^{\alpha_i\beta_i} \left(\frac{\nabla \mu_k^{\beta_i}}{T} \right) - \sum_{\beta_i=1}^{m} \sum_{\gamma_i=1}^{m} \sum_{k=1}^{m} \sum_{l=1}^{m} l_{ikl}^{\alpha_i\beta_i\gamma_i} \left[\left(\frac{\nabla \mu_k^{\beta_i}}{T} \right) \cdot \left(\frac{\nabla \mu_l^{\gamma_i}}{T} \right) \right] \boldsymbol{n} \\ & -\sum_{\beta_i=1}^{m} \sum_{\gamma_i=1}^{m} \sum_{\delta_i=1}^{m} \sum_{k=1}^{m} \sum_{l=1}^{m} \sum_{h=1}^{m} l_{iklh}^{\alpha_i\beta_i\gamma_i\delta_i} \left[\left(\frac{\nabla \mu_k^{\beta_i}}{T} \right) \cdot \left(\frac{\nabla \mu_l^{\gamma_i}}{T} \right) \right] \left(\frac{\nabla \mu_h^{\delta_i}}{T} \right) \\ & - \cdots \end{aligned} \tag{11.24}$$

将式 (11.23) 和式 (11.24) 代入质量守恒方程 (11.22)，得组元 i 的变化速率为

$$\begin{aligned} \rho \frac{\partial w_i}{\partial t} =& -\sum_{\alpha_i=1}^{m} \nu_i^{\alpha_i} \left[\sum_{\beta_i=1}^{m} l^{\alpha_i\beta_i} \left(\frac{A^{\beta_i}}{T} \right) + \sum_{\beta_i=1}^{m} \sum_{\gamma_i=1}^{m} l^{\alpha_i\beta_i\gamma_i} \left(\frac{A^{\beta_i}}{T} \right) \left(\frac{A^{\gamma_i}}{T} \right) \right. \\ & \left. + \sum_{\beta_i=1}^{m} \sum_{\gamma_i=1}^{m} \sum_{\delta_i=1}^{m} l^{\alpha_i\beta_i\gamma_i\delta_i} \left(\frac{A^{\beta_i}}{T} \right) \left(\frac{A^{\gamma_i}}{T} \right) \left(\frac{A^{\delta_i}}{T} \right) - \cdots \right] \end{aligned}$$

$$+\sum_{\alpha_i=1}^{m}\nabla\cdot\left\{\sum_{\beta_i=1}^{m}\sum_{k=1}^{m}l_{ik}^{\alpha_i\beta_i}\left(\frac{\nabla\mu_k^{\beta_i}}{T}\right)\right.$$
$$+\sum_{\beta_i=1}^{m}\sum_{\gamma_i=1}^{m}\sum_{k=1}^{m}\sum_{l=1}^{m}l_{ikl}^{\alpha_i\beta_i\gamma_i}\left[\left(\frac{\nabla\mu_k^{\beta_i}}{T}\right)\cdot\left(\frac{\nabla\mu_l^{\gamma_i}}{T}\right)\right]\boldsymbol{n}$$
$$+\sum_{\beta_i=1}^{m}\sum_{\gamma_i=1}^{m}\sum_{\delta_i=1}^{m}\sum_{k=1}^{m}\sum_{l=1}^{m}\sum_{h=1}^{m}l_{iklh}^{\alpha_i\beta_i\gamma_i\delta_i}\left[\left(\frac{\nabla\mu_k^{\beta_i}}{T}\right)\cdot\left(\frac{\nabla\mu_l^{\gamma_i}}{T}\right)\right]\left(\frac{\nabla\mu_h^{\delta_i}}{T}\right)$$
$$\left.-\cdots\right\} \tag{11.25}$$

11.3.2　组成以物质的量浓度表示

在多个子体系中，各自有一个化学反应发生，同时有扩散。熵增率为

$$\tilde{\sigma}_t=\sum_{\alpha_i=1}^{m}\tilde{\sigma}^{\alpha_i}=\sum_{\alpha_i=1}^{m}\left[-\sum_{i=1}^{n}\tilde{\boldsymbol{J}}_i^{\alpha_i}\cdot\left(\frac{\nabla\tilde{\mu}_i^{\alpha_i}}{T}\right)-\tilde{j}^{\alpha_i}\frac{\tilde{A}^{\alpha_i}}{T}\right] \tag{11.26}$$

有

$$\tilde{\boldsymbol{J}}_i^{\alpha_i}=f\left(\left\{\frac{\nabla\tilde{\mu}_k^{\alpha_i}}{T},\ i=1,2,\cdots,m;\ k=1,2,\cdots,n\right\}\right)$$

$$\tilde{j}=f\left(\left\{\frac{\tilde{A}^{\alpha_i}}{T},\ i=1,2,\cdots,m\right\}\right)$$

物质的量守恒方程为

$$\frac{\partial c_i}{\partial t}=\sum_{\alpha_i=1}^{m}\left(\tilde{\nu}_i^{\alpha_i}\tilde{j}^{\alpha_i}-\nabla\cdot\tilde{\boldsymbol{J}}_i^{\alpha_i}\right) \tag{11.27}$$

式中

$$\tilde{j}^{\alpha_i}=-\sum_{\beta_i=1}^{m}\tilde{l}^{\alpha_i\beta_i}\left(\frac{\tilde{A}^{\beta_i}}{T}\right)-\sum_{\beta_i=1}^{m}\sum_{\gamma_i=1}^{m}\tilde{l}^{\alpha_i\beta_i\gamma_i}\left(\frac{\tilde{A}^{\beta_i}}{T}\right)\left(\frac{\tilde{A}^{\gamma_i}}{T}\right)$$
$$-\sum_{\beta_i=1}^{m}\sum_{\gamma_i=1}^{m}\sum_{\delta_i=1}^{m}\tilde{l}^{\alpha_i\beta_i\gamma_i\delta_i}\left(\frac{\tilde{A}^{\beta_i}}{T}\right)\left(\frac{\tilde{A}^{\gamma_i}}{T}\right)\left(\frac{\tilde{A}^{\delta_i}}{T}\right)-\cdots \tag{11.28}$$

$$\tilde{\boldsymbol{J}}_i^{\alpha_i}=-\sum_{\beta_i=1}^{m}\sum_{k=1}^{m}\tilde{l}_{ik}^{\alpha_i\beta_i}\left(\frac{\nabla\tilde{\mu}_k^{\beta_i}}{T}\right)-\sum_{\beta_i=1}^{m}\sum_{\gamma_i=1}^{m}\sum_{k=1}^{m}\sum_{l=1}^{m}\tilde{l}_{ikl}^{\alpha_i\beta_i\gamma_i}\left[\left(\frac{\nabla\tilde{\mu}_k^{\beta_i}}{T}\right)\cdot\left(\frac{\nabla\tilde{\mu}_l^{\gamma_i}}{T}\right)\right]\boldsymbol{n}$$
$$-\sum_{\beta_i=1}^{m}\sum_{\gamma_i=1}^{m}\sum_{\delta_i=1}^{m}\sum_{k=1}^{m}\sum_{l=1}^{m}\sum_{h=1}^{m}\tilde{l}_{iklh}^{\alpha_i\beta_i\gamma_i\delta_i}\left[\left(\frac{\nabla\tilde{\mu}_k^{\beta_i}}{T}\right)\cdot\left(\frac{\nabla\tilde{\mu}_l^{\gamma_i}}{T}\right)\right]\left(\frac{\nabla\tilde{\mu}_h^{\delta_i}}{T}\right)$$

$$-\cdots \tag{11.29}$$

将式 (11.28) 和式 (11.29) 代入守恒方程 (11.27)，得组元 i 的变化速率

$$\begin{aligned}\frac{\partial c_i}{\partial t} =& -\sum_{\alpha_i=1}^{m}\tilde{\nu}_i^{\alpha_i}\Bigg[\sum_{\beta_i=1}^{m}\tilde{l}^{\alpha_i\beta_i}\left(\frac{\tilde{A}^{\beta_i}}{T}\right)+\sum_{\beta_i=1}^{m}\sum_{\gamma_i=1}^{m}\tilde{l}^{\alpha_i\beta_i\gamma_i}\left(\frac{\tilde{A}^{\beta_i}}{T}\right)\left(\frac{\tilde{A}^{\gamma_i}}{T}\right)\\&+\sum_{\beta_i=1}^{m}\sum_{\gamma_i=1}^{m}\sum_{\delta_i=1}^{m}\tilde{l}^{\alpha_i\beta_i\gamma_i\delta_i}\left(\frac{\tilde{A}^{\beta_i}}{T}\right)\left(\frac{\tilde{A}^{\gamma_i}}{T}\right)\left(\frac{\tilde{A}^{\delta_i}}{T}\right)-\cdots\Bigg]\\&+\sum_{\alpha_i=1}^{m}\nabla\cdot\Bigg\{\sum_{\beta_i=1}^{m}\sum_{k=1}^{m}\tilde{l}_{ik}^{\alpha_i\beta_i}\left(\frac{\nabla\tilde{\mu}_k^{\beta_i}}{T}\right)\\&+\sum_{\beta_i=1}^{m}\sum_{\gamma_i=1}^{m}\sum_{k=1}^{m}\sum_{l=1}^{m}\tilde{l}_{ikl}^{\alpha_i\beta_i\gamma_i}\left[\left(\frac{\nabla\tilde{\mu}_k^{\beta_i}}{T}\right)\cdot\left(\frac{\nabla\tilde{\mu}_l^{\gamma_i}}{T}\right)\right]\boldsymbol{n}\\&+\sum_{\beta_i=1}^{m}\sum_{\gamma_i=1}^{m}\sum_{\delta_i=1}^{m}\sum_{k=1}^{m}\sum_{l=1}^{m}\sum_{h=1}^{m}\tilde{l}_{iklh}^{\alpha_i\beta_i\gamma_i\delta_i}\left[\left(\frac{\nabla\tilde{\mu}_k^{\beta_i}}{T}\right)\cdot\left(\frac{\nabla\tilde{\mu}_l^{\gamma_i}}{T}\right)\right]\left(\frac{\nabla\tilde{\mu}_h^{\delta_i}}{T}\right)\\&-\cdots\Bigg\}\end{aligned} \tag{11.30}$$

11.4 在多个子体系中，各自进行多个化学反应，同时有扩散发生

11.4.1 浓度以质量分数表示

在多个子体系中，各自进行多个化学反应，同时有扩散发生。熵增率为

$$\sigma_t=\sum_{\alpha_i=1}^{m}\sigma^{\alpha_i}=\sum_{\alpha_i=1}^{m}\left[-\sum_{i=1}^{n}\boldsymbol{J}_i^{\alpha_i}\cdot\left(\frac{\nabla\mu_i^{\alpha_i}}{T}\right)-\sum_{j=1}^{r}J_j^{\alpha_i}\frac{A_j^{\alpha_i}}{T}\right] \tag{11.31}$$

有

$$\boldsymbol{J}_i^{\alpha_i}=f\left(\left\{\frac{\nabla\mu_k^{\beta_i}}{T},\ i=1,2,\cdots,m;\ k=1,2,\cdots,n\right\}\right)$$

$$j_j^{\alpha_i}=f\left(\left\{\frac{A_k^{\beta_i}}{T},\ i=1,2,\cdots,m;\ k=1,2,\cdots,n\right\}\right)$$

质量守恒方程为

$$\rho\frac{\partial w_i}{\partial t}=\sum_{\alpha_i=1}^{m}\left(\sum_{j=1}^{r}\nu_{ji}^{\alpha_i}J_j^{\alpha_i}-\nabla\cdot\boldsymbol{J}_i^{\alpha_i}\right) \tag{11.32}$$

式中

$$j_j^{\alpha_i} = -\sum_{\beta_i=1}^{m}\sum_{k=1}^{r} l_{ik}^{\alpha_i\beta_i}\left(\frac{A^{\beta_i}}{T}\right) - \sum_{\beta_i=1}^{m}\sum_{\gamma_i=1}^{m}\sum_{k=1}^{r}\sum_{l=1}^{r} l_{ikl}^{\alpha_i\beta_i\gamma_i}\left(\frac{A^{\beta_i}}{T}\right)\left(\frac{A^{\gamma_i}}{T}\right)$$
$$-\sum_{\beta_i=1}^{m}\sum_{\gamma_i=1}^{m}\sum_{\delta_i=1}^{m}\sum_{k=1}^{r}\sum_{l=1}^{r}\sum_{h=1}^{r} l_{iklh}^{\alpha_i\beta_i\gamma_i\delta_i}\left(\frac{A^{\beta_i}}{T}\right)\left(\frac{A^{\gamma_i}}{T}\right)\left(\frac{A^{\delta_i}}{T}\right)$$
$$-\cdots \tag{11.33}$$

$$\boldsymbol{J}_i^{\alpha_i} = -\sum_{\beta_i=1}^{m}\sum_{k=1}^{m} l_{ik}^{\alpha_i\beta_i}\left(\frac{\nabla\mu_k^{\beta_i}}{T}\right) - \sum_{\beta_i=1}^{m}\sum_{\gamma_i=1}^{m}\sum_{k=1}^{m}\sum_{l=1}^{m} l_{ikl}^{\alpha_i\beta_i\gamma_i}\left[\left(\frac{\nabla\mu_k^{\beta_i}}{T}\right)\cdot\left(\frac{\nabla\mu_l^{\gamma_i}}{T}\right)\right]\boldsymbol{n}$$
$$-\sum_{\beta_i=1}^{m}\sum_{\gamma_i=1}^{m}\sum_{\delta_i=1}^{m}\sum_{k=1}^{m}\sum_{l=1}^{m}\sum_{h=1}^{m} l_{iklh}^{\alpha_i\beta_i\gamma_i\delta_i}\left[\left(\frac{\nabla\mu_k^{\beta_i}}{T}\right)\cdot\left(\frac{\nabla\mu_l^{\gamma_i}}{T}\right)\right]\left(\frac{\nabla\mu_h^{\delta_i}}{T}\right)$$
$$-\cdots \tag{11.34}$$

将式 (11.33) 和式 (11.34) 代入式 (11.32)，得组元 i 的变化速率为

$$\rho\frac{\partial w_i}{\partial t} = \sum_{\alpha_i=1}^{m}\left\{-\sum_{j=1}^{r}\nu_{ji}^{\alpha_i}\left[\sum_{\beta_i=1}^{m}\sum_{k=1}^{r} l_{ik}^{\alpha_i\beta_i}\left(\frac{A^{\beta_i}}{T}\right) + \sum_{\beta_i=1}^{m}\sum_{\gamma_i=1}^{m}\sum_{k=1}^{r}\sum_{l=1}^{r} l_{ikl}^{\alpha_i\beta_i\gamma_i}\left(\frac{A^{\beta_i}}{T}\right)\left(\frac{A^{\gamma_i}}{T}\right)\right.\right.$$
$$\left. + \sum_{\beta_i=1}^{m}\sum_{\gamma_i=1}^{m}\sum_{\delta_i=1}^{m}\sum_{k=1}^{r}\sum_{l=1}^{r}\sum_{h=1}^{r} l_{iklh}^{\alpha_i\beta_i\gamma_i\delta_i}\left(\frac{A^{\beta_i}}{T}\right)\left(\frac{A^{\gamma_i}}{T}\right)\left(\frac{A^{\delta_i}}{T}\right) + \cdots\right]$$
$$+\sum_{\alpha_i=1}^{m}\nabla\cdot\left\{\sum_{\beta_i=1}^{m}\sum_{k=1}^{m} l_{ik}^{\alpha_i\beta_i}\left(\frac{\nabla\mu_k^{\beta_i}}{T}\right)\right.$$
$$+\sum_{\beta_i=1}^{m}\sum_{\gamma_i=1}^{m}\sum_{k=1}^{m}\sum_{l=1}^{m} l_{ikl}^{\alpha_i\beta_i\gamma_i}\left[\left(\frac{\nabla\mu_k^{\beta_i}}{T}\right)\cdot\left(\frac{\nabla\mu_l^{\gamma_i}}{T}\right)\right]\boldsymbol{n}$$
$$+\sum_{\beta_i=1}^{m}\sum_{\gamma_i=1}^{m}\sum_{\delta_i=1}^{m}\sum_{k=1}^{m}\sum_{l=1}^{m}\sum_{h=1}^{m} l_{iklh}^{\alpha_i\beta_i\gamma_i\delta_i}\left[\left(\frac{\nabla\mu_k^{\beta_i}}{T}\right)\cdot\left(\frac{\nabla\mu_l^{\gamma_i}}{T}\right)\right]\left(\frac{\nabla\mu_h^{\delta_i}}{T}\right)$$
$$\left.+\cdots\right\} \tag{11.35}$$

11.4.2　组成以物质的量浓度表示

在多个子体系中，各自进行 γ 个化学反应，并有扩散。熵增率为

$$\tilde{\sigma}_t = \sum_{\alpha_i=1}^{m}\tilde{\sigma}^{\alpha_i} = \sum_{\alpha_i=1}^{m}\left[-\sum_{i=1}^{n}\tilde{\boldsymbol{J}}_i^{\alpha_i}\cdot\left(\frac{\nabla\tilde{\mu}_i^{\alpha_i}}{T}\right) - \sum_{j=1}^{r}\tilde{j}_j^{\alpha_i}\frac{\tilde{A}_j^{\alpha_i}}{T}\right] \tag{11.36}$$

通量和力之间有函数关系

$$\tilde{\boldsymbol{J}}_i^{\alpha_i} = f\left(\left\{\frac{\nabla \tilde{\mu}_k^{\beta_i}}{T},\ i=1,2,\cdots,m;\ k=1,2,\cdots,n\right\}\right)$$

$$\tilde{j}_j^{\alpha_i} = f\left(\left\{\frac{\tilde{A}_k^{\beta_i}}{T},\ i=1,2,\cdots,m;\ k=1,2,\cdots,n\right\}\right)$$

物质的量守恒方程为

$$\frac{\partial c_i}{\partial t} = \sum_{\alpha_i=1}^{m}\left(\sum_{j=1}^{r}\tilde{\nu}_{ji}^{\alpha_i}\tilde{j}_j^{\alpha_i} - \nabla\cdot\tilde{\boldsymbol{J}}_i^{\alpha_i}\right) \tag{11.37}$$

式中

$$\begin{aligned}\tilde{j}_j^{\alpha_i} = &-\sum_{\beta_i=1}^{m}\sum_{k=1}^{r}\tilde{l}_{ik}^{\alpha_i\beta_i}\left(\frac{\tilde{A}^{\beta_i}}{T}\right) - \sum_{\beta_i=1}^{m}\sum_{\gamma_i=1}^{m}\sum_{k=1}^{r}\sum_{l=1}^{r}\tilde{l}_{ikl}^{\alpha_i\beta_i\gamma_i}\left(\frac{\tilde{A}^{\beta_i}}{T}\right)\left(\frac{\tilde{A}^{\gamma_i}}{T}\right)\\ &-\sum_{\beta_i=1}^{m}\sum_{\gamma_i=1}^{m}\sum_{\delta_i=1}^{m}\sum_{k=1}^{r}\sum_{l=1}^{r}\sum_{h=1}^{r}\tilde{l}_{iklh}^{\alpha_i\beta_i\gamma_i\delta_i}\left(\frac{\tilde{A}^{\beta_i}}{T}\right)\left(\frac{\tilde{A}^{\gamma_i}}{T}\right)\left(\frac{\tilde{A}^{\delta_i}}{T}\right)\\ &-\cdots\end{aligned} \tag{11.38}$$

$$\begin{aligned}\tilde{\boldsymbol{J}}_i^{\alpha_i} = &-\sum_{\beta_i=1}^{m}\sum_{k=1}^{m}\tilde{l}_{ik}^{\alpha_i\beta_i}\left(\frac{\nabla\tilde{\mu}_k^{\beta_i}}{T}\right) - \sum_{\beta_i=1}^{m}\sum_{\gamma_i=1}^{m}\sum_{k=1}^{m}\sum_{l=1}^{m}\tilde{l}_{ikl}^{\alpha_i\beta_i\gamma_i}\left[\left(\frac{\nabla\tilde{\mu}_k^{\beta_i}}{T}\right)\cdot\left(\frac{\nabla\tilde{\mu}_l^{\gamma_i}}{T}\right)\right]\boldsymbol{n}\\ &-\sum_{\beta_i=1}^{m}\sum_{\gamma_i=1}^{m}\sum_{\delta_i=1}^{m}\sum_{k=1}^{m}\sum_{l=1}^{m}\sum_{h=1}^{m}\tilde{l}_{iklh}^{\alpha_i\beta_i\gamma_i\delta_i}\left[\left(\frac{\nabla\tilde{\mu}_k^{\beta_i}}{T}\right)\cdot\left(\frac{\nabla\tilde{\mu}_l^{\gamma_i}}{T}\right)\right]\left(\frac{\nabla\tilde{\mu}_h^{\delta_i}}{T}\right)\\ &-\cdots\end{aligned} \tag{11.39}$$

将式 (11.38) 和式 (11.39) 代入守恒方程 (11.37)，得

$$\begin{aligned}\frac{\partial c_i}{\partial t} = &\sum_{\alpha_i=1}^{m}\left\{-\sum_{j=1}^{r}\tilde{\nu}_{ji}^{\alpha_i}\left[\sum_{\beta_i=1}^{m}\sum_{k=1}^{r}\tilde{l}_{ik}^{\alpha_i\beta_i}\left(\frac{\tilde{A}^{\beta_i}}{T}\right)\right.\right.\\ &+\sum_{\beta_i=1}^{m}\sum_{\gamma_i=1}^{m}\sum_{k=1}^{r}\sum_{l=1}^{r}\tilde{l}_{ikl}^{\alpha_i\beta_i\gamma_i}\left(\frac{\tilde{A}^{\beta_i}}{T}\right)\left(\frac{\tilde{A}^{\gamma_i}}{T}\right)\\ &\left.+\sum_{\beta_i=1}^{m}\sum_{\gamma_i=1}^{m}\sum_{\delta_i=1}^{m}\sum_{k=1}^{r}\sum_{l=1}^{r}\sum_{h=1}^{r}\tilde{l}_{iklh}^{\alpha_i\beta_i\gamma_i\delta_i}\left(\frac{\tilde{A}^{\beta_i}}{T}\right)\left(\frac{\tilde{A}^{\gamma_i}}{T}\right)\left(\frac{\tilde{A}^{\delta_i}}{T}\right)+\cdots\right]\\ &+\sum_{\alpha_i=1}^{m}\nabla\cdot\left\{\sum_{\beta_i=1}^{m}\sum_{k=1}^{m}\tilde{l}_{ik}^{\alpha_i\beta_i}\left(\frac{\nabla\tilde{\mu}_k^{\beta_i}}{T}\right)\right.\end{aligned}$$

$$
\begin{aligned}
&+\sum_{\beta_i=1}^{m}\sum_{\gamma_i=1}^{m}\sum_{k=1}^{m}\sum_{l=1}^{m}\tilde{l}_{ikl}^{\alpha_i\beta_i\gamma_i}\left[\left(\frac{\nabla\tilde{\mu}_k^{\beta_i}}{T}\right)\cdot\left(\frac{\nabla\tilde{\mu}_l^{\gamma_i}}{T}\right)\right]\boldsymbol{n}\\
&+\sum_{\beta_i=1}^{m}\sum_{\gamma_i=1}^{m}\sum_{\delta_i=1}^{m}\sum_{k=1}^{m}\sum_{l=1}^{m}\sum_{h=1}^{m}\tilde{l}_{iklh}^{\alpha_i\beta_i\gamma_i\delta_i}\left[\left(\frac{\nabla\tilde{\mu}_k^{\beta_i}}{T}\right)\cdot\left(\frac{\nabla\tilde{\mu}_l^{\gamma_i}}{T}\right)\right]\left(\frac{\nabla\tilde{\mu}_h^{\delta_i}}{T}\right)\\
&+\cdots\Bigg\}
\end{aligned}
\tag{11.40}
$$

主要参考文献

[1] De Groot S R. Thermodynamics of Irreversible Process North-Holland Publishing Company. 詹励宾译. 北京: 科学出版社, 1960

[2] De Groot S R, Mazur P. Non-Equilibrium Thermodynamics North-Holland Publishing Amsterdam Company. 陆全康译. 北京: 上海科学技术出版社, 1981

[3] Prigogine I. Introduction to Thermodynamics of Irreversible Processes. New York: Wisley-Interscience, 1967

[4] Rysselberghe P V. Thermodynamics of Irreversible Processes. Paris: Hermann, 1963

[5] Glansdorff P, Prigogine I. Thermodynamics Theory of Structure, Stability and Fluctuation. New York: Wiley-Interscience, 1971

[6] Nicolis G, Prigogine I. Self-Organization in Nonequilibrium Systems. New York: Wiley, 1977

[7] 李如生. 非平衡态热力学和耗散结构. 北京: 清华大学出版社, 1986

[8] 傅鹰. 化学热力学导论. 北京: 科学出版社, 1963

[9] 张志铭. 物理中的张量. 北京: 北京师范大学出版社, 1985

附录　场论和张量基础

1.1　标量场的梯度

1.1.1　场的定义

如果某种物理量在空间某部分的每一点都有一个确定的值，就称在这部分空间中确立了该物理量的场。若该物理量是标量，则相应的场叫标量场；若该物理量是矢量，则相应的场叫矢量场。比如，温度场、压力场、密度场等都是标量场，而速度场、力场、电磁场等都是矢量场。

数学上的场，是所有物理量的场的抽象。设在空间中的某个区域内定义标量函数或矢量函数，则称定义在该区域内的函数为场。如果是标量函数则称该场为标量场，如果是矢量函数则称该场为矢量场。

不论标量场或矢量场，除了是位置的函数外还与时间有关的叫做非稳定场，与时间无关的叫做稳定场。标量场可写作

$$u = u(x, y, z, t)$$

及

$$u = u(x, y, z)$$

矢量场可写作

$$\boldsymbol{a} = \boldsymbol{a}(x, y, z, t)$$

及

$$\boldsymbol{a} = \boldsymbol{a}(x, y, z)$$

如果同一时刻场内各点函数值都相等，则称此场为均匀场；反之，称为不均匀场。

下面讨论场的一些重要性质。

1.1.2　方向导数

标量场的方向导数表示标量场沿某个确定方向的变化率。如图 1 所示，单位矢量 $\boldsymbol{e}$ 表示空间确定的方向，点 M 为这个方向线上任意给定的一点，点 M' 为同

一方向线上临近 M 的一点，Δl 为 M 和 M' 之间的距离。标量场 u 在点 M 沿这个方向的导数被定义为下列极限 (设下列极限存在):

$$\frac{\partial u}{\partial l}=\lim_{\Delta l\to 0}\frac{u(M')-u(M)}{\Delta l} \tag{1}$$

过 M 点可以作无穷多个方向，每个方向都有对应的方向导数。

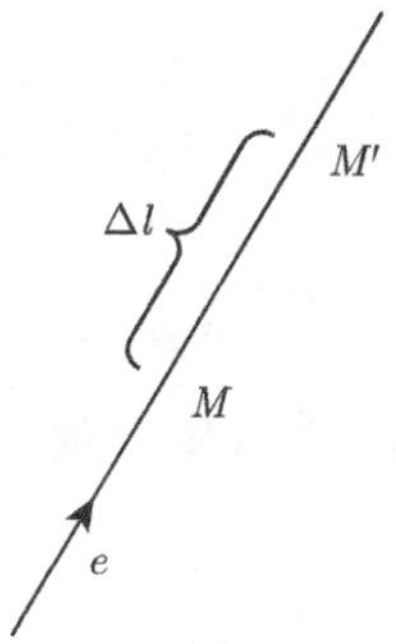

图 1 标量场的方向线

在直角坐标系中，由于

$$u(M)=u(x,y,z)$$

$$\begin{aligned}u(M')=&u(x+\Delta x,y+\Delta y,z+\Delta z)\\=&u(x,y,z)+\frac{\partial u}{\partial x}\Delta x+\frac{\partial u}{\partial y}\Delta y+\frac{\partial u}{\partial z}\Delta z+\omega\Delta l\end{aligned}$$

其中，当 $\Delta l\to 0$ 时，$\omega\to 0$ 。将上面两式代入式 (1)，得

$$\begin{aligned}\frac{\partial u}{\partial l}=&\lim_{\Delta l\to 0}\left(\frac{\partial u}{\partial x}\frac{\Delta x}{\Delta l}+\frac{\partial u}{\partial y}\frac{\Delta y}{\Delta l}+\frac{\partial u}{\partial z}\frac{\Delta z}{\Delta l}+\omega\right)\\=&\frac{\partial u}{\partial x}\cos\alpha+\frac{\partial u}{\partial y}\cos\beta+\frac{\partial u}{\partial z}\cos\gamma\end{aligned} \tag{2}$$

其中

$$\frac{\Delta x}{\Delta l}=\cos\alpha$$

$$\frac{\Delta y}{\Delta l}=\cos\beta$$

$$\frac{\Delta z}{\Delta l}=\cos\gamma$$

为 e 的方向余弦。

1.1.3　梯度

在标量场的定义域里，每一点都有无穷多个方向导数，相应地就有无穷多个方向。事实上各个方向上的方向导数并不是相互独立的，其间有一定的联系。

考察式 (2)，由于

$$\boldsymbol{e} = \cos\alpha\boldsymbol{i} + \cos\beta\boldsymbol{j} + \cos\gamma\boldsymbol{k}$$

所以，若令

$$\boldsymbol{g} = \frac{\partial u}{\partial x}\boldsymbol{i} + \frac{\partial u}{\partial y}\boldsymbol{j} + \frac{\partial u}{\partial z}\boldsymbol{k}$$

则

$$\frac{\partial u}{\partial l} = \boldsymbol{g}\cdot\boldsymbol{e} \tag{3}$$

在标量场中，$\boldsymbol{g}$ 是给定点 M 处的一个确定矢量，在该矢量方向上 u 有最大的变化率，即方向导数取最大值，为 $|\boldsymbol{g}|$；

$$\left(\frac{\partial u}{\partial l}\right)_{\max} = |\boldsymbol{g}||\boldsymbol{e}|\cos\theta = |\boldsymbol{g}|$$

由式 (3) 可知，在给定点 M 处，当 $\boldsymbol{e}$ 取不同方向时，则给出不同的 $\dfrac{\partial u}{\partial l}$，此值即 $\boldsymbol{e}$ 所取方向的方向导数。为明确起见，我们定义矢量 $\boldsymbol{g}$ 为标量场 u 在点 M 处的梯度，并记做 $\mathrm{grad}u$。显然，对于标量场 u 定义域内的每一点都可以定义其梯度矢量 Δu，这样在整个标量场 u 上就定义了一个矢量场 Δu。在直角坐标系中，

$$\nabla u = \frac{\partial u}{\partial x}i + \frac{\partial u}{\partial y}j + \frac{\partial u}{\partial z}k \tag{4}$$

由上式可见，标量场 u 在某点的梯度 Δu 为一矢量，它的方向在 u 具有最大的方向导数的方向上；它的大小等于这个最大的方向导数；在某点的梯度 Δu 的三个分量恰好是标量场 u 的等值面 $u(x,y,z)=c$ 过该点的法线的三个方向数，所以标量场的梯度是沿场的等值面的法线方向，指向 u 值增大的方向；Δu 在任意方向的投影等于 u 在该方向的变化率即方向导数，因此只要知道了 u 在三个正交方向的变化率，就完全确定了梯度。

1.1.4　哈密顿算符及梯度的基本公式

现在引入矢量分析中一个重要的劈形算符，也称为哈密顿算符:

$$\nabla = \boldsymbol{i}\frac{\partial}{\partial x} + \boldsymbol{j}\frac{\partial}{\partial y} + \boldsymbol{k}\frac{\partial}{\partial z} \tag{5}$$

这是一个具有矢量和微分双重性质的符号。一方面它是一个矢量，因此在运算时可以利用矢量的各种运算法则；另一方面它又是一个微分算符，因此又可以按微分法

则进行运算。但必须注意的是，它只对位于算符 ∇ 右边的量起微分作用，而对算符左边的量不起作用。

使用哈密顿算符，标量场 u 的梯度可记为 ∇u，以后常使用这种运算符号。

梯度的基本运算公式有:

$$\nabla c = 0 \qquad (c\text{为常数}) \tag{6}$$

$$\nabla(cu) = c\nabla u \qquad (c\text{为常数}) \tag{7}$$

$$\nabla(u \pm v) = \nabla u \pm \nabla v \tag{8}$$

$$\nabla(uv) = u\nabla v + v\nabla u \tag{9}$$

$$\nabla\left(\frac{u}{v}\right) = \frac{v\nabla u - u\nabla v}{v^2} \tag{10}$$

$$\nabla F(u) = F'(u)\nabla u \tag{11}$$

$$\nabla u(r) = u'(r)\frac{\boldsymbol{r}}{r} \tag{12}$$

利用哈密顿算符 ∇ 的矢量微分性质，这些公式很容易证明，以式 (11) 为例，在直角坐标系中，

$$\nabla F(u) = \nabla_x F(u)\boldsymbol{i} + \nabla_y F(u)\boldsymbol{j} + \nabla_z F(u)\boldsymbol{k}$$

其中

$$\nabla_x F(u) = \frac{\partial F}{\partial x} = \frac{\mathrm{d}F}{\mathrm{d}u}\frac{\partial u}{\partial x}$$

$$\nabla_y F(u) = \frac{\partial F}{\partial y} = \frac{\mathrm{d}F}{\mathrm{d}u}\frac{\partial u}{\partial y}$$

$$\nabla_z F(u) = \frac{\partial F}{\partial z} = \frac{\mathrm{d}F}{\mathrm{d}u}\frac{\partial u}{\partial z}$$

代入上式得

$$\nabla F(u) = \frac{\mathrm{d}F}{\mathrm{d}u}\left(\frac{\partial u}{\partial x}\boldsymbol{i} + \frac{\partial u}{\partial y}\boldsymbol{j} + \frac{\partial u}{\partial z}\boldsymbol{k}\right) = F'(u)\nabla u$$

1.2 矢量场的散度

1.2.1 通量

给定一矢量场 $\boldsymbol{a}(x, y, z, t)$，在场内任取一曲面 S，如图 2 所示，它可以是封闭的也可以是不封闭的。在 S 面上取一面积元 $\mathrm{d}S$，在 $\mathrm{d}S$ 上任取一点 M，作 S 面在 M 点的法线。若曲面是封闭的，则通常取外法线为正方向；若曲面不是封闭的，则可规定某个方向为法线正方向。令 $\boldsymbol{n}$ 表示曲面 S 上法线方向的单位矢量，$\boldsymbol{a}$ 表示 M 点矢量函数的取值，则

$$\boldsymbol{a} \cdot \mathrm{d}\boldsymbol{S} = \boldsymbol{a} \cdot \boldsymbol{n}\mathrm{d}S = a_n \mathrm{d}S \tag{13}$$

为矢量 $\boldsymbol{a}$ 通过面积元 $\mathrm{d}S$ 的通量，其中

$$d\boldsymbol{s} = \boldsymbol{n}\mathrm{d}S$$

是方向为 $\boldsymbol{n}$ 的有向面积元，其大小为 $\mathrm{d}S$；

$$\begin{aligned} a_n =& \boldsymbol{a} \cdot \boldsymbol{n} \\ =& a_x \cos(n,x) + a_y \cos(n,y) + a_z \cos(n,z) \end{aligned} \tag{14}$$

为矢量场 $\boldsymbol{a}$ 在法线方向的投影。

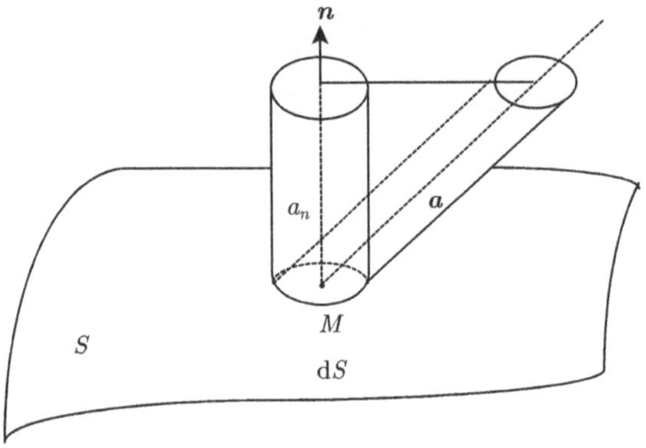

图 2　矢量 $\boldsymbol{a}$ 的通量

将式 (13) 沿曲面 S 积分，得

$$\iint_S \boldsymbol{a} \cdot \mathrm{d}\boldsymbol{S} = \iint_S a_n \mathrm{d}S \tag{15}$$

称为矢量 $\boldsymbol{a}$ 通过曲面 S 的通量。

通量在物理和工程上经常用到。在流体力学中，当 $\boldsymbol{a}$ 是流体的流速 $\boldsymbol{v}$ 时，

$$\iint_S \boldsymbol{v}\mathrm{d}\boldsymbol{S}$$

表示单位时间内朝 S 的正面通过的流体的体积 (流量)；在电磁学中，当 $\boldsymbol{a}$ 是电场强度 E 时，

$$\iint_S \boldsymbol{E}\mathrm{d}\boldsymbol{S}$$

表示朝 S 的正面通过的电力线数 (电通量)；当 $\boldsymbol{a}$ 是磁感强度 $\boldsymbol{B}$ 时，

$$\iint_S \boldsymbol{B}\mathrm{d}\boldsymbol{S}$$

表示朝 S 的正面通过的磁力线数 (磁通量)。

当 S 是封闭的曲面时，以符号

$$\oiint_S \boldsymbol{a}\mathrm{d}\boldsymbol{S} = \oiint_S a_n \mathrm{d}S$$

表示矢量 $\boldsymbol{a}$ 通过闭合曲面 S 的通量。可以通过计算一个闭合曲面的通量来衡量该曲面里的源和汇。若上述闭合曲面的积分为正，则该曲面中存在着 “源”；若积分为负，则存在着汇；若积分为零，则既无源也无汇。例如，在不可压缩流体的流动中，如果闭合曲面上流速的通量大于零，这个曲面里就有滋生流体的源；如果闭合曲面上流速的通量小于零，这个曲面就有吸收流体的汇；如果闭合曲面上流速的通量为零，则这个闭合曲面既无源又无汇。

1.2.2 散度

在矢量场 $\boldsymbol{a}$ 内任取一点 M，以封闭曲面 S 包围，S 所包围的空间体积为 V。作矢量 $\boldsymbol{a}$ 通过 S 面的通量，并以体积 V 除之。令体积 V 向 M 无限收缩，得极限

$$\lim_{V\to 0} \frac{\oiint_S \boldsymbol{a}\cdot \mathrm{d}\boldsymbol{S}}{V}$$

若此极限存在，则称之为矢量 $\boldsymbol{a}$ 的散度，并以符号 $\mathrm{div}\boldsymbol{a}$ 表示，即

$$\mathrm{div}\boldsymbol{a} = \lim_{v\to 0} \frac{\oiint_S \boldsymbol{a}\cdot \mathrm{d}\boldsymbol{S}}{V} = \lim_{v\to 0} \frac{\oiint_S a_n \mathrm{d}S}{V} \tag{16}$$

由该定义式可见，矢量 $\boldsymbol{a}$ 的散度是一个标量，这样矢量场在各点的散度就构成一个标量场。

在直角坐标系中，由高斯定理得

$$\oiint_S \boldsymbol{a}\cdot \mathrm{d}\boldsymbol{S} = \iiint_V \left(\frac{\partial a_x}{\partial x} + \frac{\partial a_y}{\partial y} + \frac{\partial a_z}{\partial z}\right) \mathrm{d}V$$

根据中值定理，V 中至少有一点 P 使得

$$\iint_S \boldsymbol{a}\mathrm{d}\boldsymbol{S} = \left(\frac{\partial a_x}{\partial x} + \frac{\partial a_y}{\partial y} + \frac{\partial a_z}{\partial z}\right)_p V$$

$$\mathrm{div}\boldsymbol{a} = \lim_{v\to 0} \frac{\oiint_S \boldsymbol{a}\mathrm{d}\boldsymbol{S}}{V} = \lim_{V\to 0} \left(\frac{\partial a_x}{\partial x} + \frac{\partial a_y}{\partial y} + \frac{\partial a_z}{\partial z}\right)_p$$

当体积 V 向 M 点收缩时，p 点最后与 M 重合，而 $\frac{\partial a_x}{\partial x}, \frac{\partial a_y}{\partial y}, \frac{\partial a_z}{\partial z}$ 是连续的，则得

$$\mathrm{div}a = \frac{\partial a_x}{\partial x} + \frac{\partial a_y}{\partial y} + \frac{\partial a_z}{\partial z} \tag{17}$$

这样就证明了式 (16) 极限的存在，并给出了散度在直角坐标系中的表达式。运用哈密顿算符散度可写作 $\nabla\cdot\boldsymbol{a}$。运用散度可将高斯公式简写为

$$\oiint_S \boldsymbol{a}\mathrm{d}\boldsymbol{S} = \iiint_V \nabla\cdot\boldsymbol{a}\mathrm{d}V \tag{18}$$

这是与坐标系选择无关的形式。

1.2.3　散度的基本公式

散度的基本公式有：

$$\nabla\cdot(\boldsymbol{a}\pm\boldsymbol{b}) = \nabla\cdot\boldsymbol{a}\pm\nabla\cdot\boldsymbol{b} \tag{19}$$

$$\nabla\cdot(c\boldsymbol{a}) = c\nabla\cdot\boldsymbol{a}\quad (c\text{为常数}) \tag{20}$$

$$\nabla\cdot(u\boldsymbol{a}) = u\nabla\cdot\boldsymbol{a}+\boldsymbol{a}\cdot\nabla u \tag{21}$$

1.3　矢量场的旋度

1.3.1　环量及环量强度

给定一矢量场 $\boldsymbol{a}(x,y,z,t)$，在场内任取一闭合曲线 l，数学上称线积分 $\oint_l a\cdot\mathrm{d}l$ 为矢量场 $\boldsymbol{a}$ 沿曲线 l 的环量。

如图 3 所示，在矢量场 $\boldsymbol{a}$ 内任取一点 M，从 M 作单位矢量 $\boldsymbol{n}$ 表示一个既定的方向。过点 M 作一曲面 S，使得它在点 M 的法向矢量为 $\boldsymbol{n}$。根据 $\boldsymbol{n}$ 的指向，按右手螺旋法则确定 S 的边界线 l 的正方向。作矢量 $\boldsymbol{a}$ 沿闭合曲线 l 的积分，并除以曲面面积 S。当曲面 S 保持在点 M 以 $\boldsymbol{n}$ 为法向矢量而点 M 无限缩小时，上述比值的极限称为矢量场 $\boldsymbol{a}$ 在点 M 对于方向 $\boldsymbol{n}$ 的环量强度，记作 $\mathrm{rot}_n\boldsymbol{a}$

$$\mathrm{rot}_n\boldsymbol{a} = \lim_{s\to 0}\frac{\oint_l \boldsymbol{a}\cdot\mathrm{d}\boldsymbol{l}}{S} \tag{22}$$

在直角坐标系中，利用斯托克斯公式，

$$\begin{aligned}\oint_l \boldsymbol{a}\cdot\mathrm{d}\boldsymbol{l} &= \oint_l (a_x\mathrm{d}x + a_y\mathrm{d}y + a_z\mathrm{d}z)\\ &= \iint_s \left[\left(\frac{\partial a_z}{\partial y}-\frac{\partial a_y}{\partial z}\right)\cos(n,x) + \left(\frac{\partial a_x}{\partial z}-\frac{\partial a_z}{\partial x}\right)\cos(n,y)\right.\\ &\quad\left.+\left(\frac{\partial a_y}{\partial x}-\frac{\partial a_x}{\partial y}\right)\cos(n,z)\right]\mathrm{d}S\end{aligned}$$

由中值定理，在曲面 S 上至少有一点 p，使得

$$\oint_l \boldsymbol{a}\cdot\mathrm{d}\boldsymbol{l} = \left[\left(\frac{\partial a_z}{\partial y}-\frac{\partial a_y}{\partial z}\right)\cos(n,x)\right.$$

$$+\left(\frac{\partial a_x}{\partial z}-\frac{\partial a_z}{\partial x}\right)\cos(n,y)+\left(\frac{\partial a_y}{\partial x}-\frac{\partial a_x}{\partial y}\right)\cos(n,z)\Bigg]_p S$$

将此式代入式 (22)，得

$$\begin{aligned}\mathrm{rot}_n\boldsymbol{a}&=\lim_{s\to 0}\frac{\oint_l \boldsymbol{a}\cdot \mathrm{d}\boldsymbol{l}}{S}\\&=\lim_{p\to m}\left[\left(\frac{\partial a_z}{\partial y}-\frac{\partial a_y}{\partial z}\right)\cos(n,x)+\left(\frac{\partial a_x}{\partial z}-\frac{\partial a_z}{\partial x}\right)\cos(n,y)\right.\\&\quad\left.+\left(\frac{\partial a_y}{\partial x}-\frac{\partial a_x}{\partial y}\right)\cos(n,z)\right]_p\\&=\left[\left(\frac{\partial a_z}{\partial y}-\frac{\partial a_y}{\partial z}\right)\cos(n,x)+\left(\frac{\partial a_x}{\partial z}-\frac{\partial a_z}{\partial x}\right)\cos(n,y)\right.\\&\quad\left.+\left(\frac{\partial a_y}{\partial x}-\frac{\partial a_x}{\partial y}\right)\cos(n,z)\right]\end{aligned}\tag{23}$$

1.3.2 旋度

从任一点 M 出发有无穷多个方向。这样矢量场 $\boldsymbol{a}$ 在同一点 M 相应于每一个方向都有一个环量强度，这些环量强度可能不同。那么，与方向导数的问题相似，这些环量强度中是否有一个最大的呢？它们之间有什么关系呢？

考察式 (23)，可见。若把 $\left(\frac{\partial a_z}{\partial y}-\frac{\partial a_y}{\partial z}\right)$，$\left(\frac{\partial a_x}{\partial z}-\frac{\partial a_z}{\partial x}\right)$，$\left(\frac{\partial a_y}{\partial x}-\frac{\partial a_x}{\partial y}\right)$ 看成一个矢量的分量，即令

$$\boldsymbol{R}=\left(\frac{\partial a_z}{\partial y}-\frac{\partial a_y}{\partial z}\right)_{\boldsymbol{i}}+\left(\frac{\partial a_x}{\partial z}-\frac{\partial a_z}{\partial x}\right)_{\boldsymbol{j}}+\left(\frac{\partial a_y}{\partial x}-\frac{\partial a_x}{\partial y}\right)_{\boldsymbol{k}}$$

由于

$$\boldsymbol{n}=\cos(n,x)_{\boldsymbol{i}}+\cos(n,y)_{\boldsymbol{j}}+\cos(n,z)_{\boldsymbol{k}}\tag{24}$$

所以

$$\mathrm{rot}_n\boldsymbol{a}=\boldsymbol{R}\cdot\boldsymbol{n}\tag{25}$$

可见，对于给定点 M，$\boldsymbol{R}$ 是一个确定的矢量。对应于这个矢量的方向，矢量场 $\boldsymbol{a}$ 有最大的环量场强度，即 $\boldsymbol{R}$ 的绝对值。在确定了 $\boldsymbol{R}$ 以后，就可按上式求出任意方向的环量强度。称矢量 $\boldsymbol{R}$ 为矢量场 $\boldsymbol{a}$ 的旋度，并记作 $\mathrm{rot}_n\boldsymbol{a}$ 或 $\nabla\times\boldsymbol{a}$，显然

$$\mathrm{rot}_n\boldsymbol{a}=\nabla\times\boldsymbol{a}=\begin{bmatrix}\boldsymbol{i}&\boldsymbol{j}&\boldsymbol{k}\\\dfrac{\partial}{\partial x}&\dfrac{\partial}{\partial y}&\dfrac{\partial}{\partial z}\\a_x&a_y&a_z\end{bmatrix}\tag{26}$$

矢量场的旋度也构成一个矢量场。只要求出了矢量场对三个正交方向的环量强度，就可确定旋度。利用旋度可将斯托克斯公式写成

$$\iint_S \nabla \times \boldsymbol{a} \cdot \mathrm{d}\boldsymbol{S} = \oint_l \boldsymbol{a} \cdot \mathrm{d}\boldsymbol{l} \tag{27}$$

1.3.3 旋度的运算公式

$$\nabla \cdot (\boldsymbol{a} \pm \boldsymbol{b}) = \nabla \cdot \boldsymbol{a} \pm \nabla \cdot \boldsymbol{b} \tag{28}$$

$$\nabla \cdot (c\boldsymbol{a}) = c\nabla \cdot \boldsymbol{a} \quad (c\text{为常数}) \tag{29}$$

$$\nabla \cdot (u\boldsymbol{a}) = u\nabla \cdot \boldsymbol{a} + \boldsymbol{a} \cdot \nabla u \tag{30}$$

$$\nabla \times (\boldsymbol{a} \times \boldsymbol{b}) = (\boldsymbol{a} \cdot \nabla)\boldsymbol{a} - (\boldsymbol{a} \cdot \nabla)\boldsymbol{b} + \boldsymbol{a}\nabla \cdot \boldsymbol{b} - \boldsymbol{b}\nabla \cdot \boldsymbol{a} \tag{31}$$

1.4 拉氏算符与格林公式

1.4.1 拉氏算符

算符

$$\nabla^2 = \nabla \cdot \nabla = \frac{\partial^2}{\partial x^2} + \frac{\partial^2}{\partial y^2} + \frac{\partial^2}{\partial z^2} \tag{32}$$

称为拉普拉斯算符，也称为拉氏算符。式 (32) 是拉氏算符在直角坐标系中的表达式。它作用于标量函数 u 则有

$$\begin{aligned}\nabla^2 u &= \left(\frac{\partial^2}{\partial x^2} + \frac{\partial^2}{\partial y^2} + \frac{\partial^2}{\partial z^2}\right)u \\ &= \frac{\partial^2 u}{\partial x^2} + \frac{\partial^2 u}{\partial y^2} + \frac{\partial^2 u}{\partial z^2}\end{aligned} \tag{33}$$

也可看成哈密顿算符作用于标量场 u 的梯度 ∇u 得到

$$\nabla \cdot (\nabla u) = \nabla^2 u$$

拉氏算符作用于矢量函数 $\boldsymbol{a}$，则有

$$\nabla^2 \boldsymbol{a} = \nabla^2 a_x \boldsymbol{i} + \nabla^2 a_y \boldsymbol{j} + \nabla^2 a_z \boldsymbol{k} \tag{34}$$

可见其作用于标量函数结果为标量，其作用于矢量函数结果为矢量。∇^2 也可写作 Δ 。

1.4.2 格林公式

第一格林公式是

$$\iiint_V (\Psi\nabla^2\varphi+\nabla\varphi\cdot\nabla\Psi)\mathrm{d}V=\oiint_S \Psi\nabla\varphi\cdot\mathrm{d}\boldsymbol{S} \tag{35}$$

这实际是高斯公式的发展，令

$$\nabla\varphi=\boldsymbol{a}$$

则

$$\nabla\cdot(\Psi\boldsymbol{a})=\Psi\nabla^2\varphi+\nabla\varphi\cdot\nabla\Psi$$

代入高斯公式，左边为

$$\iiint_V \nabla\cdot(\Psi\boldsymbol{a})\mathrm{d}V=\iiint_V (\Psi\nabla^2\varphi+\nabla\varphi\cdot\nabla\Psi)\mathrm{d}V$$

右边为

$$\oiint_S \Psi\boldsymbol{a}\cdot\mathrm{d}S=\oiint_S \Psi\nabla\varphi\cdot\mathrm{d}\boldsymbol{S}$$

即得式 (35)。

如果将式 (34) 中的 φ 与 Ψ 对换，得

$$\iiint_V (\varphi\nabla^2\Psi+\nabla\varphi\cdot\nabla\Psi)\mathrm{d}V=\oiint_S \varphi\nabla\Psi\cdot\mathrm{d}\boldsymbol{S}$$

将此式与式 (35) 相减，得

$$\iiint_V (\Psi\nabla^2\varphi-\varphi\nabla^2\Psi)\mathrm{d}V=\oiint_S \varphi\nabla\Psi\cdot\mathrm{d}\boldsymbol{S} \tag{36}$$

此即第二格林公式。

1.4.3 其他几个公式

$$\nabla(\boldsymbol{a}\cdot\boldsymbol{b})=(\boldsymbol{b}\cdot\nabla)\boldsymbol{a}+(\boldsymbol{a}\cdot\nabla)\boldsymbol{b}+\boldsymbol{b}\times\nabla\times\boldsymbol{a}+\boldsymbol{a}\times\nabla\times\boldsymbol{b} \tag{37}$$

$$\nabla\left(\frac{a^2}{2}\right)=(\boldsymbol{a}\cdot\nabla)\boldsymbol{a}+\boldsymbol{a}\times\nabla\times\boldsymbol{a} \tag{38}$$

$$\nabla(\nabla\times\boldsymbol{a})=0 \tag{39}$$

$$\nabla\times\nabla\varphi=0 \tag{40}$$

$$\nabla\times\nabla\times\boldsymbol{a}=\nabla(\nabla\cdot\boldsymbol{a})-\nabla^2\boldsymbol{a} \tag{41}$$

$$\Delta(\varphi\Psi)=\Psi\Delta\varphi+\varphi\Delta\Psi+2\nabla\varphi\cdot\nabla\Psi \tag{42}$$

1.5 张　量

1.5.1 二阶张量的引入

同标量和矢量概念的产生一样，张量也是由于理论和实际的需要，从实践中抽象并概括出来的。下面就从考察固体应力情况入手引入二阶张量。

为了考察固体介质中某点 p 附近的应力情况，如图 3 所示，过点 p 取一小面积元 $\mathrm{d}\boldsymbol{S}$，并求出 $\mathrm{d}\boldsymbol{S}$ 前方的介质通过此面积元对后方介质的作用力。以 $\mathrm{d}\boldsymbol{f}$ 表示此作用力。由于固体介质中可以存在切应力，故 $\mathrm{d}\boldsymbol{f}$ 方向一般与 $\mathrm{d}\boldsymbol{S}$ 方向可以不同，但当 $\mathrm{d}\boldsymbol{S}$ 的方向变化时，$\mathrm{d}\boldsymbol{f}$ 的方向和大小也将随之改变。如果我们弄清楚了过 p 点任意方向的 $\mathrm{d}\boldsymbol{S}$ 上相应的作用力 $\mathrm{d}\boldsymbol{f}$，则认为对 p 点的应力情况就完全清楚了。

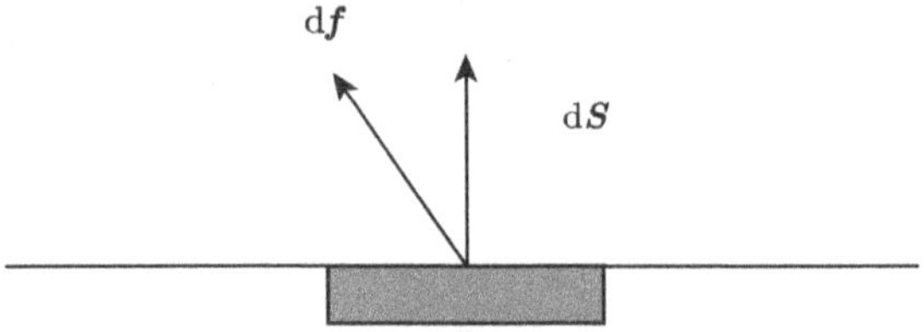

图 3　固体介质中 p 点的应力

令 $\mathrm{d}\boldsymbol{S}_x, \mathrm{d}\boldsymbol{S}_y, \mathrm{d}\boldsymbol{S}_z$ 分别表示过 p 点方向为沿 x、y、z 轴的小面积元，即 $\mathrm{d}\boldsymbol{S}_x = \mathrm{d}S_x\boldsymbol{i}$，$\mathrm{d}\boldsymbol{S}_y = \mathrm{d}S_y\boldsymbol{j}, \mathrm{d}\boldsymbol{S}_z = \mathrm{d}S_z\boldsymbol{k}$，并设相应的前方介质通过它作用于后方介质上的力分别为 $\mathrm{d}\boldsymbol{f}_x$、$\mathrm{d}\boldsymbol{f}_y$、$\mathrm{d}\boldsymbol{f}_z$，则

$$\mathrm{d}\boldsymbol{f}_x = \mathrm{d}f_{xx}\boldsymbol{i} + \mathrm{d}f_{xy}\boldsymbol{j} + \mathrm{d}f_{xz}\boldsymbol{k}$$

又由于

$$\mathrm{d}f \propto \mathrm{d}S$$

$$\mathrm{d}f_x \propto \mathrm{d}S_x$$

所以

$$\mathrm{d}f_{xx} = T_{xx}\mathrm{d}S_x, \quad \mathrm{d}f_{xy} = T_{xy}\mathrm{d}S_y, \quad \mathrm{d}f_{xz} = T_{xz}\mathrm{d}S_z$$

其中 T_{xx}、T_{xy}、T_{xz} 为比例系数，分别表示过 p 点 x 轴方向单位面积上前方介质对后方介质作用力的 y 分量。这样就得

$$\mathrm{d}\boldsymbol{f}_x = \mathrm{d}S_x(T_{xx}\boldsymbol{i} + T_{xy}\boldsymbol{j} + T_{xz}\boldsymbol{k}) \tag{43}$$

同理有

$$\mathrm{d}\boldsymbol{f}_y = \mathrm{d}S_y(T_{yx}\boldsymbol{i} + T_{yy}\boldsymbol{j} + T_{yz}\boldsymbol{k}) \tag{44}$$

$$\mathrm{d}\boldsymbol{f}_z = \mathrm{d}S_z(T_{zx}\boldsymbol{i} + T_{zy}\boldsymbol{j} + T_{zz}\boldsymbol{k}) \tag{45}$$

下面证明，当 $T_{xx}, T_{xy}, T_{xz}, T_{yx}, T_{yy}, T_{yz}, T_{zx}, T_{zy}, T_{zz}$9 个数已知时，不仅 $\mathrm{d}\boldsymbol{f}_x$, $\mathrm{d}\boldsymbol{f}_y, \mathrm{d}\boldsymbol{f}_z$ 已知，而且过 p 点其他任意方向的 $\mathrm{d}\boldsymbol{S}$ 上相应的力 $\mathrm{d}\boldsymbol{f}$ 也都确定。

以 p 为原点，引入 x, y, z 三个坐标轴，并取任一微小的四面体，如图 4 所示。设此四面体的斜面为 $\mathrm{d}\boldsymbol{S}$，其余三个面为 $\mathrm{d}\boldsymbol{S}_x, \mathrm{d}\boldsymbol{S}_y, \mathrm{d}\boldsymbol{S}_z$。$\mathrm{d}\boldsymbol{S}$ 的正方向为从四面体内向外指向，另三个面则分别沿着三个坐标轴。三个面的大小各为

$$\mathrm{d}S_x = \mathrm{d}\boldsymbol{S}\cdot\boldsymbol{i}, \quad \mathrm{d}S_y = \mathrm{d}\boldsymbol{S}\cdot\boldsymbol{j}, \quad \mathrm{d}S_z = \mathrm{d}\boldsymbol{S}\cdot\boldsymbol{k}$$

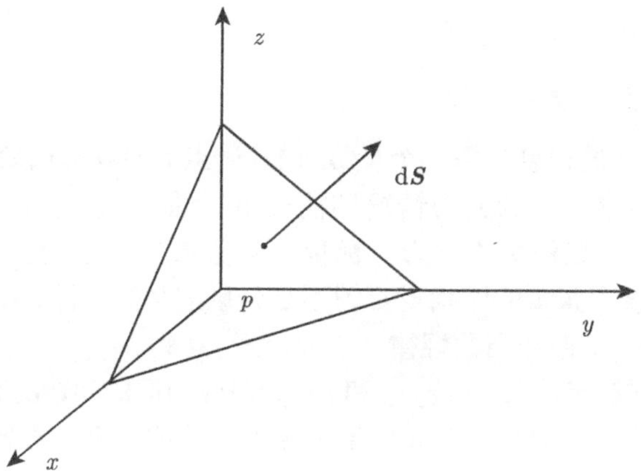

图 4　二阶张量示意图

令 $\mathrm{d}\boldsymbol{f}$ 及 $\mathrm{d}\boldsymbol{f}_x$，$\mathrm{d}\boldsymbol{f}_y$，$\mathrm{d}\boldsymbol{f}_z$ 分别表示相应于上述四个小面积元的作用力，则四面体介质内所受的合力为

$$\mathrm{d}\boldsymbol{f} - \mathrm{d}\boldsymbol{f}_x - \mathrm{d}\boldsymbol{f}_y - \mathrm{d}\boldsymbol{f}_z = 0$$

其中，$\mathrm{d}\boldsymbol{f}$ 是四面体内介质所受的力，而 $\mathrm{d}\boldsymbol{f}_x$，$\mathrm{d}\boldsymbol{f}_y$，$\mathrm{d}\boldsymbol{f}_z$ 是四面体内介质作用于外面介质的力，所以取负。上式也可写作

$$\mathrm{d}\boldsymbol{f} = \mathrm{d}\boldsymbol{f}_x + \mathrm{d}\boldsymbol{f}_y + \mathrm{d}\boldsymbol{f}_z \tag{46}$$

将式 (43)~ 式 (45) 代入式 (46) 得

$$\mathrm{d}\boldsymbol{f} = \mathrm{d}S_x(T_{xx}\boldsymbol{i} + T_{xy}\boldsymbol{j} + T_{xz}\boldsymbol{k}) + \mathrm{d}S_y(T_{yx}\boldsymbol{i} + T_{yy}\boldsymbol{j} + T_{yz}\boldsymbol{k})$$

$$
\begin{aligned}
&+\mathrm{d}S_z(T_{zx}\boldsymbol{i}+T_{zy}\boldsymbol{j}+T_{zz}\boldsymbol{k})\\
=&(\mathrm{d}\boldsymbol{S}\cdot\boldsymbol{i})(T_{xx}\boldsymbol{i}+T_{xy}\boldsymbol{j}+T_{xz}\boldsymbol{k})+(\mathrm{d}\boldsymbol{S}\cdot\boldsymbol{j})(T_{yx}\boldsymbol{i}+T_{yy}\boldsymbol{j}+T_{yz}\boldsymbol{k})\\
&+(\mathrm{d}\boldsymbol{S}\cdot\boldsymbol{k})(T_{zx}\boldsymbol{i}+T_{zy}\boldsymbol{j}+T_{zz}\boldsymbol{k})\\
=&\mathrm{d}\boldsymbol{S}\cdot(T_{xx}\boldsymbol{ii}+T_{xy}\boldsymbol{ij}+T_{xz}\boldsymbol{ik}+T_{yx}\boldsymbol{ji}+T_{yy}\boldsymbol{jj}+T_{yz}\boldsymbol{jk}\\
&+T_{zx}\boldsymbol{ki}+T_{zy}\boldsymbol{kj}+T_{zz}\boldsymbol{kk})
\end{aligned}\tag{47}
$$

$\mathrm{d}\boldsymbol{S}$ 是过 p 点任取的一个方向的面积元，可见，若 T_{xx} 等 9 个量已知，则对任意方向的 $\mathrm{d}S$ 相应的 $\mathrm{d}\boldsymbol{f}$ 都可求出，于是 p 点的应力情况就完全清楚了。我们称上式右边括号内的量为二阶张量，并以 $\boldsymbol{T}$ 表示：

$$
\boldsymbol{T}=T_{xx}\boldsymbol{ii}+T_{xy}\boldsymbol{ij}+T_{xz}\boldsymbol{ik}+T_{yx}\boldsymbol{ji}+T_{yy}\boldsymbol{jj}+T_{yz}\boldsymbol{jk}+T_{zx}\boldsymbol{ki}+T_{zy}\boldsymbol{kj}+T_{zz}\boldsymbol{kk}\tag{48}
$$

其中，$\boldsymbol{ij}$ 等称为并矢，与 $\boldsymbol{ji}$ 不等。

1.5.2　标量、矢量和张量的变换

描写介质中一点的密度只需一个量 ρ，描写一点的电场却需要三个量 E_x、E_y、E_z，而要描写固体中一点的应力情况则需要 9 个量 T_{xx} T_{xy}，T_{xz}，T_{yx}，T_{yy}，T_{yz}，T_{zx}，T_{zy}，T_{zz}。我们称密度为一标量，电场 $\boldsymbol{E}$ 为一矢量，应力张量为一二阶张量。标量、矢量和张量的区别重要的不是分量的个数，而是这些量在坐标变换中服从不同的规律。下面介绍此规律。

为了和其他文献一致，设 $ox_1x_2x_3$ 和 $ox'_1x'_2x'_3$ 为旧的和新的直角坐标系；$\boldsymbol{e}_1$、$\boldsymbol{e}_2$、$\boldsymbol{e}_3$ 和 $\boldsymbol{e}'_1$、$\boldsymbol{e}'_2$、$\boldsymbol{e}'_3$ 分别为旧坐标轴和新坐标轴上的单位矢量。则新旧单位矢量之间存在下列关系：

$$
\begin{cases}
\boldsymbol{e}'_1=\alpha_{11}\boldsymbol{e}_1+\alpha_{12}\boldsymbol{e}_2+\alpha_{13}\boldsymbol{e}_3\\
\boldsymbol{e}'_2=\alpha_{21}\boldsymbol{e}_1+\alpha_{22}\boldsymbol{e}_2+\alpha_{23}\boldsymbol{e}_3\\
\boldsymbol{e}'_3=\alpha_{31}\boldsymbol{e}_1+\alpha_{32}\boldsymbol{e}_2+\alpha_{33}\boldsymbol{e}_3
\end{cases}\tag{49}
$$

其系数矩阵为

$$
\begin{bmatrix}
\alpha_{11} & \alpha_{12} & \alpha_{13}\\
\alpha_{21} & \alpha_{22} & \alpha_{23}\\
\alpha_{31} & \alpha_{32} & \alpha_{33}
\end{bmatrix}\tag{50}
$$

也称为变换矩阵，即一组旧的单位矢量变换为一组新的单位矢量时所给出的系数矩阵。

下面先讨论标量在坐标变换时所遵循的规律。以 $\varphi(x_1,x_2,x_3)$ 及 $\varphi'(x'_1,x'_2,x'_3)$ 分别表示标量在新旧坐标系中的数值。由于标量的数值不依赖于坐标系，于是有

$$
\varphi(x_1,x_2,x_3)=\varphi'(x'_1,x'_2,x'_3)\tag{51}
$$

例如质量、密度、电荷等量不会因坐标轴的旋转而改变数值。式 (51) 给出了标量的一个定义：若一个量在坐标系变换时满足式 (51)，即保持其值不变，则该量为一标量。

下面讨论矢量。以 $\boldsymbol{a}$ 表示某一矢量，a_1，a_2，a_3 及 a_1'，a_2'，a_3' 分别为 $\boldsymbol{a}$ 在旧坐标轴和新坐标轴上的投影，则

$$\begin{cases} a_1' = \boldsymbol{a}\cdot\boldsymbol{e}_1' = \alpha_{11}a_1 + \alpha_{12}a_2 + \alpha_{13}a_3 \\ a_2' = \boldsymbol{a}\cdot\boldsymbol{e}_2' = \alpha_{21}a_1 + \alpha_{22}a_2 + \alpha_{23}a_3 \\ a_3' = \boldsymbol{a}\cdot\boldsymbol{e}_3' = \alpha_{31}a_1 + \alpha_{32}a_2 + \alpha_{33}a_3 \end{cases} \tag{52}$$

其系数矩阵为

$$\begin{bmatrix} \alpha_{11} & \alpha_{12} & \alpha_{13} \\ \alpha_{21} & \alpha_{22} & \alpha_{23} \\ \alpha_{31} & \alpha_{32} & \alpha_{33} \end{bmatrix} \tag{53}$$

式 (51) 可统一写作

$$a_i' = \sum_j \alpha_{ji}a_j \quad (i = 1, 2, 3) \tag{54}$$

依爱因斯坦约定，省去求和符号，而以重复的脚标作为求和的标志，则上式可简写作

$$a_i' = \alpha_{ji}a_j \quad (i = 1, 2, 3) \tag{55}$$

同理可得

$$a_i = \alpha_{ji}a_j' \quad (i = 1, 2, 3) \tag{56}$$

式 (55) 和式 (56) 给出了矢量的另一种定义：直角坐标系 $Ox_1x_2x_3$ 中的三个量 a_1, a_2, a_3 按式 (55) 变换到另一直角坐标系 $Ox_1'x_2'x_3'$ 中的三个量 a_1', a_2', a_3'，则此三个量定义一矢量 $\boldsymbol{a}$。

将此坐标变换为基础的矢量定义并加以推广，则可得张量的定义：如果对每一直角坐标系 $Ox_1x_2x_3$ 有 9 个量 T_{kl}，它按照下列公式：

$$T_{ij}' = \sum_{k,l} \alpha_{ik}\alpha_{jl}T_{kl} \tag{57}$$

或简写作

$$T_{ij}' = \alpha_{ik}\alpha_{jl}T_{kl} \tag{58}$$

变换为另一直角坐标系中的 9 个量 T_{ij}'，则此 9 个量定义一个二阶笛卡儿张量 $\boldsymbol{T}$，简称二阶张量。

二阶张量通常用大写的拉丁字母表示，也可用下列符号：

$$T=\{T_{ij}\}=T_{ij}=\begin{bmatrix} T_{11} & T_{12} & T_{13} \\ T_{21} & T_{22} & T_{23} \\ T_{31} & T_{32} & T_{33} \end{bmatrix} \tag{59}$$

其中 T_{ij} 既可表示张量又可表示张量的分量，在阅读文献时要注意区分。

二阶张量的定义很容易推广到 n 阶张量中去。

设在三维空间中给出 $3^n T_{j_1 j_2 \cdots j_n}$，当坐标系变换时，这些数按公式

$$T'_{i_1 i_2 \cdots i_n}=\alpha_{i_1 j_1}\alpha_{i_2 j_2}\cdots\alpha_{i_n j_n}T_{j_1 j_2 \cdots j_n} \tag{60}$$

变换，则这 3^n 个数定义了一个 n 阶张量。

从 n 阶张量的定义可以看出，当 $n=0$ 时，张量的分量只有一个，且满足关系式

$$T'=T$$

因此是一个标量，故标量是零阶张量。当 $n=1$ 时，张量有三个分量，且满足关系式

$$T'_{i_1}=\alpha_{i_1 j_1}T_{j_1}$$

因此是一个矢量，故矢量是一阶张量。

各分量皆为零的量显然满足式 (58)，因此零可看成任意阶的张量，称为零张量，以 0 表示。

1.5.3 几种特殊的张量

1. 共轭张量

张量 $\boldsymbol{T}_c=\boldsymbol{T}_{ij}$ 称为张量 $\boldsymbol{T}=\boldsymbol{T}_{ji}$ 的共轭张量。显然，共轭是相互的。以矩阵表示，即张量

$$\boldsymbol{T}=\begin{bmatrix} T_{11} & T_{12} & T_{13} \\ T_{21} & T_{22} & T_{23} \\ T_{31} & T_{32} & T_{33} \end{bmatrix},\quad \boldsymbol{T}_c=\begin{bmatrix} T_{11} & T_{21} & T_{31} \\ T_{12} & T_{22} & T_{32} \\ T_{13} & T_{23} & T_{33} \end{bmatrix} \tag{61}$$

相互共轭。

2. 对称张量

张量 $\boldsymbol{T}$ 的分量满足关系式

$$T_{ij}=T_{ji}$$

则称此张量为对称张量，以矩阵表示则为

$$\boldsymbol{T} = \begin{bmatrix} T_{11} & T_{12} & T_{13} \\ T_{12} & T_{22} & T_{23} \\ T_{13} & T_{23} & T_{33} \end{bmatrix} \tag{62}$$

对称张量不因坐标系的变换而改变。它只有 6 个独立分量。

3. 反对称张量

张量 $\boldsymbol{T}$ 的分量若可呈关系式

$$T_{ij} = -T_{ji} \tag{63}$$

则此张量为反对称张量，以矩阵表示则为

$$T = \begin{bmatrix} 0 & T_{12} & T_{13} \\ -T_{12} & 0 & T_{23} \\ -T_{13} & -T_{23} & 0 \end{bmatrix}$$

反对称张量只有三个 (零除外) 独立分量。张量的反对称性也不因坐标的变换而改变。

一个二阶张量可以唯一地分解成为一个对称张量和一个反对称张量之和，即

$$\boldsymbol{T} = \boldsymbol{T}^s + \boldsymbol{T}^a \tag{64}$$

式中，$\boldsymbol{T}$ 为任意张量，$\boldsymbol{T}^s$ 为对称张量，$\boldsymbol{T}^a$ 为反对称张量

$$T_{ij}^s = \frac{T_{ij} + T_{ji}}{2} \tag{65}$$

$$T_{ij}^a = \frac{T_{ij} - T_{ji}}{2} \tag{66}$$

这样研究任意二阶张量的问题就可以归结为研究与之相对应的二阶对称张量和反对称张量的问题。

1.6 张量的代数运算

1.6.1 张量相加减

两个张量相加减, 即分别将相应的分量相加减，其结果必为一张量:

$$\boldsymbol{T} \pm \boldsymbol{S} = \sum_{i,j} (T_{ij} \pm S_{ij}) \boldsymbol{e}_i \boldsymbol{e}_l \tag{67}$$

上述定义可推广到多个张量相加减。由此可见，张量的加法服从交换律和结合律。

1.6.2　标量与张量相乘

标量 φ 乘张量 $\boldsymbol{T}$ 等于将 φ 乘 $\boldsymbol{T}$ 的每一个分量，结果仍是张量，即

$$\varphi\boldsymbol{T}=\sum_{i,j}\varphi T_{ij}\boldsymbol{e}_i\boldsymbol{e}_j \tag{68}$$

且

$$\varphi\boldsymbol{T}=\boldsymbol{T}\varphi \tag{69}$$

标量与张量的乘法服从交换律。

1.6.3　张量与矢量的点乘

定义

$$\boldsymbol{a}\cdot(\boldsymbol{e}_i\boldsymbol{e}_j)=(\boldsymbol{a}\cdot\boldsymbol{e}_i)\boldsymbol{e}_j=a_i\boldsymbol{e}_j$$

$$(\boldsymbol{e}_i\boldsymbol{e}_j)\cdot\boldsymbol{a}=\boldsymbol{e}_i(\boldsymbol{e}_j\cdot\boldsymbol{a})=a_j\boldsymbol{e}_i$$

所以

$$\boldsymbol{a}\cdot\boldsymbol{T}=\sum_{ij}a_iT_{ij}\boldsymbol{e}_i=a_iT_{ij}\boldsymbol{e}_j \tag{70}$$

为矢量。

$$\boldsymbol{T}\cdot\boldsymbol{a}=\sum_{ij}a_jT_{ji}\boldsymbol{e}_j=a_iT_{ji}\boldsymbol{e}_j \tag{71}$$

为矢量。

可见，一般说来

$$\boldsymbol{a}\cdot\boldsymbol{T}\neq\boldsymbol{T}\cdot\boldsymbol{a} \tag{72}$$

1.6.4　张量与矢量的叉乘

定义

$$\boldsymbol{a}\times(\boldsymbol{e}_i\boldsymbol{e}_j)=(\boldsymbol{a}\times\boldsymbol{e}_i)\boldsymbol{e}_j$$

$$(\boldsymbol{e}_i\boldsymbol{e}_j)\times\boldsymbol{a}=\boldsymbol{e}_i(\boldsymbol{e}_j\times\boldsymbol{a})$$

所以

$$\boldsymbol{a}\times\boldsymbol{T}=\sum_{ij}T_{ij}(\boldsymbol{a}\times\boldsymbol{e}_i)\boldsymbol{e}_j \tag{73}$$

$$\boldsymbol{T}\times\boldsymbol{a}=\sum_{ij}T_{ji}\boldsymbol{e}_i(\boldsymbol{e}_j\times\boldsymbol{a}) \tag{74}$$

1.6.5 张量与张量的点乘

张量与张量的点乘分一次点乘和二次点乘两种。

定义一次点乘：

$$(\boldsymbol{e}_i\boldsymbol{e}_j)\cdot(\boldsymbol{e}_k\boldsymbol{e}_l)=\boldsymbol{e}_i(\boldsymbol{e}_j\cdot\boldsymbol{e}_k)\boldsymbol{e}_l=\delta_{jk}\boldsymbol{e}_i\boldsymbol{e}_l$$

二次点乘：

$$(\boldsymbol{e}_i\boldsymbol{e}_j):(\boldsymbol{e}_k\boldsymbol{e}_l)=(\boldsymbol{e}_j\cdot\boldsymbol{e}_k)(\boldsymbol{e}_i\cdot\boldsymbol{e}_l)=\delta_{ik}\delta_{il}$$

所以，张量 $\boldsymbol{T}$ 与 $\boldsymbol{S}$ 的一次点乘为

$$\boldsymbol{T}\cdot\boldsymbol{S}=\sum_{ij}\left(\sum_k T_{ik}S_{kj}\right)\boldsymbol{e}_i\boldsymbol{e}_j=T_{ik}S_{kj}\boldsymbol{e}_i\boldsymbol{e}_j \tag{75}$$

结果仍是一张量。由定义可知，张量与张量的一次点乘符合结合律但不符合交换律，即

$$\boldsymbol{T}\cdot\boldsymbol{S}\neq\boldsymbol{S}\cdot\boldsymbol{T}$$

张量 $\boldsymbol{T}$ 与 $\boldsymbol{S}$ 的二次点乘为

$$T:S=\sum_{ij}T_{ij}S_{ji} \tag{76}$$

结果为一标量。显然

$$\boldsymbol{T}:\boldsymbol{S}=\boldsymbol{S}:\boldsymbol{T}$$

1.6.6 矢量的外积

两矢量的外积 (并矢) 定义为

$$\boldsymbol{ab}=\sum_{ij}a_ib_j\boldsymbol{e}_i\boldsymbol{e}_j=a_ib_j\boldsymbol{e}_i\boldsymbol{e}_j \tag{77}$$

可见其结果为一张量。也可用方阵表示并矢 $\boldsymbol{ab}$：

$$\boldsymbol{ab}=\begin{bmatrix} a_1b_1 & a_1b_2 & a_1b_3 \\ a_2b_1 & a_2b_2 & a_3b_2 \\ a_3b_1 & a_3b_2 & a_3b_3 \end{bmatrix} \tag{78}$$

一般说来

$$\boldsymbol{ab}\neq\boldsymbol{ba} \tag{79}$$

1.6.7　单位张量

分量为 δ_{ij} 的张量称为单位张量，常以 $\boldsymbol{I}$ 表示：

$$\boldsymbol{I}=\begin{bmatrix}1&0&0\\0&1&0\\0&0&1\end{bmatrix}=\boldsymbol{e}_1\boldsymbol{e}_1+\boldsymbol{e}_2\boldsymbol{e}_2+\boldsymbol{e}_3\boldsymbol{e}_3 \tag{80}$$

它与矢量点乘得到原来的矢量:

$$\boldsymbol{a}\cdot\boldsymbol{I}=\boldsymbol{I}\cdot\boldsymbol{a}=\boldsymbol{a} \tag{81}$$

它与张量的一次点乘得到原来的张量:

$$\boldsymbol{T}\cdot\boldsymbol{I}=\boldsymbol{I}\cdot\boldsymbol{T}=\boldsymbol{T} \tag{82}$$

它与张量的二次点乘为

$$\boldsymbol{T}:\boldsymbol{I}=\boldsymbol{I}:\boldsymbol{T}=\sum_{ij}T_{ij}\delta_{ij} \tag{83}$$

这恰好是 $\boldsymbol{T}$ 张量矩阵的迹。

1.7　张量的微积分

1.7.1　张量场

如果在空间的某部分的任一点都有一个确定的张量与之对应，就称这个空间里确定了一个张量场。

张量场与时间有关的叫做非稳定场，与时间无关的叫做稳定场。例如，在波动过程中，动量流密度构成张量场 $\boldsymbol{P}(x,y,z,t)$, 是非稳定场; 弹性体发生不均匀形变，其中各点的协强构成张量场 $T(x,y,z)$，是稳定场。

1.7.2　张量的梯度

n 阶张量 $T=T_{i_1i_2\cdots i_n}$ 的梯度定义为

$$\nabla\boldsymbol{T}=\mathrm{grad}\boldsymbol{T}=\frac{\partial}{\partial x_k}T_{i_1i_2\cdots i_n} \tag{84}$$

简记为 $T_{i_1i_2\cdots i_n,k}$, 它是 $n+1$ 阶张量。

例如，零阶张量——标量的梯度是一阶张量，即矢量。

$$\nabla\varphi=\mathrm{grad}\varphi=\frac{\partial\varphi}{\partial x_i}$$

这是标量 φ 的梯度的张量表示法，即以分量表示矢量。

一阶张量即矢量的梯度

$$\nabla \boldsymbol{a} = \sum_i e_j \frac{\partial \boldsymbol{a}}{\partial x_i} = \sum_{ij} \frac{\partial a_j}{\partial x_i} \boldsymbol{e}_i \boldsymbol{e}_j = \frac{\partial a_j}{\partial x_i}$$

为二阶张量，最后一个等号是矢量 $\boldsymbol{a}$ 的梯度的张量表示法。

由定义可知

$$\nabla(\boldsymbol{T} \pm \boldsymbol{S}) = \nabla \boldsymbol{T} \pm \nabla \boldsymbol{S} \tag{85}$$

1.7.3 张量的散度

n 阶张量 $\boldsymbol{T}$ 的散度定义为

$$\nabla \cdot \boldsymbol{T} = \mathrm{div}\boldsymbol{T} = \frac{\partial}{\partial x_k} T_{k,i_1 i_2 \cdots i_n} \tag{86}$$

它是 $n-1$ 阶张量。

例如，一阶张量的散度

$$\nabla \boldsymbol{a} = \mathrm{div}\boldsymbol{a} = \frac{\partial a_i}{\partial x_i}$$

为零阶张量。

二阶张量的散度

$$\nabla \boldsymbol{T} = \sum_{ij} \frac{\partial T_{ij}}{\partial x_i} \boldsymbol{e}_j = \frac{\partial T_{ij}}{\partial x_i}$$

为一矢量。

由定义可知

$$\nabla \cdot (\boldsymbol{T} \pm \boldsymbol{S}) = \nabla \cdot \boldsymbol{T} \pm \nabla \cdot \boldsymbol{S} \tag{87}$$

1.7.4 张量积分的变换公式

矢量场中的高斯公式可推广到张量场中去。设 $\boldsymbol{T}$ 是 n 阶张量，则张量场中的高斯公式为

$$\oiint_S \mathrm{d}\boldsymbol{S} \cdot \boldsymbol{T} = \iiint_V \mathrm{d} : V \nabla \cdot \boldsymbol{T} \tag{88}$$

类似的还有

$$\oiint_S \mathrm{d}\boldsymbol{S} \cdot \boldsymbol{f} = \iiint_V \mathrm{d} : V \nabla \boldsymbol{f} \tag{89}$$

及

$$\oiint_S \mathrm{d}\boldsymbol{S} \times \boldsymbol{T} = \iiint_V \mathrm{d} : V \nabla \times \boldsymbol{T} \tag{90}$$